高等学校教材·航空、航天与航海科学技术

多传感器图像匹配及融合理论

王红梅 张 科 李美丽 吕梅柏 李若琳 编著

U0195333

出版社

西安

【内容简介】 本书系统地介绍了多传感器图像匹配及融合理论,主要内容包括传统图像匹配及融合方法和基于人工智能的图像匹配及像素级融合方法。本书共分为 8 章,主要包括绪论、图像匹配的四要素、基于灰度的多传感器图像匹配、基于特征的多传感器图像匹配、基于深度神经网络的多传感器图像匹配、基于多分辨率分析的图像融合、基于传统神经网络的图像融合及基于深度神经网络的图像融合。

本书既可作为高等学校制导与控制、自动化及遥感图像处理等专业高年级本科生及研究生的教材,也可为从事相关研究的科研工作者提供参考。

图书在版编目(CIP)数据

多传感器图像匹配及融合理论 / 王红梅等编著.
西安 :西北工业大学出版社,2024.8.--(高等学校教材). -- ISBN 978 - 7 - 5612 - 9462 - 8

Ⅰ.TP391.41

中国国家版本馆 CIP 数据核字第 20244A886M 号

DUOCHUANGANQI TUXIANG PIPEI JI RONGHE LILUN

多 传 感 器 图 像 匹 配 及 融 合 理 论

王红梅 张科 李美丽 吕梅柏 李若琳 编著

责任编辑:朱辰浩		策划编辑:何格夫	
责任校对:郭军方		装帧设计:高永斌 李 飞	

出版发行:西北工业大学出版社

通信地址:西安市友谊西路 127 号　　　　邮编:710072

电　　话:(029)88491757,88493844

网　　址:www.nwpup.com

印 刷 者:陕西向阳印务有限公司

开　　本:787 mm×1 092 mm　　　1/16

印　　张:12

字　　数:292 千字

版　　次:2024 年 8 月第 1 版　　　2024 年 8 月第 1 次印刷

书　　号:ISBN 978 - 7 - 5612 - 9462 - 8

定　　价:50.00 元

前　言

　　进入 20 世纪 90 年代以后,高技术兵器,尤其是精确制导武器和远程打击武器的出现,使战场范围扩大到陆、海、空、天和电磁五维空间中。为了获得最佳作战效果,新一代作战系统中依靠单传感器提供的信息已无法满足实战需要,据此,一门新型的学科——多传感器信息融合应运而生,并得到了迅速发展。作为多传感器信息融合的一个分支,多传感器图像融合在军事和民用等方面都有着巨大的应用潜力。

　　《多传感器图像匹配及融合理论》一书的撰写基于笔者的研究工作,并借鉴国内外其他学者的成果,力图较全面、系统地讲解多传感器图像匹配及融合的发展与研究成果,特别是深度学习理论在图像匹配及融合中的应用。

　　本书共分为 8 章:第 1 章主要介绍了传感器的选择,图像匹配的基本概念、分类和性能评价,以及图像融合层次划分、主要方法和性能评价。第 2 章介绍了图像匹配的四要素,即特征空间、图像的变换类型、图像匹配的相似性度量和搜索策略。第 3 章介绍了基于模板匹配的图像匹配、基于相位相关的图像匹配、基于 Fourier-Mellin 变换的图像匹配、基于互信息的图像匹配,以及加快图像匹配速度的策略。第 4 章介绍了基于特征的多传感器图像匹配,包括基于直方图的图像匹配、基于矩特征的图像匹配、基于边缘特征的图像匹配、基于点特征的图像匹配及基于二进制特征描述子的图像匹配。第 5 章介绍了深度神经网络基础理论、基于孪生网络的图像匹配、基于生成对抗网络的图像匹配和深度神经网络与传统匹配算法相结合的图像匹配。第 6 章介绍了基于多分辨率分析的像素级图像融合,包括基于金字塔变换的图像融合、基于小波变换的图像融合及基于多尺度几何分析的图像融合。第 7、8 章分别介绍了基于传统神经网络和基于深度神经网络的像素级图像融合,具体包括基于浅层神经网络的图像融合、基于脉冲耦合神经网络的图像融合、基于深度卷积神经网络的图像融合、基于自编码器的图像融合和基于生成对抗网络的图像融合。

　　本书具体分工如下:王红梅负责第 1、6～8 章的撰写,张科负责第 2、3 章的撰写,李美丽负责第 5 章的撰写,吕梅柏负责第 4 章的撰写,李若琳负责图表、参考文献的整理和书稿的校稿。

西北工业大学教务处、西北工业大学研究生院、西北工业大学航天学院对本书的出版给予了大力支持,在此深致谢忱。

由于水平有限,书中难免存在不妥之处,敬请读者批评指正。

编著者

2024 年 5 月

目 录

第1章 绪 论

　　现代传感器技术的遍及应用与快速发展,使各类数字图像的来源已经不局限于单一传感器。受图像传感器应用的环境、成像机理和聚焦对象的状态等多种因素的影响,不同传感器得到的图像信息也不尽相同。这些图像信息之间往往存在冗余性和互补性,因此,将多个图像信息有效融合起来就成为提高图像信息准确性和可靠性的重要手段之一。多源图像融合指对来自多个传感器的多源图像进行多级别、多方面、多层次的处理和综合,从而获得更为丰富、精确和可靠的有用信息。图像匹配则是图像融合的前提,同时在精确制导、三维重建、视觉导航、数字视频稳像、数据融合、运动估计和变化检测等领域也具有广泛的应用前景。下面介绍传感器的选择、图像匹配和图像融合的基础知识。

1.1 传感器的选择

　　现代信息技术包括计算机技术、通信技术和传感器技术等。计算机相当于人的大脑,通信相当于人的神经,而传感器则相当于人的感觉器官。如果没有各种精确、可靠的传感器去检测原始数据并提供真实的信息,即使是性能非常优越的计算机,也无法发挥其应有的作用。

　　传感器千差万别,下面给出几种分类方法:

　　(1)按外界输入的信号变换为电信号采用的效应分类。按外界输入的信号变换为电信号采用的效应分类,传感器可分为物理型传感器、化学型传感器和生物型传感器三大类。

　　(2)按工作原理分类。按工作原理分类是以传感器对信号转换的作用原理命名传感器的,如应变式传感器、电容式传感器、电压式传感器、热电式传感器、电感式传感器和霍尔传感器等。

　　(3)按被测物理量分类。按被测物理量分类,传感器可分为温度传感器、压力传感器、流量传感器、位移传感器、加速度传感器、磁场传感器和光通量传感器等。这种分类方法明确表明了传感器的用途,便于使用者选用。

　　传感器获得的信号及数据主要与以下几个因素有关:

　　(1)传感器接收能量的类型(如电磁、声、超声波等);

　　(2)传感器的工作类型,即主动式或被动式,以及传感器工作的中心频率、极化情况、带宽及入射角等;

　　(3)传感器对应目标尺寸的空间分辨率;

（4）目标与传感器的运动状态；

（5）恶劣天气、杂乱回波及反测量的影响。

在选择传感器的工作频率或波长时，往往要把外形尺寸、分辨率、天气状况、大气环境、回波情况、干扰以及价格等因素综合起来进行考虑。例如，当一个微波雷达工作在相对低频波段时，就较少受大气环境的影响，但却有相对较大的外形尺寸，并且不能提供足够高的分辨率。对于较高频率的雷达，在相同孔径条件下，尽管其具有较小的外形尺寸和相对高的分辨率，但其价格也会提高，而且易受大气环境及气象条件的影响。

21世纪，人类已经进入信息化时代，人类传递信息的主要媒介是语音和图像。研究表明，在人类接收的各种信息中，听觉信息占60%，视觉信息占60%，其他如味觉、触觉和嗅觉等加起来占20%。因此，图像是人类获取、表达和传递信息的重要手段。然而，人类感知只限于电磁波谱的视觉波段，成像机器则可覆盖几乎全部电磁波谱——从伽马射线到无线电波。

成像传感器有多种类型，包括红外相机、可见光相机和合成孔径雷达（Synthetic Aperture Radar，SAR）等。表1-1给出了几种常见成像传感器性能的比较。

表 1-1　成像传感器性能比较

成像传感器类型	成像波段	工作方式	主要特点
红外相机	8～14 μm（长波红外波段），3～5 μm（中波红外波段）	被动	昼夜两用，具有一定穿透烟、雾、云和雪等的能力；隐蔽性好；成像分辨率较高；探测距离一般在几千米到十几千米之间；受气候影响，作用距离较远时图像不够稳定
可见光相机	0.4～1 μm	被动	成像分辨率高，隐蔽性好，可获得丰富的对比度、颜色和形状信息；受环境照度影响，不能夜间工作，无伪装识别能力
毫米波雷达	1～7.5 mm	主动	准全天候工作，距离分辨率高，频带宽，电磁兼容性、隐蔽性和抗干扰性能较其他雷达好；在一定程度上受气候和电子对抗措施影响
合成孔径雷达	2.5～30 cm	主动	全天候、全天时，高空间分辨率，高灵敏度大面积成像，作用距离远，对植被、土壤和水有一定穿透能力；易暴露，成像分辨率较可见光相机、红外相机低，易受电子对抗措施影响
激光成像雷达	—	主动	兼有测距、测速和成像功能，成像距离为3～5 km；探测分辨能力强
多光谱/超光谱成像仪	—	—	多个光谱波段同时、精确测量目标，可用于地形测绘、检测和分析等

如果事先对信号的产生过程或对可测量的"量"的性质都清楚，那么我们就可以设计一个多传感器系统，该系统能从不同角度捕捉到物理现象各个方面所特有的一些性质。将这

些传感器的输出合并融合后所得到的结果就能免受恶劣天气、杂波回波和其他干扰因素的影响,从而提高系统的性能。由于不同传感器的成像机理不同,获取图像的时间、角度、环境也不同,所以,在进行图像融合前需要先进行图像匹配。下面简单介绍图像匹配的基本概念、分类和性能评价。

1.2　图像匹配的基本概念、分类和性能评价

1.2.1　图像匹配的基本概念

图像匹配是两幅图像(可能摄自不同时间、不同位置或姿态、不同传感器)之间空间坐标和相应灰度的匹配,特别是通过几何变换实现两幅图像在几何意义上的对应,其效果是达到逐个像素之间的对齐。假设 $I_1(x,y)$ 为景象区域 A 的成像,$I_2(x,y)$ 中不仅包含景象区域 A,而且包含与区域 A 相连的其他景象区域,则两者的关系可以用下式来表示:

$$I_2(x,y) = g(I_1(f(x,y))) \tag{1-1}$$

式中:f 是一个二维空间坐标的变换;g 是一个一维的灰度变换。

从式(1-1)可以看出,景象匹配问题就是要寻找最佳的灰度和空间坐标变换。在实际情况中,由于造成灰度差异的原因非常多,如成像时灰度分配差异、物体本身的属性变化(移动、生长变化等)等,所以有时灰度差异是无法完全去除的。相较而言,图像之间的坐标匹配更为关键。在实际匹配过程中,图像之间并不能通过一个或多个坐标变换来达到坐标上的完全匹配。例如,不同时期的地貌特征、植被、河流所成的遥感图像很有可能是不同的(如河流的河道发生了变化),无法用一个简单的变换模型来建立两幅图像之间的关系,也无法完全按照上面的公式来进行匹配计算。对于这种情况,通常采用的方法是寻找图像中不变或变化非常小的特征参与匹配,只要这些特征之间能达到式(1-1)描述的关系,就认为两幅图像之间达成了匹配,而并不要求两幅图像在每个像素上都一一对应。

这里需要说明同源图像和异源图像的概念。如前所述,图像传感器有多种类型,包括可见光相机、红外相机和合成孔径雷达等。同源图像是指由相同类型图像传感器获取的图像,异源图像则是指由不同类型图像传感器获取的图像。异源图像之间的灰度畸变形式通常要比同源图像复杂,容易出现非线性、非单调和非函数关系的畸变,并且不同类型图像传感器的不同成像机制还会使得相同对象被观测到的内容不一致,因此,异源图像之间的匹配往往比同源图像之间的匹配更具挑战性。

Brown 指出,图像匹配算法通常是由如下四个元素组成的:特征空间、相似性度量、变换类型和变换参数搜索。

1. 特征空间

特征空间是指从原始图像中抽取的用于参与匹配的信息。选择合理的特征空间可以降低成像畸变对图像匹配算法性能的影响,以及提高匹配算法的鲁棒性并减少匹配算法的计算量。图像匹配中选择的特征应该能反映两幅图像中所包含内容的几何位置关系,常用的特征有图像的区域特征、线特征、点特征、几何特征和仿射,以及投影不变量等。在实际应用中,应根据参与匹配图像的特点和匹配的要求选择合适的特征,使配准过程保持稳定,即对

噪声和成像条件不敏感。

2. 相似性度量

相似性度量用来衡量待配准图像和参考图像之间的相似程度,主要包括归一化积相关、绝对差、Hausdorff 距离以及互信息等。每种相似性度量都有其特点:归一化积相关对噪声比较鲁棒,但对光照不同的图像失配严重;Hausdorff 距离在图像之间存在遮挡时能获得较好的匹配结果;互信息几乎可以用于任何不同模态图像的配准,但是它计算时间长,并且对噪声敏感。

3. 变换类型

变换类型用来刻画两幅图像之间几何位置的差别。二维图像间的几何变换可以分为两大类:线性变换和非线性变换。线性变换具有保线性,即在同一条直线上的任意三个点,经过变换后还在同一条直线上。线性变换包括欧氏变换、相似变换、仿射变换和单应变换,其中,欧氏变换包括平移和旋转,相似变换则包含了平移、旋转和缩放,仿射变换增加了剪切和非一致拉伸,单应变换在仿射变换的基础上增加了透视变形。

非线性变换既可以用参数模型表示,包括弹性变换、微分同胚等,也可以使用非参数模型表示。一些情况下,非参数模型可以获得比参数模型更好的匹配效果。从线性变换到参数模型的非线性变换,再到非参数模型的非线性变换,它们能够表示的图像变形的复杂度越来越高。但是基于复杂变换模型的图像匹配结果并不一定优于基于简单变换模型的图像匹配结果,因为复杂模型虽然降低了模型偏差,但是更容易受到随机误差的影响,当随机误差造成的不利影响超过降低模型偏差带来的收益时,就会得到更差的结果。

4. 变换参数搜索

变换参数搜索指用什么方式来寻找变换类型中的参数,使得相似性度量达到极值点。最早使用的是穷尽搜索算法,也就是遍历参数的所有取值范围。比如,为了确定旋转参数,计算从 $1° \sim 360°$ 所有可能的角度对应的相似性度量,取相似性度量达到极值点时对应的角度为参考图像和待匹配图像之间的相对旋转角。显然,穷尽搜索算法不会漏掉变换参数值,但是当参考图像和待匹配图像的尺寸较大时,该方法由于计算量太大而无法使用,于是人们提出了多尺度搜索、序贯判决、动态规划、模拟退火算法以及松弛算法等来克服穷尽搜索算法的缺点。

1.2.2 图像匹配算法的分类

图像匹配算法可以分为传统基于灰度的图像匹配算法、基于特征的图像匹配算法以及基于深度学习的图像匹配算法。

基于灰度的图像匹配算法直接利用图像灰度值来确定配准的空间变换。这类算法充分利用了图像所包含的信息,因此也称为基于整体内容的图像配准算法。基于特征的图像匹配算法的基本步骤与之相似,主要区别在于所选的特征、特征提取方法、匹配准则和搜索策略的不同。在图像变换模型确定的情况下,图像匹配的精度取决于图像特征的选择。应用于图像配准的图像特征一般为点特征、线特征和面特征。异源图像之间存在的非线性差异极大地增加了图像配准的难度,导致传统基于灰度和基于特征的图像匹配算法无法实现精确匹配。随着深度学习技术的兴起,人们开始尝试利用深度学习模型对图像进行匹配,并且取得了显著效果。下面简单介绍基于灰度的图像匹配算法、基于特征的图像匹配算法和基于深度学习的图像匹配算法。

1. 基于灰度的图像匹配算法

基于灰度的图像匹配算法是指对实时图和基准图逐像素进行比较,并根据差别或相似性选择一个对应窗口作为匹配结果。常用的相似性度量有相关系数、互信息及差的二次方和等。逐像素的比较过程使得该类算法容易受到灰度畸变和几何畸变的影响,对异源图像的匹配存在精度低的问题。另外,基于灰度的图像匹配算法普遍存在计算量大的问题,可以转换到频率域快速实现。

2. 基于特征的图像匹配算法

在图像匹配中,特征包含两个主要性质,分别是不变性和独特性。不变性是指特征应该代表图像中的客观对象,不随图像传感器类型、拍摄角度和光照条件等因素的变化而变化。独特性是指特征应该同其代表的客观对象一样,不同个体之间应该具有各自可以区分的特性,因此,要求特征具有较好的独特性或可区分性。同时具备较好的不变性和独特性的两个特征集之间才能建立起良好的对应关系。这种对应关系是基于特征的图像匹配算法的基础和前提条件。大多数基于特征的图像匹配算法可以分为三个主要步骤:特征检测、特征描述和特征匹配。

(1)特征检测。特征检测的目的是从图像中得到一个特征集合。特征检测算法需要具备三个重要特性:"检测率"、"重复性"和"定位性"。"检测率"要求特征检测算法尽可能多地检测出特征,并均匀地覆盖对象表面,从而更全面地反映图像的结构信息。"重复性"要求特征检测算法能够不受图像噪声、光照、模糊、变形等因素干扰,对不同图像中的相同对象检测出相同的特征。"定位性"要求算法检测到的特征能够准确反映对象的位置。

特征按照几何结构可以分为点特征、线性特征(直线和边缘)和轮廓特征(封闭曲线)。特征检测可以为每个特征提供一个图像内的唯一标识(如一个特征点的坐标),并提供一个枚举过程。但是特征检测并没有为特征赋予任何的不变性和独特性,检测得到的标识不能作为特征在图像间的唯一标识。例如,经过旋转变换,两幅图像中相同坐标的特征点通常对应着不同的客观内容。

(2)特征描述。特征描述通常是根据特征的各种局部特性(如特征周围区域的灰度特性、方向特性和几何结构特性等)建立的。特征描述的作用是给特征对象赋予不变性和独特性,使得两幅图像间特征描述较为相似的特征对更有可能是同一特征对象,而特征描述差别较大的特征对更有可能是不同特征对象。由于特征描述是一种局部特性,所以当遇到重复模式时,特征描述的独特性容易失效。

(3)特征匹配。特征匹配是在特征检测和特征描述的基础之上,引入全局约束,使得特征的对应不仅是建立在特征的局部特性之上,而且满足全局几何变换的约束,从而提供两个特征集之间的最优对应关系。特征匹配过程通常可以分为两个步骤,即先建立特征个体之间的对应,再引入全局变换约束,删除错误的对应,并根据剩下的对应解算出两幅图像之间的几何变换关系。在有的特征匹配算法中,上述两个步骤可以同时进行或迭代进行。

基于图像局部特征的图像配准是计算机视觉领域中的一个重要研究课题,具有广泛的应用,如物体识别、图像检索、机器人定位和视频挖掘等。

3. 基于深度学习的图像匹配算法

从上述分析可以看出:基于灰度的图像匹配算法是一种基于高维向量的匹配算法,因此非常耗时;基于特征的图像匹配算法在图像纹理较弱、质量不高和图像之间差异较大的情况下会存在匹配失效的问题。

深度学习技术以其强大的学习能力和特征提取能力在自然语言处理、计算机视觉和语音识别等诸多领域中都获得了成功应用。受此启发,近年来一些研究者尝试将深度学习理论应用于图像配准研究,取得了较大的进展。基于深度学习的图像匹配算法大致可以分为深度神经网络与传统匹配算法的结合、有监督学习模型的图像匹配算法和无监督学习模型的图像匹配算法。

(1) 深度神经网络与传统匹配算法的结合。为克服传统特征匹配中因图像质量低等而导致的匹配精度低等问题,研究者们提出将深度神经网络与传统匹配算法相结合的思路,即使用深度神经网络提取图像的深度特征,进而在传统匹配算法的框架下完成图像的匹配。

该类算法一方面通过深度神经网络自动提取特征以解决人工设计的特征普适性差的问题;另一方面加快了部分耗时长的流程。但由于其仍然是在传统图像匹配的迭代优化框架中完成匹配任务的,所以依然存在迭代计算不稳定以及难以寻找合适的相似性测度等问题。此外,深度神经网络的特征提取过程与图像配准任务是分离的,因此不能确保网络所提取的特征对匹配问题最具有描述性。

(2) 有监督学习模型的图像匹配算法。利用有监督深度神经网络进行图像配准的经典方法便是使用空间变换网络(Spatial Transformer Networks,STN)输出变换矩阵的参数,通过输出的变换矩阵对待配准图像进行空间变换得到配准结果,即图像对(目标图像和模板图像)输入匹配网络后得到预测出的形变场,利用得到的形变场将目标图像扭曲到模板图像空间,然后计算预测形变场与金标准形变场之间的损失。经过训练之后,模型可以通过前向传播计算两个或多个图像之间的匹配结果。

与其他监督学习算法一样,有监督的图像匹配算法依赖于图像对形变场的金标准。一般用两种方式获得金标准形变场:①使用传统匹配算法预测出的形变场;②使用具有已知真实形变扭曲的模拟图像。

虽然利用深度神经网络可以直接预测形变场,成功避免了传统匹配算法的迭代过程,大幅度地减少了匹配时间,同时获得了较好的匹配结果;但是这些匹配模型的性能通常受限于金标准形变场的准确度,而在军事和医学等领域获取金标准形变场则非常困难且耗时。

(3) 无监督学习模型的图像匹配算法。针对有监督匹配模型中存在的问题,一些研究者开始对无监督匹配模型进行研究。通常,他们利用匹配网络输出的形变场对待匹配图像进行空间变换产生形变后的图像,然后通过最大化形变图像和参考图像间的相似性来训练匹配网络,估计单应性矩阵,实现端到端的无监督图像匹配。

与传统基于特征的匹配算法和基于有监督学习模型的算法相比,无监督匹配框架可以获得更快的推理速度、更高的精度,并且对光照变化的鲁棒性更强。

1.2.3 图像匹配算法性能评价

当前,图像匹配领域已经有很多成熟的算法,通常用以下 4 个指标衡量图像匹配算法的优劣。

1. 匹配速度

图像的匹配速度是指实现算法的快慢程度,主要由算法本身的计算量和算法的结构两部分组成。算法本身的计算量＝相似性计算量×待检测的匹配点数目,相似性计算越简单,待检测的匹配点越少,相应的匹配时间越短。算法的结构包括并行运算和串行运算两部分,并行运算需要硬件支持且其实现与算法本身设计有关,但是能提升匹配速度,因此应用广泛。

2. 匹配精度

图像的匹配精度由目标图像在原图像的匹配位置和真实位置的偏差的均方差决定:均方差越小,系统的匹配误差越小,匹配精度越高;反之,匹配精度越低。

3. 匹配概率

匹配概率,即正确匹配对数与总匹配对数之间的比值,见下式:

$$P = \frac{N}{M} \tag{1-2}$$

式中：N 为正确匹配对数；M 为总的匹配对数。

提取到的图像特征空间、匹配算法和匹配精度皆能影响图像的匹配概率:提取到的图像特征清晰密集,则匹配概率高;匹配算法选取得越恰当,越能提高图像的匹配概率。

4. 匹配稳定性

匹配稳定性是指在进行多次试验的情况下,图像配准计算得到的模型参数是否能每次都收敛于同一参数模型。

1.2.4 图像匹配应用需求

图像匹配的应用包括精确制导、三维重建及视觉导航、数字视频稳像、数据融合、运动估计和变化检测等。此处主要介绍前两者。

1. 基于图像匹配的精确制导

基于图像匹配的精确制导技术是在图像传感器、图像处理、模式识别和自动控制等技术的基础上发展起来的一门新技术。这类应用的特点是通过图像匹配获得目标在实时图像上的位置,进而对目标进行相对定位。其原理是将图像传感器实时获取的图像与事先装载的基准图像进行匹配,进而得到目标在实时图上的位置,然后根据图像传感器的安装参数等获得目标与载体的相对位置。该技术的典型应用是为精确制导武器提供末制导方法,提高武器的打击精度和有效杀伤力。

目前,基于惯性和图像匹配的组合制导技术已经成功应用于各种导弹的制导系统。美国的空射巡航导弹 AGM‐86B、"战斧"巡航导弹 BGM‐109C/D 及其改进型 Block‐3 和

Block-4,以及"潘兴Ⅱ"弹道导弹,均采用了惯性与图像匹配相结合的制导方式。其中"战斧"巡航导弹在海湾战争等军事行动中都出色地完成了打击各种战术/战略目标的任务。

为了使精确制导武器获得全天时、全天候的作战能力,精确制导系统纷纷采用红外相机或合成孔径雷达作为系统的成像设备来获取实时图像,更有武器系统开始使用多模式成像来克服单模式成像的局限。在基准图制备上,星载光学相机拍摄的可见光图像由于具备分辨率高、获取便利、覆盖面大的优点,所以往往成为基准图制作的首选。因此,异源图像匹配技术成为精确制导系统中的一项关键技术。

2.基于图像匹配的三维重建及视觉导航

基于图像匹配的三维重建及视觉导航技术可以分为基于景象匹配的导航技术和基于三维重建的地形匹配导航技术。其中基于景象匹配的导航技术与精确制导技术原理类似,所不同的是事先装载的基准图像标有绝对坐标。一般景象匹配导航技术可以用来获取成像载体的水平位置和速度等参数。基于三维重建的地形匹配导航技术是先利用实时获取的序列图像进行密集匹配并重建出三维点云,然后将重建的三维点云与带高程的基准图像进行匹配,从而得到三维点云的绝对坐标,最后利用三维点云的绝对坐标反解出成像载体的运动参数。基于三维重建的地形匹配导航技术可以得到成像载体相对于地物的位置、速度、姿态、高度和飞行方向等导航参数,从而为运动平台提供全参数的导航信息。与传统的基于惯导和基于 GPS 的导航技术相比,视觉导航技术具有体积小、成本低、被动测量、无累积误差、不依赖于卫星等通信设备等突出优点,具有广阔的应用和发展前景。目前,视觉导航技术多用于无人飞行器(UAV)的自主飞行中,包括路线规划和规避、地形图绘制、无人机着陆点选取和降落时辅助导航等。与图像匹配精确制导技术类似,视觉导航技术也开始倾向于使用红外相机或 SAR 图像传感器作为成像设备,以获得全天时、全天候的导航能力。

图像匹配常常被用于一些极具挑战性的视觉任务中,这些应用面临的难点问题如下:

(1)一些场景(如冰原、草原、荒漠等)的特征不明显,使得图像中的特征很少。

(2)为了适应昼夜、气候变化等因素,越来越多的视觉任务采用红外相机、SAR 图像传感器,这需要进行异源图像匹配,而异源图像匹配是一个非常困难的任务,给图像匹配带来了困难。

(3)图像传感器晃动、无线电噪声干扰,导致图像模糊、噪声严重等。

1.3　图像融合层次划分、主要方法和性能评价

与采用单一传感器信号相比,来自多个传感器的信号所提供的信息具有冗余性和互补性,因此具有以下优势:

(1)扩大了时间和空间的覆盖范围;

(2)增加了测量的维数,增加了置信度;

(3)改善了探测性能;

(4)容错性好,性能稳定;

(5)提高了空间分辨率;

(6)改善了系统的可靠性和可维护性;

(7)降低了对单个传感器的性能要求。

图像融合作为多传感器数据融合的一个重要分支,目前已经引起了人们的广泛关注,成为计算机视觉和图像理解等领域的一项新技术。

1.3.1　图像融合的基本概念

通常,在观察同一目标或场景时,由多个不同特性的传感器获取的图像信息是有差异的。即使是采用相同的传感器,在不同观测时间或不同观测角度获得的信息也可能不同。多传感器图像融合是将两个或两个以上的传感器在同一时间(或不同时间)获取的关于某个具体场景的图像或图像序列信息加以综合,生成一个新的有关此场景的解释,而这个解释是从单一传感器获得信息中无法得到的,其目的是减少不确定性。图像融合充分利用了多个被融合图像中包含的冗余信息和互补信息,不同于一般意义上的图像增强,它是计算机视觉、图像理解领域的一项新技术,并被广泛应用于图像处理、遥感、计算机视觉及军事领域。

1.3.2　图像融合的层次划分和主要方法

图像融合的过程主要包括图像预处理、融合、特征提取、特征分类、决策与解释及应用。根据图像融合层次的不同,图像融合的处理方式通常可分为三个级别:像素级图像融合、特征级图像融合和决策级图像融合。图像融合的层次划分如图1-1所示。图像融合狭义上指的就是像素级图像融合,而研究和应用最多的也是像素级图像融合。

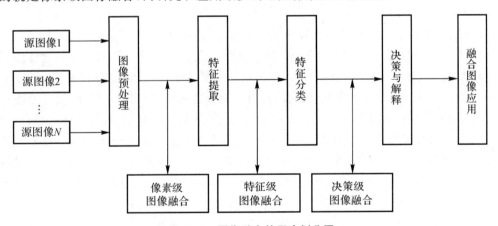

图1-1　图像融合的层次划分图

1. 像素级图像融合

像素级图像融合是最基础也是研究最多的融合类型,它是对严格配准后的源图像像素进行处理,能够直接获得多源图像目标特征融合结果。图1-2给出了红外图像、可见光图像及融合后的图像。

像素级图像融合通过综合同一目标的多源图像冗余信息和互补信息,实现了结果图像对信息更全面、更精确的描述。此方法得到的结果图像有利于计算机进行目标识别、感兴趣区域划分等,可提高图像的利用效率。但是,这种融合操作需要对源图像进行严格配准,同时计算数据庞大,算法运行时间较长,实时性较差。

最简单的像素级图像融合方法主要有像素灰度值的平均或加权平均、像素灰度值选大和像素灰度值选小。该类方法具有算法简单、融合速度快的优点，但在大多数应用场合，简单的图像融合方法难以取得满意的融合效果。

(a)   (b)   (c)

图 1 - 2　原始图像及其融合结果

(a)红外图像；(b)可见光图像；(c)融合图像

随着研究的深入，图像塔型分解被应用于多传感器图像融合中。图像塔型分解是一种多尺度、多分辨率的分析方法，基于塔型分解的图像融合方法则是在不同尺度、不同空间分辨率上分别进行的。与简单的图像融合方法相比，基于塔型分解的图像融合方法可以明显改善融合效果。该类方法主要包括基于拉普拉斯金字塔的图像融合方法、基于比率金字塔的图像融合方法、基于对比度金字塔的图像融合方法、基于梯度金字塔的图像融合方法和基于形态金字塔的图像融合方法。

上述方法可取得良好的融合效果，但是，图像的塔型分解均为冗余分解，即分解后各层间数据有冗余性和相关性。此外，图像的拉普拉斯塔型分解、比率塔型分解和对比度塔型分解均无方向性，不利于细节信息的提取。作为一种多尺度、多分辨率分析方法，小波变换（Wavelet Transform）是非冗余的，同时小波分解具有方向性，利用这一特性，就有可能针对人眼对不同方向的高频分量具有不同分辨率这一视觉特性，获得视觉效果更佳的融合图像。

然而，小波变换有限的方向滤波器影响了其高维特征表示能力，导致小波变换对复杂纹理的表征效果较差。于是，学者们提出了多尺度几何变换（Multiscale Geometric Analysis，MGA），其中包括脊波变换（Ridgelet Transform）、曲波变换（Curvelet Transform）、轮廓波变换（Contourlet Transform）和剪切波变换（Shearlet Transform）等。

小波变换和上述多尺度几何变换均利用上、下采样对图像进行分解和重构，而分解系数随输入信号的几何变换剧烈变化，不具备平移不变性，导致融合图像中出现伪影和"振铃"现象。为了克服该问题，研究人员提出非下采样塔式滤波器组、非下采样离散小波变换、非下采样轮廓波变换、非下采样剪切波变换等改进方法，在图像多尺度分解的过程中去除下采样操作，可以避免在融合图像中引入人工副效应干扰，而分解得到的各子带图像与源图像大小相同，有利于制定融合方案。

在过去的几年中，深度学习模型在图像融合任务中展现了巨大的潜能。深度神经网络（Deep Neural Network，DNN）由于其多层次、自动学习的强大特征提取能力而可获得信息丰富的多层次深度特征，这对图像融合是极其有益的。因此，深度神经网络逐渐受到学者们的关注，通过合理地利用获得的特征来实现图像的高质量融合。

2. 特征级图像融合

特征级图像融合属于中间层次的融合,主要用于目标识别和图像分类。它先对来自各传感器的原始特征信息进行提取,然后对特征信息进行综合分析和处理,以进一步减小图像中目标的特征空间,消除部分特征的不确定性。经过特征层融合处理后的结果是一个特征空间,和原始图像相比数据量压缩了很多,因此便于实时处理。由于所提取的特征直接与决策分析有关,所以融合结果能最大限度地给出决策分析所需要的特征信息。目前在特征级图像融合中使用的特征主要有几何特征、统计特征和谱特征等。特征级图像融合的方法主要有聚类分析法、Dempster－Shafer(D－S)证据推理方法、贝叶斯估计方法、神经网络方法和模糊逻辑方法等。由于图像的模式不同,以及特征信息的表示形式、空间位置不同,所以针对不同模态的图像需要采用不同的提取算法。同时,在特征信息提取过程中需要对源图像进行稀疏表示,这样容易导致信息丢失,影响结果图像的质量。

3. 决策级图像融合

决策级图像融合是一种高层次的图像融合,其结果将为各种控制或决策提供依据。它对图像的配准要求最低,而且使用的数据量最少,同时它的抗干扰能力较强,但是由于决策级图像融合直接依赖于前期的特征提取和决策等过程,所以它的代价比像素级图像融合和特征级图像融合要高。决策级图像融合中常用的方法有证据理论方法、贝叶斯估计法、神经网络法、模糊聚类法和专家系统等。

上述图像融合的三个层次中,高层次图像融合的输入图像可以是低层次图像融合的结果,同时不同层次的图像融合也可以独立完成。鉴于像素级图像融合直接对输入图像进行处理,能够直接表达图像信息,应用广泛,因此,本书重点讨论像素级图像融合。

1.3.3　图像融合的性能评价

目前,评价图像融合效果的方法可分为两类,即主观评价方法和客观评价方法。区分一幅图像质量好坏最简单的方法就是人眼看着是否清晰。可是人的主观感受会受很多因素的影响,而且区分能力是有限的,此外,图像融合的结果都是由计算机处理实现的,因此,采用通用的数学模型来评价图像质量,既可以避免人为错误,也便于计算机后续处理。

1. 主观评价方法

主观评价方法是通过人眼的直观感受对图像质量做出评价,通过多人多次打分统计后的平均值就是图像质量指标。主观评价方法具有简捷、方便和直观等优点,但人眼视觉感知是有限度的,特别是对图像低频细微变化是无法区分好坏的。因此,主观评价方法存在不标准、不准确的缺点。主观评价方法打分表见表1－2。

表1－2　主观评价方法打分表

分　数	图像质量	参考标准
5	优	图像中所有场景都很清晰
4	良	可以看出图像中有噪声
3	中	可以明显感觉到图像模糊

续表

分　数	图像质量	参考标准
2	差	对观察目标有障碍
1	极差	无法分辨目标

2. 客观评价方法

由于实际中不存在理想的参考图像,所以学术界对图像融合的质量评估仍然是一个有争议的话题。主观评价方法是检测图像融合质量的最直接手段,但是主观评价方法也存在诸多不足。因此,利用客观评价方法对图像融合进行定量分析就成为一种重要的手段。

客观评价方法是指利用通用的数学模型指标通过计算数据来衡量图像质量的高低。这种方法不仅避免了人工作能力有限、视觉分辨能力有限的缺点,而且有利于计算机在图像融合中实现自动一体化的功能,无人为因素影响,提高工作效率的同时可以根据融合质量平均指标选择最优的融合方法。常用的客观评价方法的指标如下。

(1)基于统计特征的图像质量评价。

1)标准差(Standard Deviation,SD)。标准差是衡量图像灰度值相比于灰度均值的离散程度。其数值越大,说明图像的灰度级分布越分散,就会包含越多信息。图像标准差可表达如下:

$$SD = \sqrt{\frac{1}{MN}\sum_{i=1}^{M}\sum_{j=1}^{N}[I(i,j) - I_{\mu}]^2} \tag{1-3}$$

式中:M 和 N 分别是图像的行列数;$I(i,j)$ 是图像灰度值;I_{μ} 是图像灰度均值。

2)平均梯度(Average Gradient,AG)。平均梯度用于描述图像的清晰度。其值越大,表明图像越清晰,包含了越多微小细节信息和边缘纹理变化。图像平均梯度公式如下:

$$AG = \frac{1}{MN}\sum_{i=1}^{M-1}\sum_{j=1}^{N-1}\left\{\frac{1}{2}[I(i,j) - I(i+1,j)]^2 + [I(i,j) - I(i,j+1)]^2\right\}^{1/2} \tag{1-4}$$

式中:M 和 N 分别是图像的行列数;$I(i,j)$ 是图像灰度值。

3)空间频率(Spatial Frequency,SF)。空间频率是指图像灰度值在空间域中的整体活跃度。其值越大,融合效果越好。一般有空间行频率 RF 和列频率 CF。空间频率公式如下:

$$SF = \sqrt{RF^2 + CF^2} \tag{1-5}$$

$$RF = \sqrt{\frac{1}{MN}\sum_{i=0}^{M-1}\sum_{i=1}^{N-1}[I(i,j) - I(i,j-1)]^2} \tag{1-6}$$

$$CF = \sqrt{\frac{1}{MN}\sum_{i=1}^{M-1}\sum_{j=0}^{N-1}[I(i,j) - I(i-1,j)]^2} \tag{1-7}$$

式中:M 和 N 分别是图像的行列数;$I(i,j)$ 是图像灰度值。

(2)基于信息量的图像质量评价。

1)信息熵(Information Entropy,IE)。信息熵是衡量图像信息丰富程度的一个重要指标。熵值越大,说明图像包含了越多的信息量。信息熵公式如下:

$$IE = -\sum_{i=1}^{L} p(i)\log_2 p(i) \tag{1-8}$$

式中：L 是整幅图像灰度级总数；$p(i)$ 是灰度等于 i 的像素数占总像素数的比值。

2）互信息（Mutual Information，MI）。互信息也称为相关熵，是衡量两幅图像之间信息联系程度的指标，可以反映融合图像中有多少信息来源于源图像。其值越大，说明融合图像包含了越多源图像信息。互信息定义为

$$MI_{R,F} = \sum_{i=0}^{L-1}\sum_{j=0}^{L-1} p_{R,F}(i,j)\log_2 \frac{p_{R,F}(i,j)}{p_R(i)p_F(j)} \tag{1-9}$$

式中：p_R、p_F 分别是图像 R 和 F 的归一化灰度直方图；$p_{R,F}$ 是图像 R 和 F 的归一化联合灰度直方图。

（3）基于人眼视觉特性的图像质量评价。

1）结构相似度（Structural Similarity，SSIM）。图像亮度、对比度和结构很适合提取结构信息。基于这三个方面信息构建图像结构失真的评价方法，称为结构相似度。其评价结果更符合视觉主观感受。

$$SSIM(X,Y) = [l(X,Y)]^a [c(X,Y)]^b [s(X,Y)]^c \tag{1-10}$$

$$l(X,Y) = \frac{2\mu_X\mu_Y + C_1}{\mu_X^2 + \mu_Y^2 + C_1} \tag{1-11}$$

$$c(X,Y) = \frac{2\sigma_X\sigma_Y + C_2}{\sigma_X^2 + \sigma_Y^2 + C_2} \tag{1-12}$$

$$s(X,Y) = \frac{2\sigma_{XY} + C_3}{\sigma_X\sigma_Y + C_3} \tag{1-13}$$

式中：$l(X,Y)$、$c(X,Y)$ 和 $s(X,Y)$ 分别表示图像 X 和 Y 的亮度相似性、对比度相似性和结构相似性；μ_X 和 μ_Y 分别表示图像 X 和 Y 的均值；σ_X 和 σ_Y 分别表示图像 X 和 Y 的标准差；σ_{XY} 是图像 X 和 Y 的协方差；a、b、c 分别用来控制三个要素的重要性，为了计算方便，可以均选择为 1；C_1、C_2、C_3 为比较小的数值，通常 $C_1 = (k_1 L)^2$，$C_2 = (k_2 L)^2$，$C_3 = C_2/2$，$k_1 \ll 1$，$k_2 \ll 1$，L 为像素的最大值（通常为 255）。SSIM 的取值范围为 $[-1,1]$，越靠近 1，说明图像 X 和 Y 的相似程度越高。融合图像 F 与源图像 A、B 的结构相似度由下式得到：

$$SSIM_{AB}^F = \frac{SSIM(A,F) + SSIM(B,F)}{2} \tag{1-14}$$

2）视觉对比度。视觉系统有中央凹（Fovea）、对比敏感度（Contrast Sensitivity）和掩盖效应（Masking Effect）三大特性，对应的量化值分别是空间位置函数 Q_F、亮度敏感度函数 Q_C 和纹理复杂度函数 Q_M。视觉对比度评价结果为 $Q = Q_F Q_C Q_M$，表达式如下：

$$Q_F = \frac{e_c}{e_c + e_l} \tag{1-15}$$

式中：e_l 为视觉所注意的像素点到图像中心距离与最大距离的比值；e_c 为实验设定的常量。

$$Q_C = 2.6 \times (0.192 + 0.114SF) \times e^{-(0.114SF)^{1.1}} \tag{1-16}$$

式中：SF 为空间频率。

$$Q_M = \begin{cases} 0.5, & a_1 = 0 \\ 1, & a_1 = 1 \\ (2-a_2)/2, & a_1 = 2 \\ (1-a_2)/2, & a_1 = 3 \\ 0, & \text{其他} \end{cases} \qquad (1-17)$$

式中:a_1 为图像子块区域方向梯度种类个数;a_2 为图像子块区域边缘点个数。

(4)面向光谱保持度的图像质量评价。多光谱和高空间分辨率遥感图像的融合是多传感器图像融合中的重要研究内容之一,这里给出这两类图像的融合评价指标。

1)偏差。偏差是指融合图像偏离原始图像的程度,可以反映融合图像和原始多光谱图像在光谱信息上的差异。设原始多光谱图像的 R、G 和 B 三基色在(i,j)位置的像素值为 R_old_{ij}、G_old_{ij} 和 B_old_{ij},融合图像的 R、G 和 B 三基色在(i,j)位置的像素值为 R_new_{ij}、G_new_{ij} 和 B_new_{ij},则原始图像与融合图像在 R、G 和 B 通道上的偏差 D_R、D_G 和 D_B 定义为

$$D_R = \frac{1}{MN} \sum_{i=1}^{M} \sum_{j=1}^{N} | R\_old_{ij} - R\_new_{ij} | \qquad (1-18)$$

$$D_G = \frac{1}{MN} \sum_{i=1}^{M} \sum_{j=1}^{N} | G\_old_{ij} - G\_new_{ij} | \qquad (1-19)$$

$$D_B = \frac{1}{MN} \sum_{i=1}^{M} \sum_{j=1}^{N} | B\_old_{ij} - B\_new_{ij} | \qquad (1-20)$$

式中:MN 为图像的大小。D_R、D_G 和 D_B 越小,融合图像的光谱信息保持得越好。

2)相关系数。融合图像和原始多光谱图像的相关系数可以用来反映两幅图像光谱特征的相似性。相关系数定义如下:

$$\rho = \frac{\displaystyle\sum_{i=1}^{M} \sum_{j=1}^{N} [F(i,j) - \overline{\mu_F}][X(i,j) - \overline{\mu_X}]}{\sqrt{\displaystyle\sum_{i=1}^{M} \sum_{j=1}^{N} [F(i,j) - \overline{\mu_F}]^2 \sum_{i=1}^{M} \sum_{j=1}^{N} [X(i,j) - \overline{\mu_X}]^2}} \qquad (1-21)$$

式中:$\overline{\mu_F}$ 和 $\overline{\mu_X}$ 分别是 F 和 X 的均值,F 是融合图像的 R、G 或 B 三通道中的一个,X 可以是原始多光谱图像的 R、G 和 B 三通道中的一个或者是原始的全色图像。

第 2 章　图像匹配的四要素

作为计算机视觉和图像处理的基本方法之一,图像匹配在近几十年来一直是研究的难点和热点问题,其目的是在变换空间中寻找一种或多种变换,使来自不同时间、不同传感器或者不同视角的同一场景的两幅或多幅图像在空间上一致。图像匹配一般都是由如下四个元素组成的:特征空间、变换类型、相似性度量和搜索策略。

2.1　特　征　空　间

特征空间是指从原始图像中抽取的用于参与匹配的信息。选择合理的特征空间可以降低成像畸变对图像匹配算法性能的影响,提高匹配算法的鲁棒性并减少计算量。图像匹配中选择的特征应该能反映两幅图像中所包含内容的几何位置关系,常用的图像特征有区域特征、线特征、点特征、几何特征和仿射及投影不变量等。在实际应用中应根据参与匹配图像的特点和匹配的要求选择合适的特征,使配准过程保持稳定,即对噪声和成像条件不敏感。本书第 4 章将介绍图像匹配中常用的特征,这里不再赘述。

2.2　图像的变换类型

图像的变换类型用来刻画两幅图像之间几何位置的差别。图像之间的变换类型可分为三类,即全局的、局部的和位移场形式的,主要包括刚体变换、仿射变换、投影变换、相似变换和非线性变换等。

2.2.1　刚体变换

刚体变换是一种保持欧氏距离的变换,即一幅图像从一个坐标系映射到另一个坐标系后,图像中两点间的距离仍保持不变,只发生了平移变换、旋转变换或镜像变换。这意味着图像只进行 2D 平移和 2D 旋转运动,只有 3 个自由度,如图 2-1 所示。假设一幅图像中任意点的像素坐标为 (x_1,y_1),刚体变换后该点在图像中的坐标为 (x_2,y_2),变换公式为

$$\begin{pmatrix} x_2 \\ y_2 \end{pmatrix} = \begin{pmatrix} \cos\theta & -\sin\theta \\ \sin\theta & \cos\theta \end{pmatrix} \begin{pmatrix} x_1 \\ y_1 \end{pmatrix} + \begin{pmatrix} t_x \\ t_y \end{pmatrix} \tag{2-1}$$

式中:t_x 为 x 方向的平移量;t_y 为 y 方向的平移量;θ 为旋转角度。

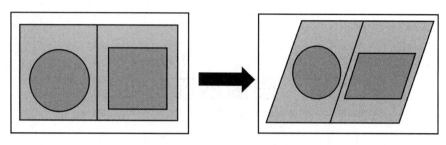

图 2-1 刚体变换示意图

2.2.2 仿射变换

仿射变换是空间直角坐标系的变换,从一个二维坐标变换到另一个二维坐标。仿射变换是指对一幅图像进行变换后得到的图像中直线仍为直线,且保持平行关系的图像变换,包括线性变换和平移变换,如图 2-2 所示。

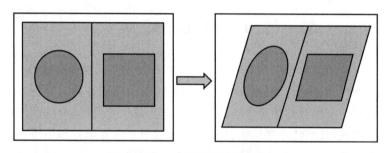

图 2-2 仿射变换示意图

仿射变换比较常用的特殊变换有平移变换、缩放变换、翻转变换、旋转变换和剪切变换。假设一幅图像中任意点的像素坐标为 (x_1, y_1),刚体变换后该点在图像中的坐标为 (x_2, y_2),则仿射变换公式为

$$\begin{pmatrix} x_2 \\ y_2 \end{pmatrix} = \begin{pmatrix} a_{11} & a_{12} \\ a_{21} & a_{22} \end{pmatrix} \begin{pmatrix} x_1 \\ y_1 \end{pmatrix} + \begin{pmatrix} t_x \\ t_y \end{pmatrix} \tag{2-2}$$

$$\begin{pmatrix} a_{11} & a_{12} \\ a_{21} & a_{22} \end{pmatrix} = \begin{pmatrix} \cos\theta & -\sin\theta \\ \sin\theta & \cos\theta \end{pmatrix} \begin{pmatrix} s_x & 0 \\ 0 & s_y \end{pmatrix} \begin{pmatrix} 1 & \delta_x \\ 0 & 1 \end{pmatrix} \begin{pmatrix} 1 & 0 \\ \delta_y & 1 \end{pmatrix} \tag{2-3}$$

式中:t_x 为 x 方向的平移量;t_y 为 y 方向的平移量;θ 为旋转角度;s_x 为 x 方向的比例因子;s_y 为 y 方向的比例因子;δ_x 为 x 方向的剪切因子;δ_y 为 y 方向的剪切因子。

2.2.3 投影变换

投影变换,也称为单应变换,是指对一幅图像进行坐标映射变换后得到的图像,直线仍为直线,但无法保持平行关系,如图 2-3 所示。所谓单应就是发生在投影平面 P2 上的点和线可逆的映射。假设一幅图像中任意点的像素坐标为 (x_1, y_1, z_1),投影变换后该点在图像中的坐标为 (x_2, y_2, z_2),则变换公式为

$$\begin{pmatrix} x_2 \\ y_2 \\ z_2 \end{pmatrix} = \begin{bmatrix} a_{11} & a_{12} & a_{13} \\ a_{21} & a_{22} & a_{23} \\ a_{31} & a_{32} & a_{33} \end{bmatrix} \begin{bmatrix} x_1 \\ y_1 \\ z_1 \end{bmatrix} \tag{2-4}$$

式中:a_{ij} 为依赖于具体场景和图像的常数。

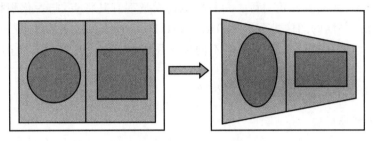

图 2 - 3　投影变换示意图

图像中的 2D 点(x,y)可以被表示成 3D 向量的形式$(x_1 \quad x_2 \quad x_3)$,其中 $x=x_1/x_3$,$y=x_2/x_3$,它被叫作点的齐次表达,位于投影平面 P2 上。典型地,可以通过图像之间的特征匹配来估计单应矩阵。

2.2.4　相似变换

相比刚体变换,相似变换增加了均匀的缩放。均匀的意思是各个方向的缩放比例相同。尺度变换增加了一个自由度,因此自由度为 4。与刚体变换一样,相似变换具有保角性。点之间的距离不再保持不变,但距离比保持不变,变换公式为

$$\begin{pmatrix} x_2 \\ y_2 \end{pmatrix} = S \begin{pmatrix} \cos\theta & -\sin\theta \\ \sin\theta & \cos\theta \end{pmatrix} \begin{pmatrix} x_1 \\ y_1 \end{pmatrix} + \begin{pmatrix} t_x \\ t_y \end{pmatrix} \tag{2-5}$$

如果对应物体的大小不发生变化,即缩放参数 $S=1$,那么相似变换模型简化为刚性变换模型,只能描述平移和旋转运动,适用于不存在摄像机变焦的情况。

2.2.5　非线性变换

非线性变换是对一幅图像进行任意的变换,可以把直线变换为曲线,如图 2-4 所示。假设一幅图像中任意点的像素坐标为(x_1,y_1),刚体变换后该点在图像中的坐标为(x_2,y_2),变换关系如下式所示,其中 F 表示任意一种函数形式:

$$(x_2, y_2) = F(x_1, y_1) \tag{2-6}$$

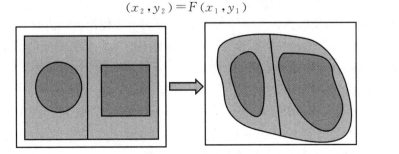

图 2 - 4　非线性变换示意图

2.3 图像匹配的相似性度量

相似性度量用来衡量待配准图像和参考图像之间的相似程度,主要包括归一化积相关、绝对差、Hausdorff 距离及互信息等。每种相似性度量都有其特点:归一化积相关对噪声比较鲁棒,但对光照不同的图像失配严重;Hausdorff 距离在图像之间存在遮挡时能获得较好的匹配结果;互信息几乎可以用于任何不同模态图像的配准,但是计算时间长,且对噪声敏感。

下面简单介绍各相似性度量函数的定义。

2.3.1 相关性度量

设 X 为待匹配图像,Y 为参考图像,X 的大小为 MN,Y 的大小为 mn,且 $M \geqslant m$,$N \geqslant n$,$X_{i,j}$ 是 X 在 (i,j) 位置的像素值,同理,$Y_{i,j}$ 表示 Y 在 (i,j) 位置的像素值,$X_{j+u,k+v}$ 是待匹配图像以 (u,v) 为中心,与参考图像大小相同、对应 (j,k) 位置的像素灰度值。

1. 积相关法

$$CC(u,v) = \sum_{j=1}^{m} \sum_{k=1}^{n} X_{j+u,k+v} Y_{j,k} \qquad (2-7)$$

为了解决光照敏感问题,可对式(2-7)进行归一化处理。积相关法虽然解决了光照变化敏感问题,但其矩形框的选取依然是个问题,因此这种方法只适用于存在平移和小角度旋转关系的配准。虽然也有人提出用圆形窗口代替矩形窗口,但是效果仍然不太理想。

2. 归一化积相关与去均值归一化积相关

归一化积相关(Normalized Product Correlation,Nprod)是一种经典的灰度相关算法,具有不受比例因子误差影响和抗白噪声干扰能力强等优点。其定义如下:

$$Nprod(u,v) = \frac{\displaystyle\sum_{j=1}^{m} \sum_{k=1}^{n} X_{j+u,k+v} Y_{j,k}}{\left(\displaystyle\sum_{j=1}^{m} \sum_{k=1}^{n} X_{j+u,k+v}^2\right)^{1/2} \left(\displaystyle\sum_{j=1}^{m} \sum_{k=1}^{n} Y_{j,k}^2\right)^{1/2}} \qquad (2-8)$$

式中:$X_{j+u,k+v}$ 是待匹配图像以 (u,v) 为中心,与参考图像大小相同、对应 (j,k) 位置的像素灰度值。Nprod 算法比较待匹配图像各个位置与参考图像的归一化相关系数,认为相关值最大的点 (u^*,v^*) 就是待匹配图像和参考图像最匹配的位置。

在图像匹配中,若实时图含有未知偏移量,则此时可以使用去均值归一化积相关计算两幅图像的相似性。去均值归一化积相关可以充分利用图像中变化部分的信息,使相关系数的峰值尽量锐化。具体计算公式如下:

$$NCC(u,v) = \frac{\displaystyle\sum_{x,y \in W} (X_{j+u,k+v} - \overline{I}_1)(Y_{j,k} - \overline{I}_2)}{\sqrt{\displaystyle\sum_{x,y \in W} (X_{j+u,k+v} - \overline{I}_1)} \sqrt{\displaystyle\sum_{x,y \in W} (Y_{j,k} - \overline{I}_2)}} \qquad (2-9)$$

式中:$\overline{I}_1$ 和 $\overline{I}_2$ 是两个窗口灰度的平均值,有

$$\overline{I}_1 = \frac{1}{N} \sum_{x,y \in W} X_{j+u,k+v} \qquad (2-10)$$

$$\overline{I}_2 = \frac{1}{N} \sum_{x,y \in W} Y_{j,k} \qquad (2-11)$$

为了减少计算量,计算互相关系数可以采用如下公式:

$$\rho(i,j) = \frac{S_{Ir} - \dfrac{S_I S_r}{mn}}{\sqrt{\left(S_{II} - \dfrac{S_I^2}{mn}\right)\left(S_{rr} - \dfrac{S_r^2}{mn}\right)}} \qquad (2-12)$$

式中

$$S_{Ir} = \frac{1}{mn} \sum_{u=1}^{m} \sum_{v=1}^{n} I(u,v) I'(u+i,v+j) \qquad (2-13)$$

$$S_{II} = \frac{1}{mn} \sum_{u=1}^{m} \sum_{v=1}^{n} I^2(u,v) \qquad (2-14)$$

$$S_{rr} = \frac{1}{mn} \sum_{u=1}^{m} \sum_{v=1}^{n} I'^2(u+i,v+j) \qquad (2-15)$$

$$S_I = \frac{1}{mn} \sum_{u=1}^{m} \sum_{v=1}^{n} I(u,v) \qquad (2-16)$$

$$S_r = \frac{1}{mn} \sum_{u=1}^{m} \sum_{v=1}^{n} I'(u+i,v+j) \qquad (2-17)$$

3. 绝对值差和平均绝对值差

绝对值差定义如下:

$$Q(u,v) = \sum_{s=1}^{m} \sum_{t=1}^{n} |X_{j+u,k+v} - Y_{j,k}| \qquad (2-18)$$

$Q(u,v)$ 是待匹配图与参考图之间像素灰度差值的绝对值之和。当两图完全相同时,为"0"。$Q(u,v)$ 值的大小反映了两图之间的相似程度,判断各点的 $Q(u,v)$ 值的大小,认为该值最小的位置就是它在基准图中的准确位置。

平均绝对差是模式识别和图像匹配中常用的相似性度量。该算法先计算待匹配图与模板图对应位置上灰度值之差的绝对值总和,再求平均,具体公式如下;

$$D(u,v) = \frac{1}{MN} \sum_{s=1}^{M} \sum_{t=1}^{N} |X_{j+u,k+v} - Y_{j,k}| \qquad (2-19)$$

显然,绝对差 $Q(u,v)$ 或平均绝对差 $D(u,v)$ 越小,表明两幅图像之间越相似,故只需找到最小的 $Q(u,v)$ 或 $D(u,v)$,即可确定子图位置。

绝对差和平均绝对值差的优点是简单、计算量较小,因此被广泛用于图像匹配;其缺点是对噪声非常敏感。

4. 二次方差与平均误差二次方和

待匹配图像与模板图像之间的二次方差定义为

$$Q(u,v) = \sum_{s=1}^{m} \sum_{t=1}^{n} |X_{j+u,k+v} - Y_{j,k}|^2 \qquad (2-20)$$

图像匹配过程中，通过比较待匹配图像各像素点灰度值与模板图像各像素点灰度值的二次方差值，认为该值最小的点即最相似的位置。

平均误差二次方和也称为均方差算法，计算如下：

$$D(u,v) = \frac{1}{MN} \sum_{s=1}^{M} \sum_{t=1}^{N} \left| X_{j+u,k+v} - Y_{j,k} \right|^2 \qquad (2-21)$$

上述差的绝对值之和与差的二次方和分别是 L_1 范数和 L_2 范数，这两种范数是图像匹配中最常使用的范数，属 L_p 范数。L_p 范数满足度量准则的非负性、自反性和对称性，其中自反性使得 L_p 范数无法适应光照的变化。有文献对不同阶 L_p 范数进行了可靠性分析，之后使用噪声图像对不同阶 L_p 范数的模板匹配进行了定位问题的测试。

2.3.2 距离度量

在数学中，一个度量（或距离函数）是一个定义了集合内每一对元素之间距离的函数。距离度量在模式识别及图像匹配中均得到了广泛的使用，主要包括欧氏距离、曼哈顿距离、马氏距离、切比雪夫距离和闵可夫斯基距离等。

1. 欧氏距离

假设欧氏空间 $\mathbf{R}^2$ 中的两个点 a 和 b，其坐标分别为 $P_1=(x_1,x_2)$，$P_2=(y_1,y_2)$，则欧氏距离定义如下：

$$D(P_1,P_2) = \sqrt{(x_1-y_1)^2 + (x_2-y_2)^2} \qquad (2-22)$$

尽管欧氏距离（欧几里得距离）是一种常用的距离度量，但它并不是比例不变的。这意味着所计算的距离可能会根据要素的单位而发生偏斜。因此，在使用此距离度量前，需要对数据进行标准化处理。此外，随着数据维数的增加，单个维度对距离的影响越来越小，任意样本间的距离趋于相同，故欧氏距离的用处也就越来越小。

2. 曼哈顿距离

美国纽约曼哈顿由一条条横平竖直的道路划分为一个个街区，如图 2-5 所示。想象一下：你想要从左下角的点开车前往右上角的点，驾驶距离是两点间的直线距离吗？显然不是，除非你能穿越大楼。如何规划一条最短的路径呢？显然我们有很多路径可以选择，如图 2-5 中红色、蓝色、黄色的路径，这些路径的总长度都是相等的。实际驾驶距离就是这个"曼哈顿距离"，这也是曼哈顿距离名称的来由。曼哈顿距离也称为城市街区距离（City Block Distance）。

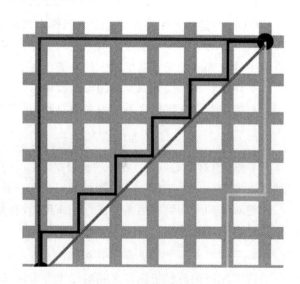

图 2-5 曼哈顿距离

曼哈顿距离的计算公式如下：

$$D(P_1,P_2)=|x_1-x_2|+|y_1-y_2| \tag{2-23}$$

尽管曼哈顿距离在高维数据中似乎可以工作,但它比欧氏距离更不直观,尤其在高维数据中使用时更是如此。此外,由于它不是可能的最短路径,所以它比欧氏距离更有可能计算出一个更高的距离值。

3. 马氏距离

马氏距离是由印度科学家 Mahalanobis 提出的,用来定义图像中任一点到物体部件点集的距离。与欧氏距离相比,马氏距离的大小不仅与各个点集相对分布有关,而且与各个点集自身的分布有关。同时,马氏距离具有良好的平移不变性、旋转不变性和仿射不变性,表示数据的协方差距离,能够有效地计算两个未知样本集的相似度。马氏距离先计算任意一点样本均值 μ 和协方差矩阵 $\boldsymbol{S}$:

$$\mu=(\mu_x,\mu_y)=(\sum_{i=1}^{n}x_i,\sum_{i=1}^{n}y_i)/M \tag{2-24}$$

$$\boldsymbol{S}=\left[\sum_{i=1}^{n}\binom{x_i-\mu_x}{y_i-\mu_x}(x_i-\mu_x,y_i-\mu_x)\right]/M \tag{2-25}$$

则 P_1 和 P_2 之间的马氏距离定义为

$$D(P_1,P_2)=\sqrt{(\boldsymbol{x}-\boldsymbol{y})^{\mathrm{T}}\boldsymbol{S}^{-1}(\boldsymbol{x}-\boldsymbol{y})} \tag{2-26}$$

下面以欧氏距离为例,给出使用距离度量函数进行图像匹配的步骤。

假定两个特征组点分别为 P_i 和 P_j,分别计算 P_i 中每一个特征点与 P_j 中所有点的欧氏距离,并根据大小进行排序,找到最小值和第二小值,求出它们的比值,根据给定的阈值进行判断,如果小于给定阈值,就判定为初始匹配点,实验阈值一般设为 $0.6\sim0.8$。阈值越小,得到匹配点的数量越少,但精度越高。

4. Hausdorff 距离

Hausdorff 距离是一种极大-极小距离,主要用于测量两个点集之间的匹配程度。由于 Hausdorff 距离不需要建立点-点之间的对应关系,所以在图像匹配中得到了广泛的使用。

给定有限的两个点集 A 和 B,其大小分别为 N_A 和 N_B,A 和 B 之间的 Hausdorff 距离定义为

$$H(A,B)=\max[h(A,B),h(B,A)] \tag{2-27}$$

式中

$$h(A,B)=\max_{a\in A}\min_{b\in B}\|a-b\| \tag{2-28}$$

$$h(B,A)=\max_{b\in B}\min_{a\in A}\|a-b\| \tag{2-29}$$

称为有向 Hausdorff 距离。定义

$$d_B(a)=\min_{b\in B}\|a-b\| \tag{2-30}$$

$$d_A(b)=\min_{a\in A}\|b-a\| \tag{2-31}$$

式中:$\|\cdot\|$ 是某种类型的范数;$d_B(a)$ 是点 a 到点集 B 中每个点的最小距离,称为点 a 到点集 B 的距离,称 $d_A(b)$ 是点 b 到点集 A 的距离。可以看出,$h(A,B)$ 就是点集 A 到点集

B 的距离，$h(B,A)$ 是点集 B 到点集 A 的距离，当点集 A 和点集 B 完全匹配时，它们之间的 Hausdorff 距离为零，因此，点集 A 和点集 B 越匹配，它们之间的 Hausdorff 距离越小，在实际匹配过程中都是通过寻找 Hausdorff 距离的最小值来确定最佳匹配结果的。

由于上述定义的 Hausdorff 距离无法处理噪声和遮挡带来的问题，所以人们又提出了一些改进的 Hausdorff 距离，如部分 Hausdorff 距离（Partial Hausdorff Distance，PHD）、MHD（Modified Hausdorff Distance）、M-HD（Median Hausdorff Distance）以及 LTS-HD（Least Trim Square-Hausdorff Distance）等，下面分别给出它们的定义。

PHD 是为了消弱次要元素的影响而引入的，将点集 A 和点集 B 之间的 PHD 表示为 $H_{KL}(A,B)$，则有

$$H_{KL}(A,B) = \max[h_K(A,B), h_L(B,A)] \tag{2-32}$$

式中

$$h_K(A,B) = K^{th}_{a \in A} d_B(a) \tag{2-33}$$

$$h_L(B,A) = L^{th}_{b \in B} d_A(b) \tag{2-34}$$

式中：$d_B(a)$ 及 $d_A(b)$ 的定义与式（2-30）和式（2-31）一样；$K^{th}_{a \in A}$ 表示取点集 A 到点集 B 的距离按由小到大的顺序排序后的第 K 个值，同理，$L^{th}_{b \in B}$ 表示取点集 B 到点集 A 的距离按由小到大的顺序排序后的第 L 个值。设 $0 < f_1 < 1$，$0 < f_2 < 1$，K 和 L 的取值分别为

$$K = \lfloor f_1 \times N_A \rfloor \tag{2-35}$$

$$L = \lfloor f_2 \times N_B \rfloor \tag{2-36}$$

式中：N_A 和 N_B 分别为点集 A 和点集 B 中元素的个数；$\lfloor \ \rfloor$ 表示向下取整。

Dubusson 等人基于平均距离提出了 MHD，其定义如下：

$$H_{MHD}(A,B) = \max[h_{MHD}(A,B), h_{MHD}(B,A)] \tag{2-37}$$

式中

$$h_{MHD}(A,B) = \frac{1}{N_A} \sum_{a \in A} d_B(a) \tag{2-38}$$

$$h_{MHD}(B,A) = \frac{1}{N_B} \sum_{b \in B} d_A(b) \tag{2-39}$$

式中：N_A 和 N_B 同样代表点集 A 和点集 B 中元素的个数。

可以看出，与 PHD 不同的是，MHD 不需要设置参数，另外，由于 H_{MHD} 考虑的是平均距离，所以对噪声具有较好的鲁棒性；但是 MHD 的匹配性能不及 PHD，因为它的计算过程包括了出格点在内的距离值。基于 MHD，人们提出了两种鲁棒 Hausdorff 距离——M-HD 和 LTS-HD。

在 M-HD 中，有向距离 $H_M(A,B)$ 和 $H_M(B,A)$ 分别定义为

$$H_M(A,B) = \frac{1}{N_A} \sum_{a \in A} \rho[d_B(a)] \tag{2-40}$$

$$H_M(B,A) = \frac{1}{N_B} \sum_{b \in B} \rho[d_A(b)] \tag{2-41}$$

式中：N_A 和 N_B 是点集 A 和点集 B 的元素个数；代价函数 ρ 是凸对称的，而且在零点存在唯一的最小值，其定义为

$$\rho(x)=\begin{cases} |x|, & |x|<\tau \\ \tau, & |x|>\tau \end{cases} \qquad (2-42)$$

式中:τ 是用来消除出格点的阈值。

另外一种鲁棒 Hausdorff 距离是 LTS-HD。它基于鲁棒统计中的 LTS 方法,其有向距离 $h_{\text{LTS}}(A,B)$ 和 $h_{\text{LTS}}(B,A)$ 定义为

$$h_{\text{LTS}}(A,B)=\frac{1}{K}\sum_{i=1}^{K}d_B(a)_{(i)} \qquad (2-43)$$

$$h_{\text{LTS}}(B,A)=\frac{1}{L}\sum_{i=1}^{L}d_A(b)_{(i)} \qquad (2-44)$$

式中:$K=\lfloor f_1 \times N_A \rfloor$;$L=\lfloor f_2 \times N_B \rfloor$;$d_B(a)_{(i)}$ 和 $d_A(b)_{(i)}$ 分别表示有序集合 X 和 Y 的第 i 个元素,有序集合 X 和 Y 是距离值的排序结果,即

$$X=\{d_B(a)_{(1)},d_B(a)_{(2)},d_B(a)_{(3)},\cdots,d_B(a)_{(N_A)}\} \qquad (2-45)$$

$$Y=\{d_A(b)_{(1)},d_A(b)_{(2)},d_A(b)_{(3)},\cdots,d_A(b)_{(N_B)}\} \qquad (2-46)$$

由上可见,LTS-HD 不仅能消除远离中心的错误匹配点的影响,而且对高斯噪声的消除能力比较强,故本书选择 LTS-HD 度量参考图像和待匹配图像之间的相似度。

Hausdorff 距离可以通过距离变换来计算。设参考图像 T 和待匹配图像 I 的大小分别为 mn 和 MN,且 $M \geqslant m$,$N \geqslant n$,记点集 A 为参考图像 T 的边缘点集,点集 B 为待匹配图像 I 的边缘点集,则点集 A 和点集 B 之间的 Hausdorff 距离为

$$H(A,B)=\max[h(A,B),h(B,A)] \qquad (2-47)$$

式中

$$h(A,B)=h_K(B \oplus t,A)=K_{b \in B}^{th}D'[b_x+x,b_y+y] \qquad (2-48)$$

$$h(B,A)=h_L(A,B \oplus t)=L_{a \in B}^{th}D[a_x-x,a_y-y] \qquad (2-49)$$

式中:D' 和 D 为计算得到的距离值;t 为平移量。计算上述 Hausdorff 距离需要确定两个点集之间的距离,如果使用欧氏距离,那么计算将比较费时而且占用的内存较大,同时计算产生的是浮点数,可以使用 3-4DT 法计算距离。在计算一幅二值图像的距离变换前,先将边界像素值置为零,非边界像素值置为无穷大,从边界点出发,沿远离边界点方向按下面方法逐渐增大像素值,即对任意像素,其水平、垂直方向的四个邻域像素的灰度值每次增加 3,而另四个邻域的像素则每次增加 4,即

$$v_{i,j}^k=\min(v_{i-1,j-1}^{k-1}+4,v_{i-1,j}^{k-1}+3,v_{i-1,j+1}^{k-1}+4,v_{i,j-1}^{k-1}+3,v_{i,j}^{k-1},v_{i,j+1}^{k-1}+3,v_{i+1,j-1}^{k-1}+4,$$
$$v_{i+1,j}^{k-1}+3,v_{i+1,j+1}^{k-1}+4)$$

$$(2-50)$$

式中:$v_{i,j}^k$ 是坐标为 (i,j) 的像素在第 k 次循环时的距离,循环一直进行到所有像素的距离都不再改变为止。

2.3.3　互信息度量

互信息(Mutual Information,MI)用来描述两个随机信号之间的相似程度或统计的相关性,可以用信息熵来表示。互信息理论最初用于通信中,用来计算输入信号和输入出信号间的相关性测度。

在图像处理领域,互信息是利用直方图对图像的像素灰度统计特性进行处理,并计算不同像素在图像中的信息量。将统计学中的直方图引入数字图像处理中,用来表示图像灰度信息的分布,灰度直方图体现了数字图像中不同灰度级与其出现的频数之间的统计关系,是用于表达图像灰度分布情况的统计图表,有一维直方图和二维直方图之分。其中最常用的是一维直方图。其定义如下:

对于数字图像 $f(x,y)$,设图像灰度值为 $r_0,r_1,\cdots,r_{L-1}$,则概率密度函数 $P(r_i)$ 为

$$P(r_i)=\frac{\text{灰度级为}r_i\text{的像素数}}{\text{图像上总的像素数}}(i=0,1,2,\cdots,L-1),\text{且}\sum P(r_i)=1 \quad (2-51)$$

图像的灰度直方图不能够体现图像的某个具体像素信息在图像的具体位置,因为灰度直方图仅仅反映了图像中各个灰度级的分布,而不能体现具体灰度信息在图像中的空间位置。因此,一幅图像可以得到唯一的直方图,但是与某一直方图对应的原始图像并不是唯一的。图 2-6 给出了可见光图像及其对应的直方图;图 2-7 给出了红外图像及其对应的直方图。

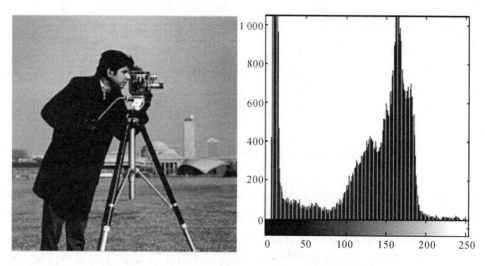

图 2-6　可见光图像及其直方图

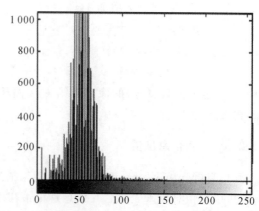

图 2-7　红外图像及其直方图

　　一幅图像的直方图可以提供下列信息:①每个灰度级上像素出现的频数;②图像像素值的动态范围;③整幅图像的大致平均明暗;④图像的整体对比度情况。因此,在图像处理中直方图是很有用的决策和评价工具。直方图统计在对比度拉伸、灰度级修正、动态范围调整、图像灰度调整、模型化等图像处理方法中发挥了很大的作用。

　　如果把图像看作一个随机变量,可以计算其概率分布函数,用该概率函数作为图像的概率模型,用概率密度的统计特性来描述图像的性质,那么就可以用数学的方法来进行图像处理。假设 A 与 B 是两幅需要处理的图像, $P_A(a)$ 与 $P_B(b)$ 是图像概率模型的边缘概率分布函数, $P_{AB}(a,b)$ 是图像 A 和图像 B 的联合概率分布函数,边缘概率分布和联合概率分布可以用下式计算:

$$P_{AB}(a,b) = P_A(a)P_B(b) \tag{2-52}$$

即图像 A 与图像 B 的统计特性是独立的,进而互信息可以定义为

$$I(A,B) = H(A) + H(B) - H(A,B) = H(A) - H(A \mid B) = H(B) - H(B \mid A) \tag{2-53}$$

式中: $H(A)$ 和 $H(B)$ 是图像 A 和图像 B 的熵(Shannon); $H(A,B)$ 是图像 A 与图像 B 的联合信息熵; $H(A \mid B)$ 与 $H(B \mid A)$ 是给定图像 B 计算图像 A 的条件信息熵和给定图像 A 计算图像 B 的条件信息熵。熵是信息论统计学的一个概念,是用来计算随机变量之间不确定度的一个测度变量,随机变量的熵值伴随着其随机性的变化而变化,随机性越大,熵值越大。在图像处理中,随机变量对应图像的灰度变量,在灰度区间 $[0,255]$ 的数字图像中,图像相应灰度值出现的概率可以记为 $P_1,P_2,\cdots,P_{255}$,熵值的定义为

$$H(A) = -\sum_a P_A(a) \log_2 P_A(a) \tag{2-54}$$

　　由式(2-54)可知,图像 A 的灰度概率值的信息量直接影响着图像的信息熵值,当灰度值只有一个时,由统计概率可得,信息熵 $H(A)$ 的值为零,不确定性为零。当图像的灰度概率分布比较均匀时,图像所包含的信息量比较丰富,信息熵 $H(A)$ 的值比较大,图像信息的不确定性也比较大。

　　联合熵的计算式为

$$H(A,B) = -\sum_{ab} P_{AB}(a,b) \log_2 P_{AB}(a,b) \tag{2-55}$$

　　条件熵的计算式为

$$H(A \mid B) = -\sum_{ab} P_{AB}(a,b) \log_2 P_{A \mid B}(a \mid b) \tag{2-56}$$

　　它可以反映两个变量之间的相关性和可预测性。进一步,由互信息的定义,可以得出它的计算公式如下:

$$I(A,B) = -\sum_{ab} P_{AB}(a,b) \log_2 \frac{P(a,b)}{P(a)P(b)} \tag{2-57}$$

　　同样,在计算两幅图像的互信息之前,需要对图像的联合直方图进行统计。图像的联合直方图可以用下式来表示:

$$\boldsymbol{h} = \begin{bmatrix} h(0,0) & h(0,1) & \cdots & h(0,n-1) \\ h(1,0) & h(1,1) & \cdots & h(1,n-1) \\ \vdots & \vdots & & \vdots \\ h(m-1,0) & h(m-1,1) & \cdots & h(m-1,n-1) \end{bmatrix} \quad (2-58)$$

式中：变量 m、n 分别为图像的最大灰度值，通常为 255；$h(x,y)$ 是匹配图像灰度值 x、参考图像对应点灰度值 y 的像素对的总个数，综合了两幅图像的信息。

2.3.4 归一化灰度组合法

归一化灰度组合法（NIC）的基本思想是基于待匹配图像和模板图灰度的相关性。它通过灰度组合矩阵来计算灰度的相关性，即

$$P(i,j) = \frac{1}{MN} \sum_{f,g=1}^{G} \mathbf{ICM}_{i,j}(f,g) \left[\operatorname{in}(f) - \operatorname{in}(g)\right]^2 \quad (2-59)$$

式中：$\mathbf{ICM}_{i,j}(\cdot)$ 表示在当前匹配像素 (i,j) 处的灰度组合矩阵；G 为最大灰度级数；$\operatorname{in}(x)$ 为级数 x 所代表的灰度值。

$\mathbf{ICM}(x,y)$ 表示两幅图像中共有多少对像素，它们的灰度组合是 (x,y)。约定在 $\mathbf{ICM}$ 矩阵中行代表待匹配图像的灰度，列代表模板图像的灰度。它具有下面的性质：

$$\frac{1}{MN} \sum_{f,g=1}^{G} \mathbf{ICM}(f,g) = 1 \quad (2-60)$$

NIC 算法有如下特性：

（1）当待匹配图像和模板图像相似，即两图的灰度相差不大，或者一个常数，或者一些噪声时，度量值 P 接近或者等于 1；

（2）当两图中的任意一幅出现灰度反转，而两幅图的纹理信息相似时，度量值 P 接近或者等于 1；

（3）当两图的灰度完全不相关，即完全不同的场景时，度量值 P 接近或等于 0。

匹配图像的灰度级数 G 的取值越大，灰度组合矩阵 $\mathbf{ICM}$ 的规模就越大，而灰度组合矩阵 $\mathbf{ICM}$ 的规模越大，所需的匹配时间就越长。因此，当运用归一化灰度组合矩阵算法进行匹配时，所取的灰度级数对匹配时间有重要影响。

2.4 图像匹配的搜索策略

图像匹配属于计算密集型运算，总计算量的计算方法为

$$\text{总计算量} = \text{搜索区域数} \times \text{计算相似性度量函数复杂量} \quad (2-61)$$

由于很多的匹配特征和相似度测量方法都需要大量的计算，所以图像配准中最后一步设计就是选择搜索策略的问题。搜索空间是将要找到配准的最优变换的变换集。我们可在特征空间上利用相似性测度计算每一个变换。然而，很多情况下，利用相关作为相似性测度的方法，减少测量计算的数量是很重要的。误匹配位置越多，计算量就越大。搜索空间是所

有变换的集合,可以将这个集合按其影响的大小和搜索空间的复杂度分为全局或局部的变换。在有些情况下,可以利用一些可得到的信息去掉不可能匹配的搜索子空间,从而达到减少计算量的目的。通常,搜索策略包括分层或多分辨率技术、判决序列、松弛、广义变换、线性规划、树和图像匹配、动态规划以及启发式的搜索等。

对图像匹配问题而言,提高机器预处理效率、减少计算量成为迫切需要解决的关键问题。要减少总的计算量,可以从两个方面入手:① 缩小待寻找的区域范围,打破遍历搜索的瓶颈;②采用新型智能算法来减少匹配计算量。下面简单介绍金字塔搜索算法、K-D树搜索算法及群体智能优化算法。

2.4.1　金字塔搜索算法

金字塔搜索算法,即分层搜索,采取先粗后精的顺序,这样的思想主要是基于人眼视觉的特点。例如:当一辆汽车由远驶近时,人眼首先会注意的是其整体的轮廓,先区分车型,可称为先进行粗相关的匹配;然后才会定位车身部位其他更细节的部分,如车牌、车型号等,可称为进行精相关的匹配。正是在这种粗精相关的匹配思想下,才会更快地注意到车牌的具体位置,因此由这种匹配思想衍生的分层搜索法自然会具有比较高的处理速度。

金字塔搜索算法的匹配过程可以简述如下。

第一步,可以先采用将每 $2\times2=4$(个)像素平均为 1 个像素的方法构成二级影像,分别预处理模板图像和待匹配图像,从而可以得到两幅分辨率低的图像。以此类推,经过 K 次分层处理后,即可得到 K 幅处理后的图像。

第二步,如上所述,进行第一次相关是从分辨率最低的图像(即第 K 次分层处理后)开始的。在经过第 K 次预处理搜索图像中的所有搜索位置上,与预处理的模板图像进行相似度计算,确定粗匹配的位置。由于此时两幅图像的数据量都比较少,所以搜索过程自然很快,但是此时相似度的值也比较小,相应地会产生一些可能的粗匹配的位置。第二次匹配运算需要在较高分辨率的图像[即第$(K-1)$次分层处理后]上进行,但是仅在之前得到的粗匹配位置上进行相关搜索,从中再找出可能性更大的一些匹配位置。如此进行下去,一直搜索到最高分辨率的待匹配图像和模板图像,最终找到确切的匹配位置。

当然,粗精匹配的思想可以延伸为先利用一种算法进行搜索匹配,在相关性更高的匹配位置上再利用比较复杂的算法进行精确匹配,最终确定模板在搜索窗口图像中正确的匹配位置。第3章将介绍一种基于金字塔变换的图像匹配算法。

2.4.2　K-D 树搜索算法

K-D 树搜索算法是 Friedman 于 1977 年提出的,K-D 树 (即 K 维的搜索树)是一种将二叉搜索树推广至多维的数据结构。

K-D 树搜索算法的基本思想是根据某种准则来选择坐标轴的方向,然后根据这个切分方向即可得到两个子数据集,最后再递归切分这两个子数据集,循环往复即可得到一棵搜索树。

K-D树中的每个结点都含有 K 个关键码,也都存储了相应的对象。K-D树的每个结点是由两个指针构成的,这两个指针要么为空,要么指向一棵子树。因此,K-D树中顶层结点是按照第 1 维划分的,下一层结点则是按照第 2 维划分的,而其中每层结点都是将空间分成两个,按照此标准,循环进行划分。最终划分的结果应满足有一半左右的结点存储在子树一侧,其余一半结点存储在另外一侧。结点最终结束划分的标志即有结点的点数已经少于所给出的最大点数。同时,对于每个结点,需要一个用于在该结点所在层决策子树中起到划分作用的关键码编号,称其为判决器(0~$K-1$ 的整数)。对树中的同一层结点来说,其判决器的值是相同的。通常情况下,若将根结点判决器的值设为 0,则其两个子树判决器的值为 1。类推下去,($K-1$)即第 K 层判决器的值,直到第($K+1$)层判决器,其值则会回归到 0。

K-D树建好之后,需要在二叉树中搜索最佳匹配向量。K-D树在搜索时将向量的第 i 维分量与键值的第 i 维分量进行比较,从而可以缩小搜索范围,快速找到匹配的结点位置。在搜索过程中,如果发现某结点的键值已经超出了此时搜寻的范围,那么无需再搜索该结点所对应的右子树了,原因是右子树的结点肯定在这个范围之外。因此,利用K-D树搜索算法进行查找,由于其数据结构必然决定了搜索过程中某些子树是不需要被搜索的,即并不是对整棵树的所有结点进行比较,所以会大大减少搜索量。

2.4.3 群体智能优化算法

群体智能优化算法是仿生物进化算法。生物学家发现,群居昆虫群体中的个体虽然都很简单,智能也不高,但是由于它们具有高度结构化的管理和较强的协同工作能力,所以它们能快速地完成复杂工作。

群体智能优化算法就是模仿生物群体的这种集群行为的随机搜索算法,主要包括遗传算法、人工鱼群算法、粒子群算法、人工蜂群算法和蚁群算法。群体智能优化算法一般具有较快的速度。下面简单介绍遗传算法、人工鱼群算法和蚁群算法。

1. 遗传算法

与传统的方法相比,遗传算法以其简单、鲁棒性强、不需很多先验知识等特点,使它能适应于不同的环境、问题,并且在大多数情况下都能得到最优解。

遗传算法模拟达尔文的遗传选择和自然淘汰的生物进化过程的计算模型,是一种具有"生存检测"的迭代过程的搜索算法。它以一种群体中的所有个体为对象,并利用随机化技术指导对一个被编码的参数空间进行高效搜索。其中:选择、交叉和变异构成了遗传算法的遗传操作;参数编码、初始种群的设定、适应度函数的设计、遗传操作设计和控制参数设定组成了遗传算法的核心内容。

作为一种新的全局优化搜索算法,遗传算法以其简单通用、稳定性强、适于并行处理以及高效、实用等显著特点,在各个领域得到了广泛应用,并逐渐成为重要的智能算法之一。

该算法主要以群体中的所有个体为对象,以选择、交叉、变异为主要操作算子,完成参数寻优过程。下面介绍遗传算法的关键操作。

(1)遗传编码。遗传算法作用的对象是被编码成串的个体,因此,若要将实际问题引入遗传算法中去解决,即将问题从解空间转换到搜索空间,则需要解决的第一个关键问题是对问题的解进行编码。编码将实际问题的可能解表示成可供在遗传空间处理的基因,编码将具体问题抽象表达成数学模型,将个体的表现型转换成基因型,表现型指个体的特征,因此,在为个体的染色体编码之前,必须先考虑个体的特征选择,判断该特征是否影响到进化过程,若没有,则无需对此特征编码,以减少编码的冗余度。

(2)初始化种群。对搜索空间的所有解编码之后,为使遗传操作或循环能自动运转起来,首先必须初始化部分群体,并从此初始群体开始搜索。在初始化种群中,主要是对遗传算法中的一些参数进行设置,包括种群规模、遗传代数、搜索范围、选择算子、交叉算子和变异算子,初始化的设置会影响到算法的搜索能力和计算复杂性。种群规模越大,搜索范围越广,那么每一代的运算时间越长;反之,种群规模越小,每一代的运算时间越短。但可能遗传算法在没有找到最优解时就已经结束,此时只是收敛到了局部最优解。因此,初始种群的设定非常关键。一般选择种群规模为 50~100。

(3)适应度函数。在自然界遗传与进化现象中,为了衡量某个物种对其生存环境的适应程度,所引入的数学函数称为适应函数。在遗传算法中,问题的解都被编码成一条染色体,对解的判别与个体无关,每个个体不需要互相搏斗争取生存的权利,而只是取决于一种判断,该判断需要一个衡量标准,这样就借用了生物中的适应度的概念去评价个体的优劣程度,用适应度函数求解个体的适应度,从而确定其可以进入下一代的概率。群体进化过程中的选择、交叉和变异操作都需要计算个体的适应度,通过比较适应度值的大小来寻找出最优的个体,最后选择适应值最优的个体近似为问题的最优解。

(4)遗传算子。遗传操作的目的就是通过适应度函数评估个体进行一些操作,使个体一代一代向着适者生存、优胜劣汰的方向进化,最终得到最优个体。遗传算法主要利用选择、交叉和变异等操作来产生新的子代群体,选择是进行交叉和变异操作的前提,交叉和变异操作是为了去除旧个体生成新个体,是遗传算法的主要操作。选择操作首先需要计算适应度,根据适应度再决定被选集中个体的选择概率,通过选择概率在父代种群中挑选出较优良的个体,进行后面的交叉和变异的操作。

1)选择。选择操作的目的是从当前代个体中选择优良个体直接遗传到下一代或作为下一代的父代,再通过交叉算子产生下一代。选择算子只是在原种群中按某种方法以一定的概率去选择优良的个体,并没有产生一个新的个体。目前,最常用的选择方法包括适应度比例法、局部选择法、随机遍历抽样法,其中基于适应度比例的轮盘赌选择法是最简单也是最常用的选择方法。

2)交叉。交叉操作是遗传算法中用以产生新个体的主要操作,也称为基因重组。就像自然界中的染色体交叉,通过交叉操作生成的新个体将会包含父(母)代个体的部分基因。

常用的交叉方法有单点交叉、两点交叉、均匀交叉等。

3）变异。变异是生命体进化和产生生物多样性的主要动力,遗传算法中变异算子被用来保证种群多样性,没有变异操作遗传算法极容易陷入局部最优。自然界中变异通常是以一个极低的概率改变染色体中某个基因位上的基因,并用其等位基因代替。遗传算法中的变异算子也是如此,需要先设定一个小概率值,以此概率随机地选择某一基因位,再用等位基因取代。

4）控制参数选择。遗传算法在执行前需要先确定好控制参数:个体编码长度 L、种群大小 M、交叉概率 cp、变异概率 mp 和终止代数 T。

A. 个体编码长度 L:个体编码长度与所选的编码方法和对问题的解的精度要求有关。对精度要求越高,则 L 越长,但编码和解码所耗的时间也越长。

B. 种群大小 M:种群中包含个体的数量。M 太小会导致算法过早收敛,M 太大则收敛时间又会过长。

C. 交叉概率 cp:随机选取两个个体,用交叉概率判断这两个个体是否执行交叉。交叉概率的选取会影响到算法的收敛性:如果取值过小,则遗传算法向前搜索的速度过慢;如果取值太大,虽然可以产生更多的新个体,但是也极易损坏高适应值的结构。一般取值范围为 $0.6 \sim 1.0$。

D. 变异概率 mp:变异是指改变串中基因的值,通过 mp 指导完成,可以产生新的个体,增加种群的多样性。当变异概率 mp 过小时,种群在变异前后变化不大,很难产生出新的基因型个体;当 mp 取值太大时,会破坏种群中的优秀个体,使得搜索没有目的性,变为随机搜索,难以向最优解靠拢。

E. 终止代数 T:终止代数是遗传算法结束的条件之一,表示遗传操作可循环的最大次数,且当算法运行到第 T 代时,此代中种群的最优个体即为最优解,一般取值在 $100 \sim 500$。

上述控制参数的取值不是固定的,必须结合实际问题,经过多次反复实验才可确定最合适的取值范围和大小。

5）遗传算法终止条件。一般采用种群的最大进化代数作为遗传算法结束的条件,此值设置过大则会增加不必要的计算量;设置过小则可能找不到问题的解。为保证遗传算法的效率,可在种群进化代数范围内选择以下条件之一或其组合作为终止条件:

A. 个体的适应度达到给定的阈值;

B. 种群中个体的最大适应度和平均适应度的增长率在连续几代中都很低,表明种群趋于稳定,可终止算法的运行;

C. 若连续取得相邻几代最优个体的适应度都大于设定的阈值,算法即可停止搜索。

遗传算法的基本流程图如图 2-8 所示。

2. 人工鱼群算法

人工鱼群算法无需精确估计待优化变量初值,只需给出待优化变量的取值范围,通过模拟鱼类的觅食、聚群、追尾、随机等行为在搜索域中进行参数寻优。本节将重点研究人工鱼群算法寻优原理。

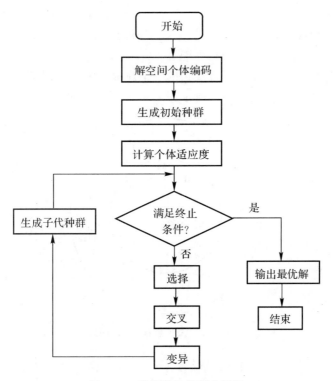

图 2 - 8　遗传算法的基本流程

（1）人工鱼群算法的基本思想。动物在进化过程中，经过漫长的自然界的优胜劣汰，形成了形形色色的觅食和生存方式，这些方式为人类解决问题的思路带来了不少启发。2002年，李晓磊等人通过研究鱼群行为活动，提出一种基于动物行为的自下而上的自治体寻优模式算法——人工鱼群算法（Artificial Fish School Algorithm，AFSA）。它是一种基于模拟鱼群行为的优化算法。鱼的几种典型行为描述如下。

1）觅食行为：鱼会根据自身视觉或味觉寻找水中食物，并会向食物浓度高的方向游去。

2）聚群行为：鱼是群食性动物，每条鱼都会游向食物浓度高的地方，因此，食物多的位置就会有大量鱼聚集成群。

3）追尾行为：如果有一条鱼发现食物，那么其周围的鱼将很快尾随游向它，同时游向这一方向的附近的鱼也会跟其游过来。

4）随机行为：当鱼没有食物目标时，会随机四处游动，以便在更广阔的区域觅食和追尾同伴。

这些鱼的基本行为准则是为适应生存而自主完成的，各行为之间会随鱼对外界环境的感知而相互切换，实现最优的获取食物的方式。在水域中的鱼会随食物浓度分布在营养丰富的区域聚集，模仿鱼群行为在一定范围内寻找最优值。这是提出人工鱼群算法的最初思路。

人工鱼群算法构造每条人工鱼都具有觅食、聚群、追尾和随机的基本行为，每条鱼都有局部寻优能力,鱼群共同形成全局寻优能力。该算法具有良好的克服局部极值、取得全局极值的能力。算法中只使用目标函数的函数值,而无需目标函数的梯度等特殊信息,对搜索空间具有一定的自适应能力。算法仅需估计参数初值变化范围,因此对各参数的选择也不很敏感。

(2)人工鱼视觉模型。人工鱼是真实鱼的一个虚拟实体,对外界的感知是靠视觉来实现的。虚拟人工鱼的视觉模型如图2-9所示。

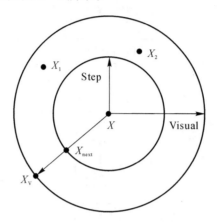

图2-9 人工鱼视觉示意图

一条人工鱼当前位置为X,它的视野为Visual,位置X_V为鱼探测位置,如果X_V食物浓度高于X,那么鱼会向X_V方向游动到达位置X_{next};如果X_V处食物浓度低于X,那么鱼会探测其他方向。探测位置越多,就会对视野内的情报知道得越全面,以利于做出下一步决策。在对周围环境巡视时,不需要将所有位置食物浓度都掌握,存在模糊区域有利于克服陷入局部最优,找到全局最优结果。其中,状态$X=(x_1,x_2,\cdots,x_n)$,$x_i(i=1,2,\cdots,n)$为待优化参数,状态$X_V=(x_{1V},x_{2V},\cdots,x_{nV})$,该过程可表示为

$$X_V=X+\text{Visual} \cdot \text{rand}()\tag{2-62}$$

$$X_{next}=X+\frac{X_V-X}{\|X_V-X\|} \cdot \text{Step} \cdot \text{rand}()\tag{2-63}$$

式中:rand( )函数为产生0~1的随机数函数;Visual为人工鱼可探测范围,即视野;Step为人工鱼游动一次距离。在人工鱼群算法中,每一条人工鱼代表一个备选参数,多条人工鱼共存,合作寻优。假设在一个目标搜索空间中,存在由N条人工鱼组成的鱼群,一条人工鱼可表示为$X=(x_1,x_2,\cdots,x_n)$;$Y=f(X)$是人工鱼X所在位置食物浓度,Y表示目标函数值;人工鱼之间的距离是$d_{i,j}=\|X_i-X_j\|$;δ是拥挤度因子。try_number是人工鱼在探测过程中的最大试探次数。

由于环境中同伴的数目是有限的,所以在视野中感知同伴(见图2-9中X_1、X_2等)的位置,并相应调整自身位置的方法与式(2-63)类似。通过模拟鱼类的四种行为——觅食行为、聚群行为、追尾行为和随机行为来使鱼类活动在周围的环境。这些行为在不同条件下会相互交换。鱼类通过对行为的评价,选择一种当前最优的行为执行,以到达食物浓度最高的位置。

（3）人工鱼基本行为算法描述。通常情况下，人工鱼的基本行为包括觅食、聚群、追尾以及随机行为。

1）觅食行为。这是人工鱼的一种基本行为，即鱼总是朝着食物多的方向游动。人工鱼通过视觉和味觉来感知水中的食物量或浓度进而选择趋向，因此，可将上述视觉概念应用于该行为，如图 2-10 所示。

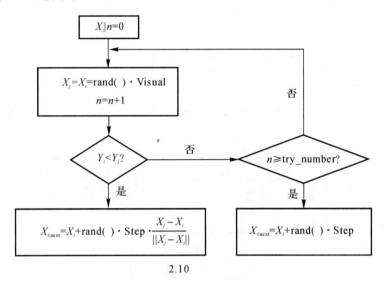

2.10

图 2-10　觅食行为流程图

设人工鱼 i 的目前状态是 X_i，在视野探测区域寻找下一位置 X_j：

$$X_j = X_i + \text{Visual} \cdot \text{rand}() \tag{2-64}$$

计算比较这两点的食物浓度值，如果 $Y_i < Y_j$，就朝 X_j 游动：

$$X_{i \mid \text{next}} = X_i + \text{rand}() \cdot \text{Step} \cdot \frac{X_j - X_i}{\|X_j - X_i\|} \tag{2-65}$$

反之，再重新选择状态 X_j，决定是否达到移动条件。如此探测 try_number 次后，没有找到移动方向就随机向一个位置游动：

$$X_{i \mid \text{next}} = X_i + \text{rand}() \cdot \text{Step} \tag{2-66}$$

2）聚群行为。聚群是食物分布不均形成的，既要让人工鱼朝食物浓度最高位置聚集，又要保持一定距离。聚群行为流程图如图 2-11 所示。

假设人工鱼 i 的当前状态为 X_i，食物浓度值为 Y_i，以其自身位置为中心所感知范围内的人工鱼数目为 n_f，若 $n_f \geqslant 1$，则表明第 i 条人工鱼 X_i 的感知范围内存在其他伙伴。

其中心位置为

$$X_c = \frac{\sum_{j=1}^{n_f} X_j}{n_f} \tag{2-67}$$

对应该中心处的食物浓度值为 Y_c，如果

$$\frac{Y_c}{n_f} > \delta Y_i \tag{2-68}$$

则表明鱼群中心有较多食物且鱼不多，就向鱼群中心位置游动：

$$X_{i\mid next} = X_i + rand() \cdot Step \cdot \frac{X_c - X_i}{\|X_c - X_i\|} \qquad (2-69)$$

如果不是就进行觅食。

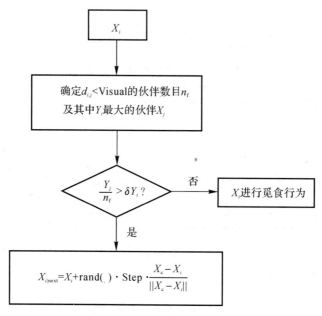

图 2 - 11　聚群行为流程图

3）追尾行为。如果有一条鱼发现食物，那么其周围的鱼将很快尾随游向它，同时游向这一方向的鱼附近的鱼也会跟其游过来，如图 2 - 12 所示。

设人工鱼所在位置为 X_i，搜索当前邻域内（即 $d_{i,j}<$ Visual）的伙伴数目 n_f，以及伙伴中 Y_j 为最大值的伙伴 X_j。若 $\dfrac{Y_j}{n_f}>\delta Y_i$，则反映周边鱼 X_j 的位置食物多且不拥挤，向 X_j 移动：

$$X_{i\mid next} = X_i + rand() \cdot Step \cdot \frac{X_j - X_i}{\|X_j - X_i\|} \qquad (2-70)$$

如果不是就进行觅食。

4）随机行为。随机行为就是当鱼没有食物目标时，会随机四处游动，以便在更广阔的区域觅食和追尾同伴，是不做判断的觅食行为。

$$X_{i\mid next} = X_i + rand() \cdot Visual \qquad (2-71)$$

这 4 种行为之间会随鱼对食物浓度的评价而相互切换，执行最好的行为来找到食物最多的地方。

对行为的评价是用来反映鱼的自主行为的一种方式。在解决优化问题时，可以选用两种简单的评价方式：一种是选择最优行为进行执行，也就是在当前状态下，哪一种行为向最优的方向前进最大，就选择哪一行为。对于此种方法，同样的迭代次数下，寻优效果会好一些，但计算量也会加大。另一种是选择较优方向前进，如先进行追尾行为，如果没有进步，就进行聚群行为;如果依然没有进步,就进行觅食行为。也就是选择较优行为前进,即任选一种行为,只要能向优的方向前进即可。

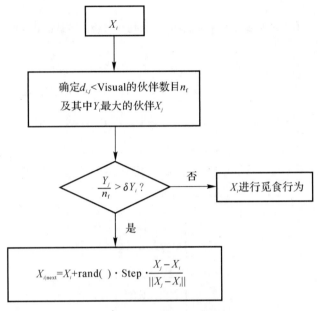

图 2 - 12　追尾行为流程图

此外,在人工鱼群算法中,可以设置一个公告板,用以记录当前搜索到的最优人工鱼状态及对应的食物浓度值,各条人工鱼在每次行动后,将自身当前状态的浓度值与公告板进行比较,如果优于公告板,就用自身状态及其浓度值取代公告板中的相应值,以使公告板能够记录搜索到的最优状态及该状态的浓度值。算法结束时,最终公告板的值就是系统的最优解。

(4)人工鱼群算法的流程。人工鱼群算法流程如图 2 - 13 所示:

1)参数初始化设置,包括人工鱼总数 N、人工鱼移动的最大步长 Step、视野 Visual、重试次数 try_number 和拥挤度因子 δ;

2)对每条人工鱼进行聚群和追尾行为,若各中心点处食物浓度 Y_c 小于当前位置处食物浓度,则进行觅食行为;

3)分析评价选择浓度更高的行为进行执行;

4)更新公告板及各个人工鱼状态;

5)判断是否满足收敛条件,满足则输出最优解,不满足则转到步骤 2)。

(5)各参数对算法性能影响分析。人工鱼群算法共有 5 个基本参数:视野 Visual、步长 Step、人工鱼总数 N、人工鱼移动的重试次数 try_number 和拥挤度因子 δ。

1)视野。鱼的行为决策在可感知视野区域完成,人工鱼在较大视野区域有利于鱼群快速找到全局最优位置。

2)步长。步长越大,收敛的速度越快。随着步长的增加,在超过一定范围后,算法初期效率很高,但后期收敛速度会减慢,表现在全局极值点附近振荡。选择小步长则使收敛速度减慢,但精度会有所提高。通常引入随机步长,以降低参数的敏感度。

3)人工鱼总数。人工鱼数量越多,群体智能效果越明显,越易摆脱局部最优,全局最优精确值越高,可寻优效率降低。

4)重试次数。对视野内巡视次数越多,越有利于了解周围情况,但容易向局部最优聚集,错过全局最优值。

5)拥挤度因子。拥挤度因子 δ 的引入避免了人工鱼因为过度拥挤而陷入局部极值。在求取极大值时一般假设 $\delta=1/(\alpha n_{\max})$,$\alpha\in(0,1]$。其中 α 为接近极值水平,$n_{\max}$ 为期望在该邻域内聚集的最大人工鱼个数。若 $\dfrac{Y_c}{(Y_i n_f)}<\delta$,则认为 Y_c 处状态过于拥挤。

由于人工鱼各参数的配置只影响寻优的时间复杂度,对寻优结果不会产生强烈的不稳定性,所以合理地配置人工鱼的各参数,只需要根据不同寻优函数及寻优精度综合选取即可。图 2-13 给出了人工鱼群算法的流程图。

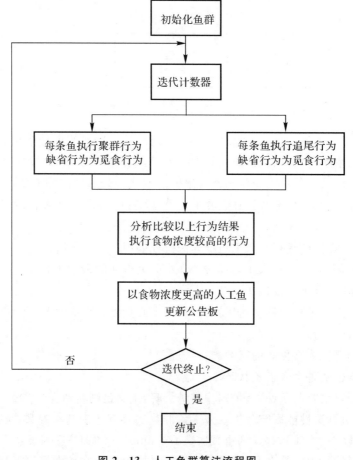

图 2-13　人工鱼群算法流程图

3.蚁群算法

群体智能领域主流的新型研究方法——蚁群算法(蚂蚁算法)(Ant　Colony Algorithm，ACO)算法是 20 世纪 90 年代初由意大利 Dorigo 等著名学者从自然界中一种典型的群集智能行为(真实蚁群集体合作搜索食物路径的生物进化行为)中受到启发而得出的一种用来在图像中搜索优化路径的概率型仿生进化算法。

(1)算法基本原理。对蚂蚁这类没有视觉的群居昆虫来说，彼此之间都是通过一种称为信息素(pheromone，也称为外激素)的化学物质来相互交流的。它们能够感觉到信息素的存在并且感知其浓度大小，通过更新信息素的机制来寻找食物。具体过程如下：开始时，一些蚂蚁会分布在四周各个地方分头寻找食物，假如其中一只蚂蚁先找到了食物源，那么它立刻回到蚁穴去告诉其他蚂蚁，并且在它经过的食物源到蚁穴的路径上随时释放信息素作为食物所在位置的标志，经过的时间越久，剩余的信息素越少。假如两只蚂蚁在同一时刻找到同一食物，并且经过不相同的路径回到蚁穴，那么比较远的那条道路上残留的信息素浓度相对来说比较小，进而引导其他蚁群朝着另外一条信息素浓度高并且比较近的路径到达食物源。假设它们碰到一条尚未走过的道路，就随机选择一个方向，同时释放出反比于路径长度的信息素来通知其后的蚂蚁向信息素浓度较高的路径方向行进，最终找到一条最短路径。研究显示，蚁群算法是一种新的模拟进化的优化方法，具有离散性和并行性的特点，非常适用于在离散的数字图像处理过程中解决如何寻找优化路径的问题，并且对解决复杂的离散优化问题具有显著的效果。与其他优化算法相比，蚁群算法具有以下优点。

1)正反馈机制：加速了搜索过程，能快速收敛到最优解。

2)信息素机理：蚁群中每一只蚂蚁都能够利用信息素来改变并且感知周围环境，并利用环境来间接沟通。

3)分布式搜索：极大地促进了算法的运算速度和效率。

4)启发式搜索：比较容易跳出局部最优解，找到全局最优解。

(2)算法基本思想。设 $b_i(t)$ 表示 t 时刻位于元素 i 的蚂蚁数目，$\tau_{ij}(t)$ 为 t 时刻路径(i，j)上的信息量，n 表示问题规模的大小，m 为蚁群中总的蚂蚁数量，则 $m = \sum_{i=1}^{n} b_i(t)$，$\Gamma = \{\tau_{i,j}(t) \mid c_i, c_i \subset C\}$ 是 t 时刻集合 C 中元素两两连接 I_{ij} 上残留信息素浓度的集合。各条路径在开始时刻的信息素浓度相等，可设置 $\tau_{ij}(0) = \text{Const}$，Const 为大于零的常数。蚂蚁 $k(k=1,2,\cdots,m)$ 在移动过程中，依据每条路线上的信息素浓度确定其行进的方向。用禁忌表 $\text{tabu}_k(k=1,2,\cdots,m)$ 来标记蚂蚁 k 当前所经过的地方，集合随着 tabu_k 的变化做状态改变。在整个搜索过程里，蚂蚁依据每条路线上的信息和启发信息来确定其状态转移的概率。若 $P_{ij}^k(t)$ 表示在 t 时刻蚂蚁 k 由元素 i 移动到元素 j 的状态转移的概率，则 $P_{ij}^k(t)$ 可用下式表示：

$$P_{ij}^k(t) = \begin{cases} \dfrac{[\tau_{is}(t)]^\alpha [\eta_{is}(t)]^\beta}{\sum\limits_{S \in \text{allowed}_k} [\tau_{is}(t)]^\alpha [\eta_{is}(t)]^\beta}, & j \in \text{allowed}_k \\ 0, & \text{其他} \end{cases} \quad (2-72)$$

式中：$\text{allowed}_k = \{C - \text{tabu}_k\}$ 表示蚂蚁 k 下一步骤所允许挑选的元素；α 是信息启发式系数，描述了路径的相对重要性，并且反映了蚂蚁在移动过程中所累积的信息对蚂蚁产生的作用,其值越大,该蚂蚁选择别的蚂蚁所经过的路线的概率越大,蚂蚁间的协作性也越强;S 为 $tabu_k$ 中任意的城市;β 为期望启发式因子,描述了能见度的相对重要性,反映了运动过程期望启发式信息在蚂蚁挑选路线中所受的重视程度,其值越大,表示此状态转移的概率与贪心规则越接近;$\eta_{ij}(t)$ 是启发式函数,表示由城市 i 转移到城市 j 的期望程度,其表示式为

$$\eta_{ij}(t) = \frac{1}{d_{ij}} \qquad (2-73)$$

式中:d_{ij} 表示相邻元素间的长度。对蚂蚁 k 来说,d_{ij} 越小,$\eta_{ij}(t)$ 越大,$P_{ij}^k(t)$ 也越大。

为了避免信息素残留过高而使启发信息被淹没掉,当每只蚂蚁进行完一步或结束一次循环之后,应该对信息素浓度做更新处置,$(t+n)$ 时刻在路线 (i,j) 上留下的信息素浓度可按下式进行调整:

$$\tau_{ij}(t+n) = (1-\rho)\tau_{ij}(t) + \Delta\tau_{ij}(t) \qquad (2-74)$$

$$\Delta\tau_{ij}(t) = \sum_{k=1}^{m} \Delta_{ij}^k(t) \qquad (2-75)$$

式中:ρ 是信息素蒸发系数,$(1-\rho)$ 则是信息素残留系数,ρ 的取值范围为 $[0,1]$;$\Delta\tau_{ij}(t)$ 是此次循环中在路径 (i,j) 上信息素浓度的增量;$\Delta_{ij}^k(t)$ 表示第 k 只蚂蚁在该次循环中于路线 (i,j) 上所残留的信息素数量。

$$\Delta_{ij}^k(t) = \begin{cases} \dfrac{Q}{L_k}, & \text{第 } k \text{ 只蚂蚁在本次循环中经历 } ij \\ 0, & \text{否则} \end{cases} \qquad (2-76)$$

式中:Q 是常数;L_k 表示第 k 只蚂蚁在本次循环中所走的路径长度。

根据信息素浓度更新策略的不同,M. Dorigo 提出了三种不同的基本蚁群算法模型,分别称为蚁周模型、蚁量模型和蚁密模型,其差别在于 $\Delta_{ij}^k(t)$ 求法的不同。

蚁群算法的实现步骤如下:

1)初始化相关参数,如蚂蚁数目、迭代次数等。

2)将蚂蚁随机或均匀分布到各个城市。

3)每只蚂蚁通过访问各个城市而形成一个解,并在访问的过程中,将已访问到的城市留在 tabu 中,在城市 i 的每只蚂蚁要从没有访问的城市中选择访问下一个城市时须根据概率公式(2-72)进行选择,如此循环,直到所有的蚂蚁访问完所有的城市。

4)计算每只蚂蚁行走的总路径长度,并保留最优解。

5)利用式(2-74)进行信息素的调整。

6)判断系统是否满足停止的条件,这里的停止条件可以是最大的迭代次数、计算机运行时间或系统所要达到的数据精度等,如果不满足,系统就从第 2)步开始循环,否则系统退出运行。

针对传统蚁群算法的不足,一些学者提出了改进的蚁群算法,例如:蚁群系统只更新最优路径上的信息素的浓度,从而加强了对最优解的利用;MAX - MIN 蚁群系统通过限制信息素的浓度范围,避免了搜索中的停滞现象。尽管这些算法比原先的算法有所改进,但都是基于单种类型蚂蚁的改进,且算法仍具有易陷入停滞状态及运算慢的缺点。

近年来,混合优化策略得到了较广泛的应用,并取得了理想的效果,其设计与分析已成为算法研究的一个热点。从策略上对各种优化算法进行改进是一种新的方法——混合式算法。这种算法是利用不同优化算法的特长相互补充,在算法的整个优化机制中进行整体的策略自适应调整,使整个算法优于其中单个单独算法的性能。

第 3 章　基于灰度的多传感器图像匹配

基于灰度的图像匹配方法通常适用于图像之间存在较少变形的情况。其基本思想是先对待配准图像做几何变换,然后根据灰度信息的统计特性定义一个目标函数,作为参考图像与变换图像之间的相似性度量,使得配准参数在目标函数的极值处取得,并以此作为配准的判决准则和配准参数最优化的目标函数,从而将配准问题转化为多元函数的极值问题,最后通过一定的最优化方法求得正确的几何变换参数。基于灰度的多传感器图像匹配算法主要包括基于灰度值的模板匹配、基于相位相关的图像匹配、基于 Fourier-Mellin 变换的图像匹配和基于互信息的图像匹配。此外,传统基于灰度的图像匹配算法非常耗时,因此,本章将介绍几种加快图像匹配速度的策略。

3.1　基于模板匹配的图像匹配

基于灰度值的模板匹配方法使用整幅图像的灰度值计算相似度量,利用定义好的搜索策略按照从上到下、从左到右的顺序在待搜索图像中搜索符合条件的区域,往往是通过设定一个指定大小的搜索窗口,在搜索窗口中进行搜索比较。

待搜索图像中目标物的位置可以通过平移来描述。$X(u,v)$ 表示模板中各点的灰度值,$Y(r+u,c+v)$ 表示模板感兴趣区域移到当前位置的灰度值。模板匹配就是在待匹配图像中按照一定顺序平移模板感兴趣区域,然后计算待匹配图像中该区域与模板感兴趣区域的相似度量值。相似度量由下式描述:

$$s(r,c)=s\{X(u,v),Y(r+u,c+v);(u,v)\in T\} \tag{3-1}$$

式中:$s(r,c)$ 表示基于灰度值计算的相似度量(相似性度量可以是第 2 章中介绍的归一化积相关、二次方差和绝对值差等);T 为像素坐标集合。基于模板的图像匹配(见图 3-1)可以描述为在变换空间中寻找最优变换使得模板和基准对应窗口之间的相似性达到最大(或差别最小)。

下面给出两幅遥感图像之间的匹配结果。图 3-2(a)是一幅原始遥感图像,图 3-2(b)是从图 3-2(a)中截取的一部分,将其作为模板图像,图 3-2(c)是图 3-2(a)(记为待匹配图像 1)与图 3-2(b)采用归一化积相关[计算公式见式(2-15)]得到的匹配结果,图 3-2(d)是图 3-2(a)旋转 80°后(记为待匹配图像 2)与图 3-2(b)采用归一化积相关得到的匹配结果,图 3 - 2(e)是图 3 - 2(a)添加了均值为 0、方差为 0.1 的高斯噪声后(记为待匹配图像 3)与图 3 - 2(b)采用 Nprod 得到的匹配结果。

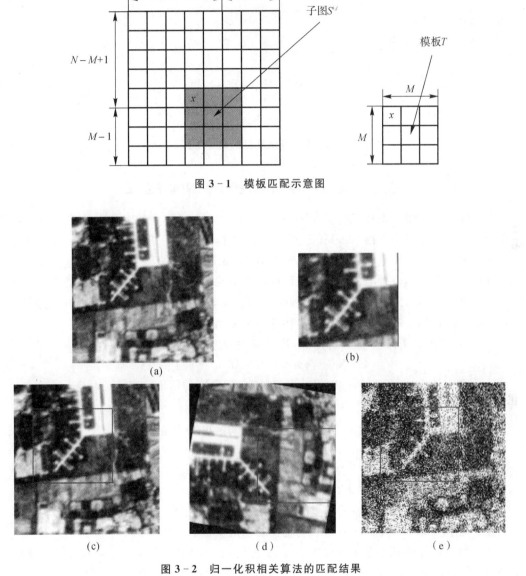

图 3 - 1　模板匹配示意图

图 3 - 2　归一化积相关算法的匹配结果
(a) 原始遥感图像;(b)参考图像;(c)Nprod 方法结果 1;(d)Nprod 方法结果 2;(e) Nprod 方法结果 3

从图中可以看出,在图像之间仅存在平移变换时,Nprod 方法能得到正确的匹配结果,另外,Nprod 方法的抗噪性较强,但是当图像之间存在旋转时,Nprod 的匹配结果误差较大。另外,图 3 - 3 给出了待匹配图像 1、待匹配图像 2 和待匹配图像 3 与模板图像之间归一化积相关的相关面,分别见图 3 - 3(a)(b)(c)。可以看出,在存在平移变换及噪声的情况下,Nprod 方法能够计算得到明显的峰值,但是在存在旋转变换的情况下,峰值不明显,故容易发生误匹配。

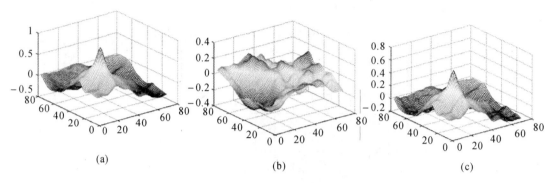

图 3 - 3 归一化积相关的相关性曲面图

3.2 基于相位相关的图像匹配

傅里叶方法利用图像频域傅里叶变换表示,其中一个代表是基于傅里叶移位定理的相位相关法。该方法最初是由 Kuglin 等人在 1975 年提出并应用于图像匹配的。这种方法先分别对两张图像进行傅里叶变换(Fourier Transform,FT),将其由时域变换到频域,在频域中计算互功率谱的相位差峰值来确定图像间的平移关系。该方法仅利用了两图像互功率谱的相位信息,能够很好地克服光照变化和噪声的影响,具有较强的鲁棒性和抗干扰能力,且计算速度较快,因此在图像匹配、图像拼接等多个方面应用广泛。

设 X 为待匹配图像,Y 为参考图像,这两幅图像之间存在一个平移量(m_0,n_0),即
$$X(m,n)=Y(m-m_0,n-n_0) \tag{3-2}$$
令 S 和 R 分别为 X 和 Y 的傅里叶变换,则它们之间的傅里叶变换关系为
$$S(u,v)=\mathrm{e}^{-\mathrm{j}(um_0+vn_0)}R(u,v) \tag{3-3}$$
可以看出,当两幅图像之间存在平移时,它们的傅里叶变换幅值相同,只有一个相位差。这一相位差用交叉功率谱表示为
$$\frac{R(u,v)S^*(u,v)}{|R(u,v)S^*(u,v)|}=\mathrm{e}^{(um_0+vn_0)} \tag{3-4}$$
其中 * 为复共扼运算。相位差的傅里叶反变换在平移位置是一个脉冲函数,因此,相位相关技术就是确定交叉功率谱相位傅里叶反变换的峰值位置。

基于相位相关的算法在实际实现中需要对图像进行离散傅里叶变换,容易产生频谱泄露,另外,图像的上下、左右存在差异,是不连续的,在进行傅里叶变换时会产生额外的高频干扰和边缘效应。受频谱泄露和边缘效应的影响,会导致相位相关函数的恶化,产生虚假平移峰值,从而导致在多谱段图像的匹配中效果不佳。

3.3 基于 Fourier-Mellin 变换的图像匹配

相位相关算法只能正确匹配存在平移的情况,对带有旋转和缩放的情况则无法正确匹配。针对这一问题,人们提出了基于 Fourier-Mellin 变换的图像匹配方法。

Fourier-Mellin 匹配算法将空间域图像转换到频域进行变换参数的计算,实现图像匹配。此方法能充分利用 Fourier-Mellin 变换对图像的旋转、尺度缩放、亮度变化的不变性,对视角变化、仿射变换、噪声也能保持一定的稳定性,实现对成像条件和场景很复杂的立体影像的高精度匹配。下面先介绍 Fourier-Mellin 变换的基本思想,然后给出基于 Fourier-Mellin 变换的图像匹配算法流程,最后给出同源和异源图像匹配的实验结果。

3.3.1　Fourier-Mellin 变换

假设两幅需要配准的图像为 $s(x,y)$ 和 $r(x,y)$,其中 $s(x,y)$ 是 $r(x,y)$ 经过平移、旋转和一致尺度缩放(即两个方向上的尺度变换因子相等)变换后的图像,即

$$s(x,y)=r[\sigma(x\cos\alpha+y\sin\alpha)-x_0,\sigma(-x\sin\alpha+y\cos\alpha)-y_0] \qquad (3-5)$$

式中:α 是旋转角度;σ 是缩放因子;(x_0,y_0) 是平移参数。

对应的傅里叶变换 $S(u,v)$ 和 $R(u,v)$ 之间满足

$$|S(u,v)|=\sigma^{-2}|R[\sigma^{-1}(u\cos\alpha+v\sin\alpha)-x_0,\sigma^{-1}(-u\cos\alpha+v\sin\alpha)-y_0]| \quad (3-6)$$

式中:$|\cdot|$ 表示频谱幅度,仅与旋转角度 α 和缩放因子 σ 有关,而与平移量 x_0 和 y_0 无关,因此,相似变换的参数可以分两步求得。

(1)利用相位相关法估计旋转角度和缩放因子。

记 $r_{\text{F}}(\theta,\log\rho)=r_{\text{F}}(\theta,\rho)$,$s_{\text{F}}(\theta,\log\rho)=s_{\text{F}}(\theta,\rho)$,其中,$r_{\text{F}}$ 和 s_{F} 分别是图像 $s(x,y)$ 和 $r(x,y)$ 在极坐标系 (θ,ρ) 中的幅度谱,容易得出

$$s_{\text{F}}(\theta,\log\rho)=r_{\text{F}}(\theta-\alpha,\log\rho-\log\alpha) \qquad (3-7)$$

令 $\lambda=\log\rho$,$\eta=\log\sigma$,式(3-7)转化为

$$s_{\text{F}}(\theta,\lambda)=r_{\text{F}}(\theta-\alpha,\lambda-\eta) \qquad (3-8)$$

式(3-8)称为 Fourier-Mellin 变换,按照前面提到的相位相关法可以求得 α,η 和 σ。

(2)利用相位相关法估计平移参数:根据求得的 α 和 σ,对原图像进行旋转和缩放校正,再利用相位相关法求得平移参数。

3.3.2　基于 Fourier-Mellin 变换的图像匹配步骤

(1)对图像 A、B 进行快速傅里叶变换(Fast Fourier Transform,FFT),将变换后的图像频谱中心从矩阵的原点移动到矩阵的中心,求能量值 M_A、M_B。

(2)对 M_A 和 M_B 进行高通滤波,减小噪声的干扰和伪像的出现。

(3)将滤波后的能量转换为对数极坐标形式,并再次做 FFT 变换,求各自能量的频谱幅度,计算互功率谱,反傅里叶变换得到缩放因子和旋转角。

(4)将待匹配的图像按照上述步骤得到的参数进行旋转、缩放变换得到变换图,记为 R,对 R 和 A 进行高通滤波以减少背景噪声和在变换过程中产生的频率混叠的干扰,然后进行相位相关运算,得到平移量,做平移变换得到最终的匹配图。

下面给出 Fourier-Mellin 变换的图像匹配结果。

对于一幅 408×408 的红外图像图 3-4(a),将其逆时针旋转 30°,然后缩小 1/1.367 得

到图 3-4(b),那么图 3-4(b)的大小为 408×408,但是图 3-4(b)中有效图像内容只是图 3-4(a)的 1/1.367。将图 3-4(a)作为参考图像,将图 3-4(b)作为待匹配图像,使用 Fourier-Mellin 算法来计算变换参数。图 3-4(c)是图 3-4(a)经过 FFT 及高通滤波得到的结果;图 3-4(d)为图 3-4(b)经过 FFT 变换和高通滤波得到的结果;图 3-4(e)为图 3-4(c)对数极坐标变换的结果;图 3-4(f)则为图 3-4(d)对数极坐标变换的结果;图 3-4(g)是图 3-4(b)根据变换参数得到的匹配结果。

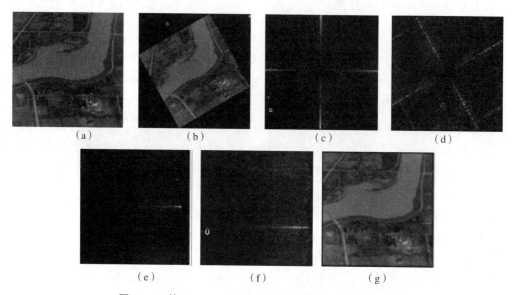

图 3-4 基于 Fourier-Mellin 变换的同源图像匹配结果

由图 3-4(a)和图 3-4(b)计算得到的变换参数见表 3-1。

表 3-1 同源图像匹配变换参数

	尺度变化	旋转角度/(°)	平移参数
计算结果	1.357	−30.0	(−1,0)
真实参数	1.367	−30.0	(0,0)

根据表 3-1 可知,计算得出图 3-4(b)相对于图 3-4(a)缩小了 1/1.357,逆时针旋转了 30°,然后将图像向左平移 1 个像素就可与参考图像完成匹配。对比真实参数,误差较小,证明了 Fourier-Mellin 算法在图像匹配中对图像旋转、缩放的稳定性。

图 3-5 为对一幅 510×510 的可见光图像[见图 3-5(a)]和一幅 510×510 的红外图像[见图 3-5(b)]使用 Fourier-Mellin 变换进行图像匹配,可见光图像作为参考图像,红外图像作为待匹配图像。图 3-5(c)是可见光图像经过 FFT 变换后进行高通滤波的结果;图 3-5(d)是红外图像经过 FFT 变换后进行高通滤波结果;图 3-5(e)为图 3-5(c)经过对数极坐标变换的结果;图 3-5(f)则是对图 3-5(d)进行对数极坐标变换的结果;图 3-5(g)是根据变换参数得到的匹配结果。

图 3-5(g)为根据计算出的变换参数进行变换得到的结果,计算得到的变换参数见表 3-2。

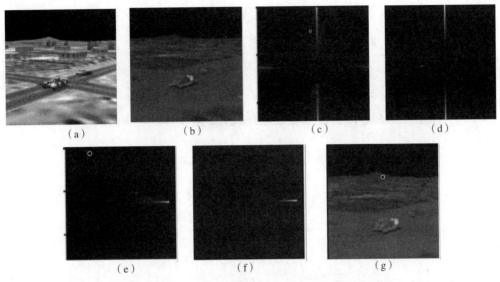

（a）　　　　　　（b）　　　　　　（c）　　　　　　（d）

（e）　　　　　　（f）　　　　　　（g）

图 3 - 5　基于 Fourier-Mellin 变换的异源图像匹配结果

表 3 - 2　同视角异源图像匹配变换参数

尺度变化	旋转角度/(°)	平移参数
1.0	−0.0	(−1,−1)

　　根据表 3 - 2 可知，选取的红外图像图 3 - 5(b)相对于参考可见光图像图 3 - 5(a)无尺度和旋转变化，需要将红外图像向左平移 1 个像素、向上平移 1 个像素就可与可见光图像完成匹配。

　　接下来，对图 3 - 5(b)逆时针旋转 30°，然后缩小到原来的 1/1.367 得到待匹配红外图像[见图 3 - 6(b)]，并与图 3 - 6(a)所示的可见光图像进行匹配；图 3 - 6(c)是图 3 - 6(a)经过 FFT 及高通滤波得到的结果；3 - 6(d)为图 3 - 6(b)经过 FFT 变换和高通滤波得到的结果；图 3 - 6(e)为图 3 - 6(c)对数极坐标变换的结果；图 3 - 6(f)则为图 3 - 6(d)对数极坐标变换的结果；图 3 - 6(g)是图 3 - 6(b)根据变换参数得到的匹配结果。

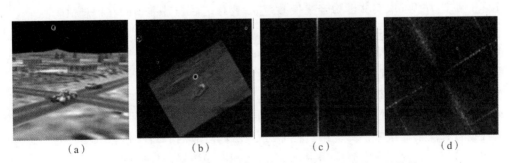

（a）　　　　　　（b）　　　　　　（c）　　　　　　（d）

图 3 - 6　基于 Fourier-Mellin 变换的红外和可见光图像匹配结果

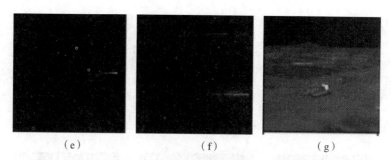

（e）   （f）   （g）

续图 3-6　基于 Fourier-Mellin 变换的红外和可见光图像匹配结果

由图 3-6(a)和图 3-6(b)计算得到的变换参数见表 3-3。

表 3-3　图 3-6(a)与图 3-6(b)的匹配变换参数

	尺度变化	旋转角度/(°)	平移参数
计算结果	1.366	−30.0	(0,−1)
真实参数	1.367	−30.0	(0,0)

由表 3-3 可知,计算得出图 3-6(b)相对于图 3-6(a)缩小到原来的 1/1.366,逆时针旋转了 30°,然后将图像向上平移 1 个像素就可与参考图像完成匹配。对比真实参数,误差较小,证明了 Fourier-Mellin 算法在异源图像匹配中的旋转、缩放稳定性。

3.4　基于互信息的图像匹配

在医学图像配准时,以互信息为图像相似性测量准则是应用最为广泛的一种方法。互信息匹配方法是以两幅图像的信息熵值为基础,对图像的参数进行估计的一种方法,具体数学表达式为

$$\alpha^* = \arg \max_{\alpha} I(A,B) \tag{3-9}$$

式中:A 是基准图像;B 是实测图像;α 为图像的变换参数。因此,匹配的目标可以转换为寻找使得互信息值(计算方法见第 2 章)最大时的变换参数 α^*,在图像的匹配问题中,图像匹配实际上就是为了求取实测图像经变换参数 α^* 变化之后与基准图的互信息值。

互信息匹配方法具有计算精度高、鲁棒性强、应用范围广的特点,但当目标图像比较小,只占参考图像的一部分或图像纹理信息较弱时,以互信息方法来进行配准,可能会遇到一些局部的极值点,从而造成误配准的现象。为了解决这一问题,研究人员提出了多种方法。第一种方法是在计算图像相似性时使用归一化的互信息代替互信息,该方法可以减少图像因大小变化而带来的相似性变化。第二种方法是在计算互信息时使用如 K-L 熵估计或其他方法代替香农熵估计法来计算。第三种方法是在计算图像相似性时,融入图像的形态特征,如图像的梯度等。由于在实际应用中,造成图像配准函数局部极值的因素是不确定的,所以这三种方法只能部分解决此问题。因此,有人提出在搜索图像配准最优点的过程中,使用现代优化算法跳过局部极值点,从而得到正确结果,如粒子群优化搜索算法。

3.5　加快图像匹配速度的策略

在一些应用领域,如下视景象匹配制导,对图像匹配的速度有很高要求,而传统基于灰度的图像匹配算法均存在匹配速度慢的问题,因此,非常有必要研究加快图像匹配速度的方法。

3.5.1　序贯相似检测算法

从归一化积相关的匹配过程可以看出,逐点计算相似度的计算量非常大。因此,人们提出了一些提高图像匹配速度的改进算法,这些算法主要从两个方面入手:减少匹配运算量和减少匹配搜索点。序贯相似检测算法(Sequential Similarity Detection Algorithm,SSDA)是一种基于减少匹配运算量来提高图像匹配速度的算法。SSDA 计算两幅图像对应像素灰度差的绝对值和,当和超过匹配门限时,认为该位置不可能为匹配位置,不再进行其他位置的计算,从而提高了匹配速度。SSDA 中使用的相似判据为

$$D(u,v) = \sum_{j=1}^{m} \sum_{k=1}^{n} |X_{j+u,k+v} - Y_{j,k}| \tag{3-10}$$

式中:$X_{j+u,k+v}$ 同样是待匹配图像以 (u,v) 为中心,与参考图像大小相同、对应 (j,k) 位置的像素灰度值。由于 SSDA 是以累加和超过阈值所需的步数作为图像相似性的度量,所以步数最大处对应的 (u^*,v^*) 就是待匹配图像和参考图像最匹配的位置。

3.5.2　基于金字塔分解的快速图像匹配算法

在介绍金字塔理论之前,先介绍尺度空间理论。

1. 尺度空间

尺度空间(Scale Space)的概念最初是由 Iijima 在 20 世纪 60 年代初提出的,但这一重要的思想由于语言的限制而影响力不大,很长一段时间内都没有引起研究者们的足够重视。直到 20 世纪末,Witkin 和 Koendemk 基于尺度空间的开创性工作成就以及随后众多研究者的研究成果才使其被广泛了解和应用。

尺度空间方法的基本思路如下:将一个被视为尺度的参数引入图像信息处理模型,根据连续变化的尺度参数获得多尺度下的尺度空间表示序列,综合得到一系列新图像,将这些新图像看成一个整体,称为尺度空间。

尺度空间理论在尺度不断变化的动态分析框架里纳入传统的单尺度图像信息处理技术。尺度空间的生成是为了模拟图像数据的多尺度特征,通过对其进行整体分析可以很容易地获得在单一尺度下不能发现的图像特征。尺度空间中各个尺度的图像模糊程度逐渐增大,能模拟人的视网膜上目标由近到远时的形成过程,更容易获取图像的本质特征。

高斯卷积核是唯一能产生多尺度空间、实现尺度变换的线性核,于是一幅二维图像的尺度空间 $L(x,y,\sigma)$ 定义为原始图像 $I(x,y)$ 和一个可变尺度的二维高斯函数 $G(x,y,\sigma)$ 的卷积运算,即

$$L(x,y,\sigma) = G(x,y,\sigma) * I(x,y) \tag{3-11}$$

式中：$G(x,y,\sigma)$ 为尺度可变高斯函数。其定义如下：

$$G(x_i,y_i,\sigma)=\frac{1}{2\pi\sigma^2}\mathrm{e}^{-\left[\frac{(x-x_i)^2+(y-y_i)^2}{2\sigma^2}\right]} \qquad (3-12)$$

式中：(x,y) 为空间坐标；σ 为尺度系数。σ 的大小决定图像的平滑程度。σ 越大，分辨率越低，因此，大尺度反映图像的概貌特征，小尺度反映图像的细节特征。

2. 高斯金字塔

图像金字塔是一种以多尺度、多分辨率来解释图像的结构，通过对原始图像进行多尺度像素采样的方式，生成 N 个不同分辨率的图像。把具有最高级别分辨率的图像放在底部，以金字塔形状排列，往上是一系列像素（尺寸）逐渐降低的图像，一直到金字塔的顶部只包含一个像素点的图像，这就构成了传统意义上的图像金字塔，如图 3-7 所示。

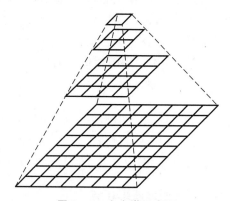

图 3-7　金字塔示意图

图像金字塔模型是将原始图像不断降采样，以得到一系列成比例的图像，由大到小、自下而上构成塔状模型。金字塔层数由图像的原始大小和塔顶图像的大小共同决定，公式为

$$n=\log_2\{\min(M,N)\}-t \qquad (3-13)$$

式中：N 是图像的大小；t 为塔顶图像最小维数的对数值，且 $t\in[0,\log_2\{\min(M,N)\}]$。

我们把高斯金字塔、拉普拉斯金字塔、梯度金字塔、比率低通金字塔、形态学金字塔和方向可控金字塔统称为多分辨金字塔。在这类算法中，源图像不断地被滤波，形成一个塔状结构。在图像匹配中，使用较多的是高斯金字塔和方向可控金字塔。下面简单介绍高斯金字塔的基础理论。

高斯金字塔（Gaussian Pyramid）本质上为信号的多尺度表示法，即将同一信号或图片多次进行高斯模糊，并且向下采样，以产生不同尺度下的多组信号或图片，然后进行后续处理，是图像处理、信号处理、计算机视觉上所使用的一项技术。高斯金字塔的理论基础为尺度空间理论，而后续也衍生出了多分辨率分析。

设原图像为 G_0，将 G_0 作为高斯金字塔的最底层（零层），高斯金字塔的第 l 层图像 G_l 构造如下。

先将 $l-1$ 层图像 G_{l-1} 和一个具有低通特性、可分离的高斯核函数 $w(m,n)$ 进行卷积，再把卷积结果进行隔行隔列的降采样，即

$$G_l = \sum_{m=-2}^{2} \sum_{n=-2}^{2} w(m,n)G_{l-1}(2i+m,2j+n), \quad 0<l\leqslant N, \quad 0\leqslant i<C_l, \quad 0\leqslant j<R_l$$
$$(3-14)$$

$$w(m,n)=w(m)w(n), \quad m\in[-2,2], n\in(-2,2) \quad (3-15)$$

式中：N 为高斯金字塔顶层的层号；C_l 表示高斯金字塔第 l 层图像的列数；R_l 则代表高斯金字塔第 l 层图像的行数。

为简化书写，引入缩小算子 Reduce，则式（3-14）可记为

$$G_l = \text{Reduce}(G_{l-1}) \quad (3-16)$$

通过式（3-16），我们可以得到一系列的子图像 G_0，G_1，…，G_N，这些子图像便构成了高斯金字塔，其中 G_0 为金字塔的底层，G_N 为金字塔的顶层，塔的总层数为 $N+1$。

由于金字塔的上层图像是其前一层图像与高斯权矩阵卷积并进行隔行隔列降采样的结果，图像的尺寸逐级递减 1/4，并且子图像的分辨率逐级降低，所以认为高斯金字塔是多分辨率、多尺度、低通滤波的结果。图 3-8 给出了对基准图和实时图分别进行金字塔分解后得到的结果。

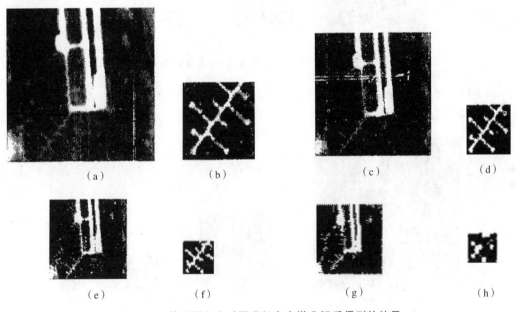

图 3-8　基准图和实时图进行金字塔分解后得到的结果

(a) 256×256 基准图；(b)64×64 实时图；(c)128×128 基准图；(d)32×32 实时图；
(e)64×64 基准图；(f)16×16 实时图；(g)32×32 基准图；(h)8×8 实时图

3. 基于金字塔的图像匹配流程

基于金字塔的图像匹配基本步骤如下：先对图像进行分级预处理，得到一组分辨率由高到低、维数由大到小的图像序列，然后利用获得的图像序列，进行先粗后细的匹配运算，以达到减小搜索匹配点、快速寻找配准点的目的。利用上面介绍的方法可以得到图像的金字塔，下面简单介绍图像的匹配过程。

在对图像做分级处理得到一组图像序列后,先在最高级 L 级上进行匹配运算,确定实时图在 L 级图像上的匹配位置(x_L,y_L)。由于 L 级图像维数较小,所以匹配运算量很少,L 级图像匹配排除了一些不可能匹配区域,完成了一次粗匹配。然后,在粗匹配位置上再进行 $L-1$ 级图像匹配,得到 $L-1$ 级粗匹配(x_{L-1},y_{L-1})。用此方法在 $L-2$、$L-3$ 直到 0 级图像上做图像匹配,最后在 0 级图像上找到准确的匹配位置。

先粗后细的分级匹配方法的搜索匹配是一个由低分辨率到高分辨率的逐级进行匹配的过程,除在分辨率最低、尺度最小的图像上需要做全图搜索匹配之外,其余各级只需在几个可能的匹配位置上进行,因此可以大大减少匹配运算量,达到提高匹配运算速度的目的。下面以两幅遥感图像为例说明基于金字塔分解的图像匹配过程。

将 35×35 大小的实时图作为 0 级,将它们分别处理成 18×18、9×9 和 5×5 的图像作为 1、2、3 级,处理结果如图 3-9 所示。

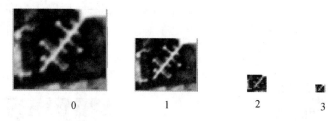

图 3-9　35×35 实时图的 0~3 级图像

将 256×256 大小的基准图作为 0 级,分别将它们处理成 128×128、64×64 和 36×36 的三幅图像作为 1、2、3 级,处理结果如图 3-10 所示。

图 3-10　256×256 基准图的 0~3 级图像

实时图和基准图的分级图像大小见表 3-4。

表 3-4　实时图和基准图的分级图像大小

图像级	0	1	2	3
实时图	35×35	18×18	9×9	5×5
基准图	256×256	128×128	64×64	36×36

先在第 3 级上进行图像匹配。将图 3-9 中的实时图 3 用 Nprod 算法在图 3-10 中的基准图 3 上匹配,获得 3 个相关值较大的点 $P_{31}(26,16)$、$P_{32}(8,9)$ 和 $P_{33}(26,16)$,这 3 个点在 2 级基准图上的对应位置为 $(47,29)$、$(14,16)$ 和 $(47,27)$。

在 2 级图像上以 3 级图像最佳的 3 个位置为中心扩大 3 级图像大小的范围,在 $(47\pm5, 29\pm5)$、$(14\pm5,16\pm5)$ 和 $(47\pm5,27\pm5)$ 的 3 个区域内做 2 级匹配,结果为 $P_{21}(14,16)$ 和 $P_{22}(90,54)$,它们对应在 1 级图像上的位置是 $(28,32)$ 和 $(90,54)$。

在 1 级图像上以 2 级图像最佳的 2 个位置为中心扩大 2 级图像的范围,在 $(28\pm9, 32\pm9)$、$(90\pm9, 54\pm9)$ 的 2 个区域内做 1 级匹配,结果为 $P_{11}(28,32)$ 和 $P_{12}(90,54)$。它们对应在 0 级图像上的位置是 $(54,64)$ 和 $(180,108)$。

在 0 级图像上以 1 级图像最佳的 2 个位置为中心扩大 1 级图像的范围,在 $(54\pm18,64\pm18)$ 和 $(180\pm18,108\pm18)$ 的 2 个区域内做 0 级匹配,结果为 $P_{01}(55,63)$ 和 $P_{02}(181, 109)$。比较匹配相关值: $r(55,63)=0.944$, $r(181,109)=0.964$,这种算法认为 $P_{02}(181, 109)$ 为最佳匹配位置。

匹配过程占用时间为:3 级匹配占用 0.055 s,1 级匹配 1 次占用 0.165 s,0 级匹配 1 次占用 2.2 s,2 级匹配时间相对 0 级和 1 级可以忽略不计,整个匹配过程占用约 2 倍的 0 级、1 级和 3 级匹配时间,即 $t=4.78$ s。从表 3-5 所示的匹配结果上看,这种算法结果与真实位置存在较大偏差,属于错误匹配。

表 3-5　用 Nprod 算法的分级匹配结果

匹配级	位置 1	位置 2	位置 3	匹配时间/s
3 级匹配	(8, 9)	(26,15)	(29,16)	0.055
2 级匹配	(14,16)	(47,29)		0.000
1 级匹配	(28,32)	(90,54)		0.330
0 级匹配	(55,63)	(181,109)		4.400
最后结果		(181,109)		4.780

将 2 级、1 级、0 级匹配范围扩大为前级实时图的 2 倍,运算结果与扩大 1 倍的结果一样,出现同样的错误匹配结果和位置,并且匹配时间约增大了 4 倍。

进一步提高各级匹配范围,将 2 级、1 级、0 级匹配范围扩大为前级实时图的 3 倍,运算结果见表 3-6。

表 3-6　各级匹配范围扩大为前级实时图 3 倍后的分级匹配结果

匹配级	位置 1	位置 2	位置 3	匹配时间/s
3 级匹配	(8, 9)	(26,15)	(26,16)	0.055
2 级匹配	(14,16)	(57,30)		0.165
1 级匹配	(28,32)	(114,60)		1.920
0 级匹配	(55,63)	(229,120)		22.30
最后结果		(229,120)		24.44

从上面的匹配结果可以看出,最高级的匹配对整个图像匹配具有非常重要的意义,当最高级出现匹配错误时,很容易导致整个图像匹配错误。这种错误仅仅靠扩大下一级的图像匹配范围是不能保证修正匹配错误的,而且随着匹配范围扩大,匹配概率下降,影响图像实时匹配。特别是对于异源成像系统,它的基准图和实时图之间存在较大的差别,因此,在分级匹配时最高级匹配发生错误的概率增大,导致匹配系统可靠性下降。

3.5.3 基于最速梯度下降法的图像匹配算法

优化算法是依据最快速、最有效的搜索策略得到使图像间相关性程度最大的空间变换参数的方法。最速梯度下降法是一个一阶优化方法,因为它具有高效性的特点,所以在最优化问题中被普遍使用,对目标函数的优化过程实际上是通过一系列沿着梯度方向的函数极值搜索得到的。从数学的角度来看,函数的梯度是函数增加最快(斜率最大)的方向,若要求解一个函数的最小值或者极小值,则可以沿着梯度的反方向寻找。

最速梯度下降法的主要思想如下:如果一个实值函数在某一点处可微且有定义,那么在每一次迭代中利用上一次迭代搜索到的极小值点,沿着目标函数在该点的负梯度方向进行优化搜索,直到达到指定的最小步长,即可最快到达该函数的极值点。

设 $f(x)$ 为目标函数,则最速下降法的数学表达式为

$$x^{(k+1)} = x^{(k)} + \lambda_k d^{(k)} \tag{3-17}$$

其中 $d^{(k)}$ 是从 $x^{(k)}$ 出发的搜索方向,这里取在 $x^{(k)}$ 处的负梯度方向,即 $d^{(k)} = -\nabla f(x^{(k)})$。 λ_k 是从 $x^{(k)}$ 出发沿方向 $d^{(k)}$ 进行一维搜索的步长,即 λ_k 满足

$$f[x^{(k)} + \lambda_k d^{(k)}] = \min f[x^{(k)} + \lambda d^{(k)}] \quad (\lambda \geqslant 0) \tag{3-18}$$

最速下降法的计算步骤如下:

(1)选取初始点 $x^{(0)}$,给定终止误差 $\varepsilon > 0$,并令 $k = 0$。

(2)计算搜索方向 $d^{(k)} = -\nabla f(x^{(k)})$,其中 $\nabla f(x^{(k)})$ 表示函数 $f(x)$ 在点 $x^{(k)}$ 处的梯度。

(3)若 $\| d^{(k)} \| \leqslant \varepsilon$,则停止计算;否则从 $x^{(k)}$ 出发,沿 $d^{(k)}$ 继续进行一维搜索求 λ_k,使得

$$f[x^{(k)} + \lambda_k d^{(k)}] = \min_{\lambda \geqslant 0} f[x^{(k)} + \lambda d^{(k)}] \tag{3-19}$$

(4)令 $x^{(k+1)} = x^{(k)} + \lambda_k d^{(k)}$,$k = k+1$,转至步骤(2)。

3.5.4 基于快速傅里叶变换的 L_2 范数图像匹配算法

为了加快计算速度,图像匹配可以使用上述金子塔策略和基于梯度下降的搜索优化算法来减少计算量和搜索空间。但这类算法存在缺点:一方面,压缩图像分辨率会使得图像纹理细节丢失,降低匹配可靠性;另一方面,减少搜索空间容易导致匹配漏解。为此,研究者们提出了与全搜索等价的快速计算方法,并成功地用于图像匹配。这些算法大多利用积分图像和快速傅里叶变换等原理,有效提高了平移空间的搜索计算速度。下面将简单介绍积分图像和快速傅里叶变换原理。

积分图像又被称为求和表,作用是对图像中任意一个矩形区域进行快速求和。设原图像为 I,$I(x,y)$ 为像素 (x,y) 的灰度值,再设积分图像为 S,$S(u,v)$ 为像素 (u,v) 的值,则

积分图像中每个像素的值可以按照下式表示：

$$S(u,v) = \sum_{0<x\leqslant u,0<y\leqslant v} I(x,y) \tag{3-20}$$

对大小为 $m \times m$ 的图像，直接按照式(3-20)计算积分图像的复杂性为 $O(m^4/2)$，计算量太大。实际上，积分图像可以通过累加算法得到。累加算法的计算复杂度为 $O(m^2)$，能大大减少计算量。在获得积分图像后，原图像中任何一个矩形区域内的求和可以通过三次加/减法运算得到。

图 3-11 中，原图像矩形区域的灰度值之和 Sum 可以按照下面的公式求得：

$$\text{Sum} = S(u_2,v_2) - S(u_1,v_2) - S(u_2,v_1) + S(u_1,v_1) \tag{3-21}$$

设模板图像 t 大小为 $N \times N$，模板图像与基准图像窗口 $W(x,y)$ 之间的 L_2 范数计算公式如下：

$$D(x,y) = \sum_{0<m\leqslant N,0<n\leqslant N} |t(m,n) - w(m+x,n+y)|^2 \tag{3-22}$$

将二次方展开可以得到

$$D(x,y) = \sum_{\substack{0<m\leqslant N,\\0<n\leqslant N}} t(m,n)^2 + \sum_{\substack{0<m\leqslant N,\\0<n\leqslant N}} w(m+x,n+y)^2 - 2\sum_{\substack{0<m\leqslant N,\\0<n\leqslant N}} t(m,n)w(m+x,n+y)$$

$$\tag{3-23}$$

式中：等号右边第一项是模板图像灰度值的二次方和，不用对每个窗口计算；第二项为窗口图像灰度值的二次方和，可以将基准图的每个像素二次方，然后利用积分图像原理以 3 次加法计算得到；第三项为相关计算，若对基准图中的每个窗口计算，则第三项就是计算模板图像和基准图像之间的卷积。根据卷积定理，基准图像 b 和模板图像 T 之间的卷积可以通过它们在频域的乘积的反傅里叶变换得到，过程如下：

$$T * b = \text{IFFT}(T \cdot B) \tag{3-24}$$

式中：$T = \text{FFT}(t)$，$B = \text{FFT}(b)$，"$*$"号代表卷积运算，FFT 和 IFFT 分别代表正、反快速傅里叶变换。若基准图像的大小为 $M \times M$，则基于快速傅里叶变换的 L_2 范数模板匹配算法的复杂度为 $O(2M^2 \log M)$，而直接计算 L_2 范数模板匹配算法的复杂度为 $O(M^2 N^2)$，因此，当模板较大时，基于快速傅里叶变换的 L_2 范数模板匹配算法可有效减少计算量。

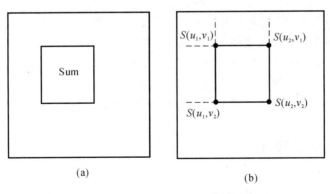

图 3-11　积分图像快速求和原理

(a)原图像；(b)积分图像

第4章 基于特征的多传感器图像匹配

基于灰度相关的图像匹配算法最简单,同时由于它使用了图像的所有信息,所以该方法能够获得较高的定位精度,但是一旦进入信息贫乏的区域或图像之间灰度差异较大,该方法的误匹配率较高。另外,该方法的计算量较大,特别是当共轭图像之间存在角度变化时尤其费时,因此,在一些工程应用中难以达到要求,于是人们开始研究基于特征的图像匹配算法。

基于特征的图像匹配算法包括特征提取和特征匹配两个环节。由于图像特征较图像灰度值稳定,不易变化,所以基于特征的图像匹配算法对图像畸变、噪声、遮挡等具有一定的鲁棒性,但是它的匹配性能在很大程度上取决于特征提取的质量。

所谓特征提取,就是利用变换或映射的方法把原始特征变换为维数较少的新特征的过程。特征选择是指从原始特征中选取一组有效的特征子集,并使特征空间维数降低的过程。其任务是根据待识别对象的实验观测、信号处理或有关专家知识,挑选出那些能表征对象特点的特征,摒弃冗余的特征信息,从多个特征中选取一组最优特征。

基于特征的图像匹配算法很多,选择不同的特征就会产生不同的图像匹配算法,特征提取直接影响匹配的精度和速度。基于特征的图像匹配方法先从待配准的两幅图像中提取特征,然后用相似性度量和一些约束条件来确定几何变换。本章将介绍一些依照常用特征进行图像匹配的算法。

4.1 基于直方图的图像匹配

在第 2 章中,我们已经提到灰度直方图反映的是一幅图像中 0~255 灰度级出现的次数。灰度直方图的绘制是以灰度级为横坐标,以图像中某灰度级出现的累计个数作为纵坐标。直方图是图像的一个重要特征,反映了图像灰度总体分布的情况。

基于灰度直方图的图像匹配方法通过计算模板图像与目标图像中相应位置子区域的灰度直方图的欧氏距离作为图像之间的相似性度量,通过最小化如下函数即可得到模板图像的最佳匹配位置。

灰度直方图准则描述如下:

$$\min\{ \| \text{HIST}(f_{j+u,k+v}) - \text{HIST}(g_{j,k}) \| \} \qquad (4-1)$$

式中:$\text{HIST}(f_{j+u,k+v})$ 表示目标图像中以 (j,k) 为左上角元素、高度为 u、宽度为 v 的子区域灰度直方图;$\text{HIST}(g_{j,k})$ 表示模板图像的灰度直方图;$\min[f(x,y)]$ 表示函数 $f(x,y)$ 在定义域上的最小值。

从灰度直方图的定义看出,该算法对图像旋转保持不变,即使目标图像中存在噪声或图像旋转条件下,该算法仍能获得较好的匹配结果,但是对视点变换、图像缩放及光照比较敏感。

4.2　基于矩特征的图像匹配

矩作为图像的一种形状特征,已经广泛应用于计算机视觉和模式识别等领域。人们使用矩不变量作为匹配特征,模糊不相似性作为匹配度量,提出了最优匹配对理论并加以证明。使用矩的匹配方法无须建立点的对应信息,它的缺点是不能检测图像的局部特征,需要对图像进行分割,而且只适用于发生了刚体变换的图像之间的匹配。

4.2.1　图像的矩特征

Hu 于 1961 年首先发现了具有平移、旋转和尺度不变性的矩不变量,并根据代数不变量理论推导出 7 个不变矩,随后这些不变矩在图像处理中得到了广泛的应用,如飞机目标的识别、卫星图像的配准、三维空间位置和姿态估计、工业质量检测、识别字符以及模糊和退化图像的处理等。由于高阶不变矩对噪声比较敏感且计算量较大,人们进行了不变矩计算方法的研究,并且给出了几种快速算法,对量化给不变矩带来的误差进行了定量的分析,研究了噪声对不变矩的影响。

20 世纪 80 年代以来,人们对图像的矩特征进行了深入研究,发现了不变矩与 Fourier-Mellin 变换之间的关系,提出了生成二维不变矩的新方法,推导出 52 个九阶以下的不变矩,并在图像识别的实验中得到验证。此外,人们还提出了角度矩及其简单构造方法,将 Hu 不变矩用角度矩来表示。通过研究不变矩、角度矩及傅里叶描绘子之间的关系,论证了矩和角度矩本质同构的结论,建立了由角度矩生成任意阶无关完备不变矩的理论。Teague 在正交多项式理论的基础上,提出了能够从矩中还原图像的正交矩、Zernike 矩和 Legendre 矩,它们都是无关完备的。Boyce 提出了一种旋转矩,这种矩能以某种方式扩展到任意阶,并且随着阶数的增加,矩的模不会明显减少。AbuMostafa 引入了复矩的概念。它是以一种简单和直接的方法推导出的矩不变量。Flusser 在复矩的基础上,提出了构造任意阶不变矩的通用方法,说明了任何不变量集合均可以用一个相对较小的基来生成,并给出了如何构造这样一个基以及证明无关性和完备性的方法。1993 年,Flusser 推导出仿射不变矩用以识别仿射变形的图像,给出了生成二维仿射不变矩的一般方法。

(1) 几何矩(原点矩)。函数 $f(x,y)$ 的 $(p+q)$ 阶几何矩定义为如下的黎曼积分:

$$M_{pq} = \int_{-\infty}^{+\infty} \int_{-\infty}^{+\infty} x^p y^q f(x,y) \, \mathrm{d}x \mathrm{d}y \tag{4-2}$$

式中:$p,q = 0,1,2,\cdots$。

上述定义形式是函数 $f(x,y)$ 在单项式 $x^p y^q$ 上的投影,但当基函数 $x^p y^q$ 完备时不正交。

如果假设 $f(x,y)$ 是分段连续有界函数,且仅在 xy 平面的有限部分有非零值,那么上面的所有阶矩存在且下列唯一性定理成立:

定理 4-1 双矩序列 $\{M_{pq}\}$ 唯一地由函数 $f(x,y)$ 确定；反过来，函数 $f(x,y)$ 由双矩序列 $\{M_{pq}\}$ 唯一地确定。

（2）Legendre 矩。$(m+n)$ 阶 Legendre 矩定义为

$$\lambda_{mn} = \frac{(2m+1)(2n+1)}{4} \int_{-\infty}^{+\infty} \int_{-\infty}^{+\infty} P_m(x) P_n(y) f(x,y) \mathrm{d}x \mathrm{d}y \tag{4-3}$$

式中：$m,n = 0,1,2,\cdots$；$P_m(x)$ 和 $P_n(y)$ 为 Legendre 多项式。

Legendre 多项式序列 $\{P_m(x)\}$ 和 $\{P_n(x)\}$ 是定义在区间 $[-1,1]$ 上的完备正交基，即

$$\int_{-1}^{1} P_m(x) P_n(x) \mathrm{d}x = \frac{2}{2m+1} \delta_{mn} \tag{4-4}$$

式中：δ_{mn} 为克罗内克（Kronecker）δ 函数。

n 阶 Legendre 多项式表达式为

$$P_n(x) = \sum_{j=0}^{n} a_{nj} x^j = \frac{1}{2^n n!} \frac{\mathrm{d}^n}{\mathrm{d}x^n} (x^2 - 1)^n \tag{4-5}$$

根据正交性原理，图像函数 $f(x,y)$ 能够展开为定义在域 $-1 \leqslant x,y \leqslant 1$ 上的 Legendre 多项式的无穷级数，即

$$f(x,y) = \sum_{m=0}^{+\infty} \sum_{n=0}^{+\infty} \lambda_{mn} P_m(x) P_n(y) \tag{4-6}$$

式中：λ_{mn} 为 Legendre 矩，并且 Legendre 矩 $\{\lambda_{mn}\}$ 的计算是在同一定义域进行的。假如 Legendre 矩的阶数小于或等于 N，则图像函数 $f(x,y)$ 能够被连续的截断级数来逼近，即

$$f(x,y) \approx \sum_{m=0}^{N} \sum_{n=0}^{m} \lambda_{m-n} P_{m-n}(x) P_n(y) \tag{4-7}$$

Legendre 矩和几何矩之间的关系可表示为

$$\lambda_{mn} = \frac{(2m+1)(2n+1)}{4} \sum_{j=0}^{m} \sum_{k=0}^{n} a_{mj} a_{nk} M_{jk} \tag{4-8}$$

式中：M_{jk} 为几何矩。因此，Legendre 矩可以由同阶和低阶的几何矩确定，反之亦然。

（3）Zernike 矩。n 阶具有循环 l 的复 Zernike 矩定义为

$$A_{nl} = \frac{n+1}{\pi} \int_{0}^{2\pi} \int_{0}^{+\infty} [V_{nl}(r,\theta)]^* f(r\cos\theta, r\sin\theta) r \mathrm{d}r \mathrm{d}\theta \tag{4-9}$$

式中：$V_{nl}(r,\theta)$ 为 Zernike 多项式；符号"$*$"表示复共轭；$n = 0,1,2,\cdots,+\infty$；而 l 选取为满足下列条件的正负整数，即

$$n - |l| = \text{偶数}, \ |l| \leqslant n \tag{4-10}$$

Zernike 多项式

$$V_{nl}(x,y) = V_{nl}(r\cos\theta, r\sin\theta) = R_{nl}(r) \mathrm{e}^{il\theta} \tag{4-11}$$

是定义在单位圆 $x^2 + y^2 \leqslant 1$ 上的正交复函数的完备集，即

$$\int_{0}^{2\pi} \int_{0}^{1} [V_{nl}(r,\theta)]^* V_{mk}(r,\theta) r \mathrm{d}r \mathrm{d}\theta = \frac{\pi}{n+1} \delta_{mn} \delta_{kl} \tag{4-12}$$

式中：δ_{mn} 和 δ_{kl} 为克罗内克（Kronecker）δ 函数。而实值多项式 $\{R_{nl}(r)\}$ 定义为

$$R_{nl}(r) = \sum_{s=0}^{(n-|l|)/2} (-1)^s \frac{(n-s)!}{s! \left(\dfrac{n+|l|}{2} - s\right)! \left(\dfrac{n-|l|}{2} - s\right)!} r^{n-s} = \sum_{\substack{k=|l| \\ n-k=\text{偶数}}} B_{n|l|k} r^k$$

$$\tag{4-13}$$

并且满足关系式

$$\int_0^1 R_{nl}(r) R_{ml}(r) r \, \mathrm{d}r = \frac{1}{2(n+1)} \delta_{mn} \tag{4-14}$$

函数 $f(x,y)$ 能够在单位圆上以 Zernike 多项式展开为

$$f(x,y) = \sum_{\substack{n=0 \\ n-|l|=\text{偶数}}}^{+\infty} \sum_{\substack{l=-\infty \\ |l| \leqslant n}}^{+\infty} A_{nl} V_{nl}(x,y) \tag{4-15}$$

其中 Zernike 多项式矩 $\{A_{nl}\}$ 是在单位圆上计算的。若从展开的级数中截取有限阶 N，则截得的展开式就是 $f(x,y)$ 的最佳逼近，即

$$f(x,y) \approx \sum_{\substack{n=0 \\ n-|l|=\text{偶数} \\ |l| \leqslant n}}^{N} \sum_l A_{nl} V_{nl}(x,y) \tag{4-16}$$

需要注意的是，Legendre 多项式和 Zernike 多项式的正交性，使得 Legendre 矩和 Zernike 矩是各自独立的。Zernike 矩与几何矩之间的关系为

$$A_{nl} = \frac{n+1}{\pi} \sum_{\substack{k=l \\ n-|l|=\text{偶数}}}^n \sum_{j=0}^q \sum_{m=0}^{|l|} w^m C_q^j C_{|l|}^m B_{n|l|k} M_{k-2j-m,2j+m} \tag{4-17}$$

式中：C_q^j 和 $C_{|l|}^m$ 分别表示 q 中取 j 和 $|l|$ 中取 m 的组合，w 和 q 的取值分别为

$$w = \begin{cases} -\mathrm{i}, & l > 0 \\ \mathrm{i}, & l \leqslant 0 \end{cases}, \mathrm{i} = \sqrt{-1} \tag{4-18}$$

$$q = \frac{1}{2}(k-|l|) \tag{4-19}$$

4.2.2　图像的矩不变量

（1）Hu 不变矩。因为数字图像是离散的函数 $f(x,y)$，所以它的 $p+q$ 阶矩定义为

$$m_{pq} = \sum_x \sum_y x^p y^q f(x,y) \tag{4-20}$$

函数 $f(x,y)$ 的 $p+q$ 阶中心矩定义为

$$u_{pq} = \sum_x \sum_y (x-\bar{x})^p (y-\bar{y})^q f(x,y) \tag{4-21}$$

式中：$\bar{x} = m_{10}/m_{00}$；$\bar{y} = m_{01}/m_{00}$。

函数 $f(x,y)$ 的归一化中心矩可表示为

$$\eta_{pq} = \frac{u_{pq}}{u_{00}^\gamma} \tag{4-22}$$

式中：$\gamma = \frac{p+q}{2} + 1, p+q = 2,3,\cdots$。

利用归一化的 2 阶矩和 3 阶矩可以导出下列 7 个不变矩，即

$$\varphi_1 = \eta_{20} + \eta_{02} \tag{4-23}$$

$$\varphi_2 = (\eta_{20} - \eta_{02})^2 + 4\eta_{11}^2 \tag{4-24}$$

$$\varphi_3 = (\eta_{30} - 3\eta_{12})^2 + (3\eta_{21} + \eta_{03})^2 \tag{4-25}$$

$$\varphi_4 = (\eta_{30} + \eta_{12})^2 + (\eta_{21} + \eta_{03})^2 \qquad (4-26)$$

$$\varphi_5 = (\eta_{30} - 3\eta_{12})(\eta_{30} + \eta_{12})[(\eta_{30} + \eta_{12})^2 - 3(\eta_{12} + \eta_{03})^2] +$$
$$(3\eta_{21} - \eta_{03})(\eta_{21} + \eta_{03})[3(\eta_{30} + \eta_{12})^2 - (\eta_{21} + \eta_{03})^2] \qquad (4-27)$$

$$\varphi_6 = (\eta_{20} - \eta_{02})[(\eta_{30} + \eta_{12})^2 - (\eta_{21} + \eta_{03})^2] + 4\eta_{11}(\eta_{30} + \eta_{12})(\eta_{21} + \eta_{03}) +$$
$$(3\eta_{11} - \eta_{03})(\eta_{30} + \eta_{03})[3(\eta_{03} + \eta_{12})^2 - (\eta_{12} + \eta_{03})^2]$$

$$(4-28)$$

$$\varphi_7 = (3\eta_{12} - \eta_{30})(\eta_{30} + \eta_{12})[(\eta_{30} + \eta_{12})^2 - 3(\eta_{21} + \eta_{03})^2] +$$
$$(3\eta_{11} - \eta_{03})(\eta_{30} + \eta_{03})[3(\eta_{30} + \eta_{12})^2 - (\eta_{12} + \eta_{03})^2] \qquad (4-29)$$

这组矩对平移、旋转和尺度变换具有不变性,其中 φ_7 可以用来检测镜面对称的图像。

(2) 仿射不变矩。针对仿射变换,如果能找到同一目标在不同仿射变换下的仿射不变量,就可以作为目标特征,用于识别不同角度拍摄的目标。现有的仿射不变特征主要包括简比、交比、角点以及仿射不变矩等,在空天目标识别中,仿射不变矩得到了广泛的使用。

对于任意的矩函数,如果它们能够在平移、旋转、尺度缩放和扭曲等变换下仍能保持不变的话,那么就称该矩函数具有仿射不变性,满足以上条件的矩函数称作仿射不变矩。仿射不变矩的构造也是以代数不变性为理论基础,这点与 Hu 不变矩一样,都是基于图像的中心矩构造而成的,但唯一不同的是,仿射不变矩通过将坐标原点移至目标中心,从而实现目标仿射不变特征的提取。仿射不变矩的实质就是 $(p+q)$ 阶中心距 u_{pq} 的多项式。仿射不变矩函数式的构建有很多方法,这里给出 Jan Flusser 构造的 3 个仿射不变量。其表达式如下:

$$I_1 = \frac{u_{20} u_{02} - u_{11}^2}{u_{11}^4} \qquad (4-30)$$

$$I_2 = \frac{u_{30}^2 u_{03}^2 - 6u_{30} u_{21} u_{03} + 4u_{30} u_{12}^2 + 4u_{21}^2 u_{03} - 3u_{21}^2 u_{12}^2}{u_{00}^{10}} \qquad (4-31)$$

$$I_3 = \frac{u_{20}(u_{21} u_{03} - u_{12}^2) - u_{11}(u_{30} u_{03} - u_{21} u_{12}) + u_{02}(u_{30} u_{12} - u_{21}^2)}{u_{00}^7} \qquad (4-32)$$

仿射不变矩的特点如下:阶数越高,计算复杂度越高,也越容易受噪声影响。因此,在实际应用中,一般只用到低阶的仿射不变矩。

(3) 不变量的稳定性。不变量的稳定性是衡量其分类性能的一项重要指标:因为若不变量不稳定,则它就不再具有严格的不变性;若不变量的稳定性很高,则即使非常相似的不变量特征也能被正确地分离开。目前的二维 RST(旋转、尺度和平移)不变量的主要问题恰恰是特征向量的维数较小且不稳定。例如,常用的 Hu 矩不变量仅由 7 个不变特征量组成,无法继续扩充其特征量的维数,这是其缺点之一。此外,在 Hu 矩特征之间含有大量冗余信息,而且其不变性在出现噪声时也不稳定。因此,需要分析特征量由于各种变化而产生的偏离量。衡量特征量偏离程度的方法较多,其中使用较多的是平均绝对距离法。但平均绝对距离法得到的是一个绝对量,不容易判断其相似性是否满足需要。此外,由于各个不变量的大小可能差别很大,若直接用平均绝对距离来度量不变特征的偏离程度,则无法全面反映各个系数的变化程度。因此,本书使用相对方差来确定特征的变化。其定义如下:

$$D = \frac{\sum\limits_{\omega=1}^{N}\left[F(\omega)-F'(\omega)\right]^2}{\sum\limits_{\omega=1}^{N}F(\omega)^2} \tag{4-33}$$

式中：$F(\omega)$ 是基准图像提取的特征向量；$F'(\omega)$ 是目标发生旋转或尺度变化时提取的特征向量；N 是特征向量的维数。下面以飞机目标为对象研究不变量的稳定性。

由于飞机在俯视方向上才能近似地看作二维目标，所以这里将飞机的俯视图作为研究对象。将图 4-1(a) 的 MIG29 俯视图作为标准图，并对其进行旋转、尺度变化和添加噪声，从而进一步得到 Hu 矩在这些变化下的相对方差，分别如表 4-1 和图 4-2 所示，其中表 4-1 的横坐标为尺度变化参数（从标准尺度缩小到原来的 2/5），纵坐标为角度变化参数（以 40°为间隔从 0°旋转到 320°）。图 4-1 中(b)~(f)是对目标分割施加不同比例的噪声，其噪声概率分别是 0.02、0.04、0.06、0.08 和 0.1。

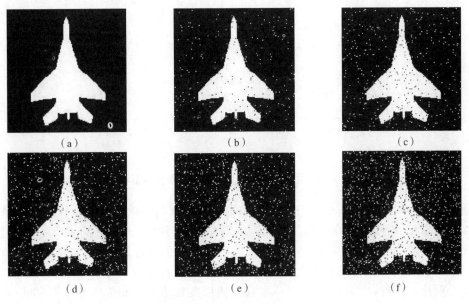

图 4-1　原始图像及噪声图像

表 4-1　不同尺度和角度下 Hu 不变矩的相关方差系数

	1	0.9	0.8	0.7	0.6	0.5	0.4
0	0	5.96×10^{-5}	2.45×10^{-5}	2.89×10^{-5}	1.22×10^{-5}	1.16×10^{-5}	5.33×10^{-5}
40	1.97×10^{-5}	0.0001	0.000143	2.02×10^{-5}	5.04×10^{-5}	1.58×10^{-5}	4.05×10^{-6}
80	4.24×10^{-6}	1.65×10^{-5}	4.03×10^{-5}	2.29×10^{-5}	2.33×10^{-6}	6.20×10^{-6}	9.63×10^{-6}
120	2.64×10^{-6}	1.41×10^{-5}	5.24×10^{-5}	1.27×10^{-5}	7.46×10^{-5}	7.91×10^{-6}	1.33×10^{-5}
160	9.03×10^{-6}	4.57×10^{-5}	4.08×10^{-5}	8.49×10^{-6}	4.44×10^{-5}	0.0001	7.40×10^{-6}
200	4.19×10^{-6}	4.37×10^{-5}	4.00×10^{-5}	8.89×10^{-5}	8.64×10^{-5}	2.30×10^{-5}	9.02×10^{-5}
240	6.20×10^{-6}	7.14×10^{-5}	0.000125	7.70×10^{-6}	1.77×10^{-5}	6.83×10^{-5}	2.07×10^{-5}

续表

	1	0.9	0.8	0.7	0.6	0.5	0.4
280	2.84×10^{-6}	2.19×10^{-5}	0.000103	1.34×10^{-5}	5.87×10^{-5}	1.79×10^{-5}	7.96×10^{-6}
320	5.55×10^{-6}	7.16×10^{-6}	3.78×10^{-5}	1.71×10^{-5}	3.94×10^{-5}	1.61×10^{-5}	6.02×10^{-5}

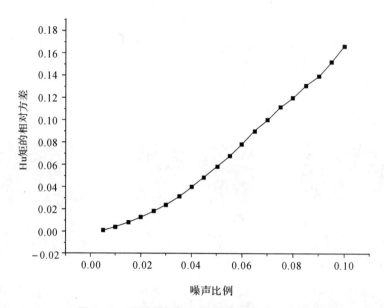

图 4-2　不同噪声率下 Hu 不变矩变化示意图

由表 4-1 可以看到，Hu 矩的不变性随旋转角和尺度的变化只出现较小的改变，其相关方差系数基本都能控制在 10^{-5} 的量级上。由于表 4-1 中左上角代表的是尺度为 1 且旋转角度为 0 的情况，此时图像没有发生任何变化，所以其相关方差为 0。从总体上看随着尺度减少，Hu 不变矩的相关方差有增大的趋势。造成这种现象的原因是随着尺度的减少，其形状会发生退化。此外，由表 4-1 中可以发现有些尺度在增大时相关方差反而会减小，其原因是二值化图像在尺度发生变化时在边缘处会产生形状偏差。由图 4-2 可以看出，当目标图像中的噪声不断增大时，Hu 矩会随之发生剧烈的变化。

4.2.3　基于矩特征的图像匹配

获得模板图像的不变矩和实时图的不变矩，可采用归一化相关及二次方差算法等计算相似度。设模板的不变矩为 $(\varphi_1,\varphi_2,\varphi_3,\varphi_4,\varphi_5,\varphi_6,\varphi_7)$，实时图的不变矩为 $(\varphi'_1,\varphi'_2,\varphi'_3,\varphi'_4,\varphi'_5,\varphi'_6,\varphi'_7)$，则基于矩特征的图像匹配可以使用下式完成：

$$R=\frac{\sum_{i=1}^{7}\varphi_i\varphi'_i}{\left(\sum_{i=1}^{7}\varphi_i^2\sum_{i=1}^{7}\varphi'^2_i\right)^{1/2}} \tag{4-34}$$

R 越接近 1，匹配程度越高。

4.3　基于边缘特征的图像匹配

4.3.1　边缘特征提取

边缘是最常见的一种图像特征。利用边缘特征匹配需要进行边缘检测,传统的边缘检测算法包括 Sobel、Roberts、Canny 算子和分水岭算法等。较新的方法包括 Mean Shift 聚类、水平集、相位一致性、图分割和脊波变换等方法。下面介绍几种传统的边缘特征提取算法。

(1)梯度算子。对阶跃状边缘,在边缘点处一阶导数有极值,因此,可通过计算每个像素处的梯度来检测边缘点。数字图像 $f(x,y)$ 在 x 和 y 方向的一阶差分和梯度图像可用下面的公式进行计算:

$$f'_x = f(x,y+1) - f(x,y) \tag{4-35}$$

$$f'_y = f(x+1,y) - f(x,y) \tag{4-36}$$

$$\mathrm{grad}(x,y) = \max(|f'_x|, |f'_y|) \tag{4-37}$$

$$\mathrm{grad}(x,y) = |f'_x| + |f'_y| \tag{4-38}$$

$$\mathrm{grad}(x,y) = \sqrt{f'^2_x + f'^2_y} \tag{4-39}$$

为检测边缘点,选取适当的阈值 T,对梯度图像进行二值化,则有

$$g(x,y) = \begin{cases} 1, & \mathrm{grad}(x,y) \geqslant T \\ 0, & \text{其他} \end{cases} \tag{4-40}$$

这样就获得了一幅边缘二值图像 $g(x,y)$。梯度算子仅计算相邻像素的灰度差,对噪声敏感,无法抑制噪声的影响。

(2) Roberts 算子。Roberts 算子与梯度算子检测边缘的方法类似,但效果较梯度算子略好。Roberts 边缘检测算子根据任意一对互相垂直方向上的差分来计算梯度,采用对角线方向相邻像素之差,即

$$f'_x = f(i,j) - f(i+1,j+1) \tag{4-41}$$

$$f'_y = f(i,j+1) - f(i+1,j) \tag{4-42}$$

用式(4-37)、式(4-38)或式(4-39)计算梯度图像,然后利用式(4-40)即可得到边缘图像。由于该算子只使用当前像素的 2×2 邻域,所以计算简单。它的卷积模板如图 4-3 所示。

1	0
0	-1

0	-1
1	0

图 4-3　Roberts 算子的卷积模板

（3）Prewitt 算子和 Sobel 算子。为在边缘检测的同时减少噪声的影响，Prewitt 和 Sobel 从加大边缘检测算法模板大小的角度出发，由 $2×2$ 扩大到 $3×3$ 来计算差分算子，如图 4-4 所示。

-1	0	1
1	0	1
-1	0	1

-1	-1	-1
0	0	0
1	1	1

(a)

-1	0	1
-2	0	2
-1	0	1

-1	-2	-1
0	0	0
1	2	1

(b)

图 4-4　Prewitt 算子和 Sobel 算子的卷积模板

(a)Prewitt 算子；(b)Sobel 算子

对于 Prewitt 算子，有

$$f'_x = |f(x+1,y-1)+f(x+1,y)+f(x+1,y+1)-f(x-1,y-1)-$$
$$f(x-1,y)-f(x-1,y+1)| \tag{4-43}$$

$$f'_y = |f(x-1,y+1)+f(x,y+1)+f(x+1,y+1)-f(x-1,y-1)-$$
$$f(x,y-1)-f(x+1,y-1)| \tag{4-44}$$

用式(4-37)、式(4-38)或式(4-39)计算 Prewitt 梯度，再由式(4-40)对梯度图像进行二值化，就得到一幅边缘二值图像。采用 Prewitt 算子不仅能检测边缘点，而且能抑制噪声的影响。

对于 Sobel 算子，有

$$f'_x = |f(x+1,y-1)+2f(x+1,y)+f(x+1,y+1)-f(x-1,y-1)-$$
$$2f(x-1,y)-f(x-1,y+1)| \tag{4-45}$$

$$f'_y = |f(x-1,y+1)+2f(x,y+1)+f(x+1,y+1)-f(x-1,y-1)-$$
$$2f(x,y-1)-f(x+1,y-1)| \tag{4-46}$$

同样地，用式(4-37)、式(4-38)或式(4-39)计算 Sobel 梯度，再由式(4-40)对梯度图像进行二值化，就得到一幅边缘二值图像。Sobel 算子对噪声具有平滑作用，能提供较为精确的边缘方向信息，但它同时也会检测出许多伪边缘，边缘定位精度不够高。当对精度要求不是很高时，Sobel 算子是一种较为常用的边缘检测方法。

（4）拉普拉斯算子。对于阶跃状边缘，其二阶导数在边缘点出现零交叉，并且边缘点两旁像素的二阶导数异号。据此，对数字图像的每个像素计算关于 x 轴和 y 轴的二阶偏导数之和 $\nabla^2 f(x,y)$：

$$\nabla^2 f(x,y) = f(x+1,y) + f(x-1,y) + f(x,y+1) + f(x,y-1) - 4f(x,y)$$

$$(4-47)$$

式(4-47)就是著名的拉普拉斯算子。该算子是一个与方向无关的各向同性(旋转轴对称)边缘检测算子。若只关心边缘点的位置而不顾其周围的实际灰度差,则一般选择该算子进行检测。其特点如下:①各向同性、线性和位移不变;②对细线和孤立点检测效果好。但边缘方向信息丢失,常产生双像素的边缘,对噪声有双倍加强作用。

由于梯度算子和拉普拉斯算子都对噪声敏感,所以一般在用它们检测边缘前要先对图像进行平滑。

(5) Canny 边缘检测算子。Canny 的主要工作是推导了最优边缘检测算法,认为最优边缘检测算子应具有如下 3 个特点:

1)低误判率。漏检真实边缘的概率和误检非边缘的概率都尽可能小。这两个概率都是输出信噪比的单调递减函数,因此,用信噪比来描述最优检测准则。

2)高定位精度。即检测出的边缘点位置要尽可能离实际边缘点近,或者是由于噪声的影响而检测出的边缘点偏离物体的真实边缘程度最小,可以用边缘定位精度进行定量描述。

3)抑制虚假边缘。即单个边缘产生的多个响应的概率要尽量低,虚假边缘响应要得到最大抑制(检测出的边缘点与实际边缘点一一对应)。

基于这 3 个判定准则,Canny 推导出了一种最佳边缘检测算子,称为 Canny 边缘检测算子。该算法因在边缘检测方面获得了良好的效果而得到了广泛的应用。Canny 边缘检测算子利用高斯滤波器进行滤波,能在滤除噪声和边缘检测之间取得较好的平衡,基本流程如图 4-5 所示,具体步骤如下:

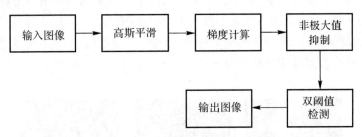

图 4-5 Canny 算法边缘检测流程图

1)用高斯滤波器 $G(x,y)$ 对图像进行平滑处理,即选取合适的高斯滤波函数的标准方差和邻域大小,用高斯滤波器 $G(x,y)$ 对图像 $f(x,y)$ 进行卷积运算,得到平滑图像。平滑处理可以抑制噪声,但会丢掉部分弱边缘信息。

2)计算梯度的幅值和方向。用一阶偏导的有限差分来计算平滑后图像的梯度幅值和方向:

$$\text{grad} = \sqrt{f_x'^2 + f_y'^2} \qquad (4-48)$$

$$\theta = \arctan(f_y' / f_x') \qquad (4-49)$$

3)梯度幅值的非极大值抑制。幅值图像的值越大,对应的图像梯度越大,但可能会因为区域过宽而出现屋脊带的现象,无法确定边缘。需要将屋脊带细化成单像素宽的边缘,只保留幅值局部变化最大的点。这就需要通过非极大值抑制进行控制。

非极大值抑制的目的就是通过抑制梯度线上所有非屋脊峰值的幅值来细化其中的梯度幅值屋脊。首先将梯度角 θ 的变化范围减小到周围的 4 个扇区之一(见图 4-6)。

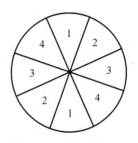

图 4-6 梯度方向角分类

4 个扇区的标号为 1～4,对应着像素点 3×3 邻域内像素点的 4 种可能组合区。用梯度方向的可能方向的周围分区进行标记。通过梯度分区方向,就可以找到这个像素梯度方向的邻接像素。

采用 3×3 邻域作用于幅值图像阵列数据的所有点,在每一点邻域的中心像素与梯度方向的两个元素进行比较,梯度方向由中心点处的扇区值给出。如果在邻域中心点的幅值不比梯度方向的两个相邻点幅值大,那么幅值置为 0。重复这一过程,可把幅值图像阵列宽屋脊带细化成单像素点宽的边缘。

4)尽管前面第一步对图像进行了高斯平滑,但平滑后的检测图中仍包含由噪声和细节纹理引起的虚假边缘,需要进一步进行边缘检测和连接,可通过双阈值算法来去除假边缘。双阈值可通过使用累计直方图计算得到,记高阈值为 T_h,低阈值为 T_l,且 $T_l=0.4T_h$,凡是梯度值大于高阈值 T_h 的一定是边缘点,设置为 1。凡是梯度值低于低阈值 T_l 的点一定不是边缘点,设置为 0。梯度值在两者之间的再进行进一步判断,看这个点周围有没有超过高阈值的边缘点:如果有,它就是边缘点;如果没有,就不是边缘点。

Canny 算法检测图像边缘有两个关键点:一个是高斯滤波器邻域的大小;另一个是阈值的大小。高斯滤波器邻域的大小影响着对噪声的滤除能力,若高斯滤波器邻域增大,则能滤除更多的噪声,抗噪声能力增强,但是也同时大大增加了计算量。阈值的选取也是关键的一步,上面提到,目前一般采用的方法是通过图像的直方图统计,按照一定的比例来确定高、低阈值。总的来说,Canny 边缘检测算法对噪声有一定的抑制能力,边缘较完整,对阶跃边缘定位较准确,是一个较好的边缘检测算法。图 4-7 给出了一幅机场图像采用不同算法得到的仿真结果。

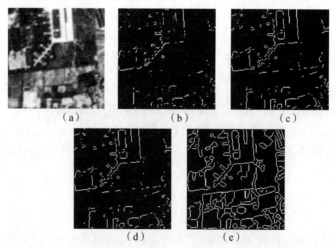

(a)　　　　　　　(b)　　　　　　　(c)

(d)　　　　　　(e)

图 4-7 机场图像采用不同边缘检测算法得到的结果

(a)原始图像;(b)Roberts 算法结果;(c)Prewitt 算法结果;(d)Sobel 算法结果;(e)Canny 算法结果

4.3.2 边缘匹配流程

设 X 为实时图像的边缘图，Y 为基准图像的边缘图。图像边缘图是二值信号，即边缘是"1"，非边缘是"0"。因此，在边缘匹配中，以实时图的边缘图（简称实时边缘图）为模板，在基准图的边缘图（简称基准边缘图）上逐点搜索，计算每个位置与实时边缘图模板的相似程度，并认为相似性最大的点，就是与实时边缘图对应的位置。

由于边缘图是二值图像，所以可以利用比较两图对应位置相似程度的方法来确定图像的相似性。下面给出两种边缘匹配方法：

（1）二次方差边缘匹配算法。对于 $m \times n$ 大小的实时图，它与基准图 (a,b) 位置的图像相关性为

$$P(a,b) = \sum_{i=1}^{m} \sum_{j=1}^{n} \left| Y(a,b)_{ij} - X_{ij} \right|^2 \qquad (4-50)$$

式中：$P(a,b)$ 是基准图 (a,b) 位置的边缘图与实时边缘图的二次方差值；X_{ij} 是实时图在 (i,j) 位置的边缘值；$Y(a,b)_{ij}$ 是基准图以 (a,b) 为中心的 (i,j) 位置边缘值。比较基准边缘图各点位置与实时边缘图的二次方差值，认为该值最小的点即边缘图最相似的位置，也即最佳匹配位置。

（2）最小绝对值边缘匹配算法。实时图和基准图之间的最小绝对值边缘匹配度量如下：

$$Q(a,b) = \sum_{i=1}^{m} \sum_{j=1}^{n} \left| Y(a,b)_{ij} - X_{ij} \right| \qquad (4-51)$$

式中：$Q(a,b)$ 是实时图与基准图之间边缘差值的绝对值，两图对应 (i,j) 位置的图像灰度相同时为"0"，不同时为"1"。这样，当两图完全相同时，为"1"。$Q(a,b)$ 值的大小反映了两图之间的相似程度，判断各点的 $Q(a,b)$ 值的大小，认为该值最小的位置就是它在基准图中的准确位置。

但是，上述边缘匹配方法受图像畸变、旋转和比例变化等影响，可能导致边缘匹配失效。虽然边缘特征较灰度特征有较强的稳定性，但由于图像在获取过程中，基准图和实时图之间会发生比例旋转和畸变等变化，边缘提取方法也会导致图像边缘变形和移位，这些因素都将影响图像边缘匹配结果，所以人们提出扩展边缘特征并将其用于图像匹配，即在原边缘特征基础上在边缘两边扩展边缘（幅值为中心边缘的一半），增强边缘特征表现，将扩展边缘特征的图像相互匹配，达到提高边缘匹配可靠性的目的。这种方法既利用了图像边缘特征的稳定性，又提高了边缘匹配能力。

下面以遥感下视图像为例说明图像匹配算法。图 4-8(a) 为下视景象机场原始图像（256×256），图 4-8(b) 为图 4-8(a) 采用 Prewit 算子进行边缘提取的结果，图 4-8(c) 为图 4-8(b) 进行边缘扩展的结果。在图 4-8(a) 中取定机场敏感部位：第一中间联络道，中心坐标为 (67,97)；机窝群，中心坐标为 (62,67)；第二中间联络道，中心坐标为 (97,112)；主跑道和主滑行道中段，中心坐标为 (162,172)，再分别以上述坐标为中心点截取 35×35 大小的区域，得到图 4-8(f)(g)(h)(i) 四幅窗口图作为实时图，对单像素边缘图和多像素边缘图作逆时针旋转 2° 且缩小到原来的 95% 的几何变形后如图 4-8(d)(e) 所示。

计算表明：当实时图与基准图之间无几何变形时，单像素边缘和多像素边缘均能精确匹

配;当实时图与基准图之间存在几何变形时,单像素边缘的实时图不能找到它在基准图中的准确位置,出现了错误匹配。多像素边缘的实时图均可准确匹配,匹配结果见表4-2。

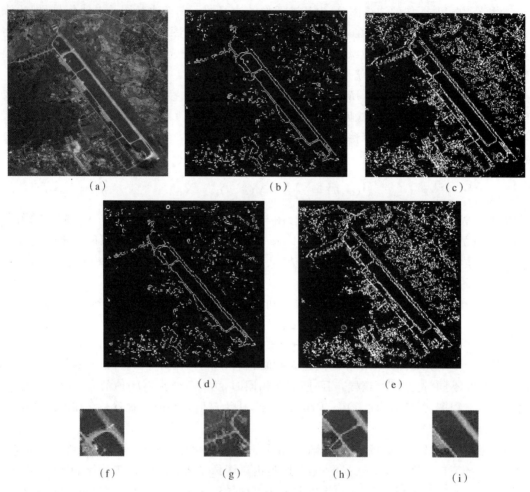

(a)　　　　　　　　　　(b)　　　　　　　　　　(c)

(d)　　　　　　　　　　　　　　　(e)

(f)　　　　　　　(g)　　　　　　　(h)　　　　　　　(i)

图 4 - 8　下视景像及其边缘提取图

(a)下视景象机场原始图像;(b) Prewit 算子的结果;(c)多像素边缘图;(d)对(b)缩小 0.95 倍逆向旋转 2°的结果;
(e)对(c)缩小 0.95 倍逆向旋转 2°的结果;(f) 实时图(67,97);(g) 实时图(62,67);
(h) 实时图(97,112);(i) 实时图(162,172)

表 4 - 2　单像素边缘匹配和多像素边缘匹配受几何变形影响比较

基准图中心位置	无几何变形边缘匹配	有几何变形边缘匹配
(67,97)	(67,97)*	(106,21)#
(62,67)	(62,67)*	(194,22)#
(97,112)	(97,112)*	(114,40)#
(162,172)	(162,172)*	(110,62)#

注:上标"*"表示准确匹配;上标"#"表示未准确匹配。

以上研究说明,对于客观因素造成的几何变形,通常基于单像素边缘的匹配方法,不能可靠、有效地对图像进行定位,而基于图像多像素边缘的匹配方法能够克服微小几何变形的影响,提高了匹配的可靠性,是一种有效的抗图像失真边缘匹配方法,对存在不太大的几何变形的图像匹配研究,具有启发性意义。

4.4　基于点特征的图像匹配

点特征是一种简单的结构特征,特征点能够反映图像中对象的结构信息,既是图像分析中最常使用的特征之一,也是图像匹配中常用的特征之一。图像匹配中的点特征一般为兴趣点,即图像灰度在各方向都有较大变化的一类局部特征点,一般包括角点、拐点、交叉点、质心点、极值点、几何不变点等。图像匹配中,得到两幅图像多个特征点之间的对应便可以解算出两幅图像之间的几何变换,将两幅图像匹配。

4.4.1　点特征检测

点特征检测算法主要可以分为斑点检测算法和角点检测算法两类。

常用的斑点检测算法包括 Crowley 等人提出的基于 DoLP(Difference of Low-pass)检测算子、Lowe 等人提出的 SIFT(Scale Invariant Feature Transform)检测算子和 Bay 等人提出的 SURF(Speeded Up Robust Features)检测算子,其中 DoLP 检测算子和 SIFT 检测算子都是利用高斯差分(Difference of Gaussians,DoG))滤波器的响应极值来检测特征点,但两者在特征点的选择方法上有所不同,SIFT 检测算子选择同时在尺度域和空间域达到极值的点作为特征点,DoLP 检测算子选择一个特征点当且仅当它是一个空间域上极值点,并且在相邻尺度上与空域极值点相邻。SURF 检测算子检测算子使用 Hessian 矩阵行列式的局部极值检测特征点,并使用盒子滤波器近似高斯二阶导数以加快 Hessian 矩阵行列式的计算,比较前两种斑点检测算法,SURF 检测算子可以获得更快的计算速度和近似的检测性能。斑点检测算法的重复性通常较好,但是斑点的密集程度对一些视觉应用(如三维重建)可能不够。与斑点检测算法比较,角点检测算法往往可以提供更加密集的特征点检测结果。

常用的角点检测算法包括 Fostner 算子、Harris 算子、Interest Point 算子、Moravec 算子、SUSAN(Smallest Univalue Segment Assimilating Nucleus)算子和 FAST(Features from Accelerated Segment Test)算子。Harris 算子和 Fostner 算子都是基于 Hessian 矩阵,都解决了角点检测的旋转不变性,但 Harris 算子使用 Sobel 梯度算子,而 Fostner 算子使用 Roberts 梯度算子,因此,前者对噪声的适应能力更好,后者则可以实现更加精确的角点定位。Interest Point 算子是在 Harris 算子的基础上,加入了多尺度分析,是一种能够适应仿射变形的角点检测算子。Shi 和 Tomasi 发现若使 Hessian 矩阵的两个特征值中较小的特征值大于给定阈值,则可以得到强角点,比较 Harris 检测的角点,强角点可以被更可靠地跟踪。Moravec 算子和 SUSAN 算子都是依赖直接灰度变化检测角点。Moravec 算子只在 4 个方向计算灰度变化,不能保持各向同性,当图像发生旋转时,检测的重复率会降低。SUSAN 算子通过比较圆形区域中心点和圆周上各点的灰度差别来检测角点,可以较好地保持各向同性,并能适应图像旋转和程度较小的缩放变化,但在噪声较大时,SUSAN 算子的检测重复率要低于 Harris 算子。FAST 算子将 SUSAN 算子与机器学习相结合,提升了检测的重复率,并大大加快了角点检测的速度,在噪声较小的情况下,FAST 算子的检测重复率比 Harris 算子更高。目前,FAST 算法被广泛用于实时目标检测、跟踪、导航定位和点特征图像匹配等领域。

1. Moravec 算子

Moravec 算子是 Moravec 在 1977 年提出的角点提取算子,基本原理是利用像素点的灰度方差,在 0°、45°、90°、135°四个方向计算相邻像素灰度差的二次方和,作为其兴趣值。

设 $g(m,n)$ 为图像中的一点,则这个点 4 个方向的兴趣值分别为

$$V_1 = \sum_{i=-k}^{k-1} (g_{m+i,n} - g_{m+i+1,n})^2 \tag{4-52}$$

$$V_2 = \sum_{i=-k}^{k-1} (g_{m+i,n+i} - g_{m+i+1,n+i+1})^2 \tag{4-53}$$

$$V_3 = \sum_{i=-k}^{k-1} (g_{m,n+i} - g_{m,n+i+1})^2 \tag{4-54}$$

$$V_4 = \sum_{i=-k}^{k-1} (g_{m+i,n-i} - g_{m+i+1,n-i-1})^2 \tag{4-55}$$

式中:$k = \text{INT}(5/2)$,取最小的一组为该像素的兴趣值:

$$I_V(m,n) = \min\{V_1, V_2, V_3, V_4\} \tag{4-56}$$

根据设置的阈值大小,选择大于阈值的为候选点。在某一窗口内,兴趣值最大的候选点即为兴趣点。

2. SUSAN 算子

SUSAN 算子(最小核心值相似区域角点检测算子)是一种基于灰度的特征点获取方法,适用于图像中边缘的检测、角点的检测,可以去除图像中的噪声,具有方法简单、有效、抗噪声能力强的特点,适用于图像特征提取。

SUSAN 算子的基本思想是定义一个如图 4-9 所示的圆形区域模板,图中像素中心的红点即为核心点。在对应该模板区域的图像中,若每个像素的亮度值和图中核心点的亮度值相同或相似,则与核心点亮度结果相似或相同的点即组成 USAN 区域(核心值相似区域)。核心值相似区域的大小就是与核心点相似或相同的点的个数,USAN 区域最小的点即为所求角点。

如图 4-10 所示,图中有 a、b、c、d 和 e 五个区域模板,与灰色区域重叠部分即为核心值相似区域。模板 e 中的 USAN 面积最大。模板 b、c、d 的核也在灰色区域边界附近,即 USAN 面积相应减少。模板 a 中的 USAN 面积最小,该核心点正好位于灰色区域中的

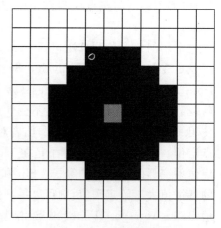

图 4-9 圆形区域模板

一个角点,即为所求结果。

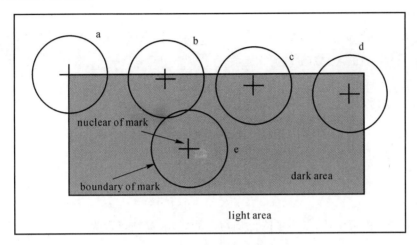

图 4 - 10　USAN 区域分析

SUSAN 算子的步骤如下:

(1)通常选取 7×7 的窗口构建如图 4 - 9 所示的圆形区域模板。

(2)使用构建的圆形模板对每个位置利用下式比较模板中的各个像素与核心点的像素的灰度:

$$c(\boldsymbol{r}, \boldsymbol{r}_0) = \begin{cases} 1, & | I(\boldsymbol{r}) - I(\boldsymbol{r}_0) | \leqslant t \\ 0, & \text{其他} \end{cases} \qquad (4 - 57)$$

式中: $I(\boldsymbol{r})$ 是像素灰度值; $\boldsymbol{r}_0$ 是核心点的位置; $\boldsymbol{r}$ 是模板内其他点的位置; t 是灰度差阈值。模板中的各个像素利用式(4 - 57)进行比较,得出函数 $c(\boldsymbol{r}, \boldsymbol{r}_0)$ 和 $n(\boldsymbol{r}_0)$,计算方法如下:

$$n(\boldsymbol{r}_0) = \sum_{r} c(\boldsymbol{r}, \boldsymbol{r}_0) \qquad (4 - 58)$$

(3) $n(\boldsymbol{r}_0)$ 是 USAN 区域的面积。将这个面积与阈值 g 进行大小比较,得出角点响应函数为

$$\mathrm{CRF}(\boldsymbol{r}_0) = \begin{cases} g - n(\boldsymbol{r}_0), & n(\boldsymbol{r}_0) < g \\ 0, & \text{其他} \end{cases} \qquad (4 - 59)$$

一般情况下, $g = \dfrac{1}{2} n_{\max}$,其中 $n_{\max}$ 是窗口模板的面积。

(4)选取角点响应函数值大于阈值 T 的点作为候选角点。

(5)确定最终角点。若 USAN 区域的重心和模板中心的距离小于某一阈值,则是虚假角点,利用非极大值抑制虚假角点。

SUSAN 算子是一种特别的灰度图像处理方法,无须计算图像灰度的导数,算法效率高。由于其具有很强的抑制噪声能力,所以不必进行滤波处理,适用于对图像上的明显角点的检测。SUSAN 算子允许区域内的灰度规则变化,但是会造成在图像的这个区域中提取到成群角点的结果。此外,SUSAN 特征点受阈值影响较大,不具有旋转不变性。

3. Harris 算子

Harris 算子是 1998 年由 Chris Harris 和 Mike Stephens 提出的,是在 Moravec 算子的

基础上提出的。其基本原理是计算图像窗口向任意方向移动微小位移(x,y)的灰度改变量：

$$E_{x,y}=\sum\omega_{u,v}[I_{x+u,y+v}-I_{u,v}]^2=\sum\omega_{u,v}[xX+yY(xX)+o(x^2,y^2)]^2$$
$$=(x,y)\boldsymbol{M}(x,y)^{\mathrm{T}}$$

$$(4-60)$$

式中：X 和 Y 是两个方向的一阶灰度梯度，可近似等于

$$X=\frac{\partial I}{\partial x}=I\bigotimes[-1 \quad 0 \quad 1]$$

$$(4-61)$$

$$Y=\frac{\partial I}{\partial y}=I\bigotimes\begin{bmatrix}-1\\0\\1\end{bmatrix}$$

$$(4-62)$$

$w_{u,v}$ 是高斯模板函数，是为了降低噪声点的影响，高斯函数为

$$w_{u,v}=\mathrm{e}^{-(u^2+v^2)/2\delta^2}$$

$$(4-63)$$

E 接近局部自相关函数，且矩阵 $\boldsymbol{M}$ 是这个相关函数在原点的形状。设 λ_1、λ_2 是该矩阵的两个特征值，并且它们与主曲率成比例。通过判断这两个特征值的大小可以得出平坦区、角点和边缘如图 4-11 所示。

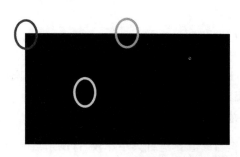 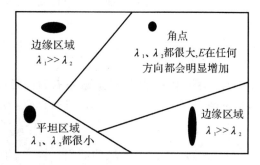

图 4-11 **Harris** 角点检测示意图及检测原理图

Harris 角点检测算法计算简单，提取的角点分布均匀，可靠性强，是目前运用较广的特征检测算法之一。但是参数的设置及噪声的存在会影响 Harris 角点检测的结果。

4. SIFT 算子

SIFT 算法因为本身具有针对尺度旋转不变特性，所以在许多领域，尤其是图像匹配中得到了广泛应用。其特点如下：

（1）SIFT 算子特征是基于物体的局部外观的兴趣点，与图像的大小和旋转、尺度缩放、亮度变化无关，鲁棒性好，因此，对仿射变换、视角变动、噪声等的容忍度相当高，能有效解决目标的旋转、缩放和平移以及图像仿射和投影变换等带来的问题。

（2）SIFT 算法中，特征点的描述对部分物体遮蔽图像的检测率也很高，只需要几个 SIFT 特征点就足以计算出位置和方向，可以有效减弱光照变化和目标遮挡的影响，并消除杂物场景和噪声的干扰。

（3）SIFT 特征点的信息量丰富，适用于海量数据库中图像的准确匹配。

（4）即使少数的几个物体也可以产生大量的 SIFT 特征向量，且可扩展性好，与其他形式的特征向量进行联合非常方便。

（5）经过改进的 SIFT 算法辨识速度快，甚至可接近即时计算，效率高，应用广泛。

SIFT 特征点检测算法主要包括高斯差分金字塔的构造、尺度空间上的极值检测、确定特征点以及特征点描述。

（1）高斯差分金字塔。Lindeberg 在 *Scale-space theory：a basic tool for analysing structure at different scale* 中提出尺度规范化的 LoG(Laplacion of Gaussian)算子具有尺度不变性，而高斯差分函数（Difference of Gaussian ，DoG）与尺度规范化的高斯拉普拉斯函数 $\sigma^2 \nabla^2 G$ 非常相似，如图 4-12 所示，而 LoG 算子可由高斯函数梯度算子 DoG 构建。

尺度规范化的 DoG 算子为

$$\nabla^2 G = \frac{\partial^2 G}{\partial^2 x^2} + \frac{\partial^2 G}{\partial^2 y^2} \tag{4-64}$$

尺度规范化的 LoG 算子为

$$\frac{\partial D}{\partial \sigma} = \sigma^2 \nabla^2 G \tag{4-65}$$

LoG 算子与 DoG 算子的关系为

$$\mathrm{LoG}(x,y,\sigma) = \sigma^2 \nabla^2 G \approx \frac{G(x,y,k\sigma) - G(x,y,\sigma)}{\sigma^2(k-1)} \tag{4-66}$$

$$G(x,y,k\sigma) - G(x,y,\sigma) \approx (k-1)\sigma^2 \nabla^2 G \tag{4-67}$$

式中：$k-1$ 是常数参数，不影响极值点的求取。

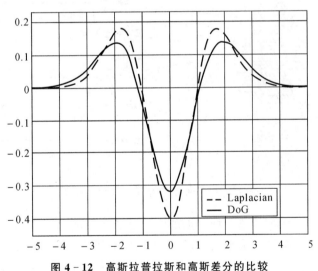

图 4-12　高斯拉普拉斯和高斯差分的比较

由推导可以看出，LoG 算子与高斯核函数的差有直接关系，Lowe 使用更高效的 DoG 算子代替拉普拉斯算子进行极值检测，具体计算如下：

$$L(x,y,\sigma) = G(x,y,\sigma) * I(x,y) \tag{4-68}$$

$$D(x,y,\sigma) = [G(x,y,k\sigma) - G(x,y,\sigma)] * I(x,y) = L(x,y,k\sigma) - L(x,y,\sigma) \tag{4-69}$$

式中:k 为相邻尺度空间倍数的常数。

DoG 金字塔是由高斯金字塔构造出来的,如图 4-13 和图 4-14 所示。它的第一组的第一层是由高斯金字塔的第一组的第二层减第一层得来的,第一组的第二层是由高斯金字塔的第一组的第三层减第二层得来的,以此类推。

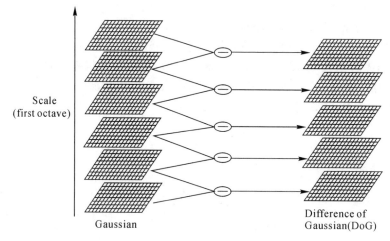

图 4-13　DoG 金字塔第一层构建方式

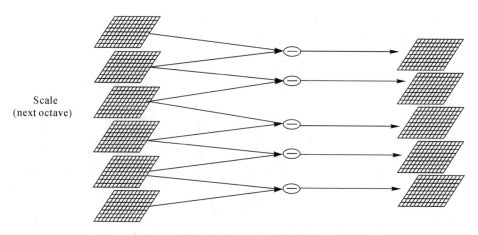

图 4-14　DoG 金字塔第二层构建方式

(2)尺度空间上的极值检测。特征点的定位是通过高斯差分金子塔 DoG 相邻层之间进行比较实现的,在 DoG 建立完成后,进行差分尺度空间的极值点检测,初步确定关键点位置及尺度。搜索过程从每组的第二层开始,每个采样点都要和它所有的相邻点进行比较,看该点是否比它的图像域和尺度域的相邻点大或小。图 4-15 中为 X 号的像素点,需要与同尺度的 8 个相邻点和上下相邻尺度对应的 9×2 个点共 26 个点进行比较,以确保在尺度空间和二维图像空间都检测到局部极值。

(3)确定特征点。离散空间的极值点不一定是真正的极值点,如图 4-16 所示,拟合三维二次函数以精确确定关键点的位置和尺度,以增强匹配稳定性,提高抗噪声能力,从而达到亚像素级精度。

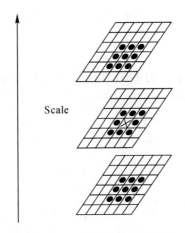

图 4 - 15　寻找尺度空间极值点

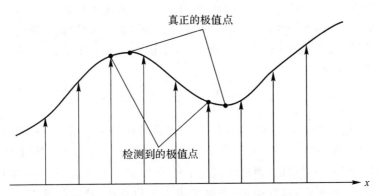

图 4 - 16　离散空间与连续空间极值点的差别

1)抑制低对比度点:剔除响应值小于给定阈值的点。为了提高特征点的稳定性,需对尺度空间 DoG 函数进行曲线拟合,DoG 函数在尺度空间上的泰勒展开式为

$$D(x)=D+\frac{\partial D^{\mathrm{T}}}{\partial X}+\frac{1}{2}X^{\mathrm{T}}\frac{\partial^2 D}{\partial X^2}X \tag{4-70}$$

式中:$x=(x,y,\sigma)t$,对式(4-70)求导令其为 0,得到精确点:

$$\hat{X}=-\frac{\partial^2 D^{-1}\partial D}{\partial X^2 \partial X} \tag{4-71}$$

将式(4-71)得到的亚像素精度点的值代入泰勒展开式,取前两项,得到对应极值点方程为

$$D(\hat{X})=D+\frac{1}{2}\frac{\partial D^{\mathrm{T}}}{\partial X}\hat{X} \tag{4-72}$$

其中,$D(\hat{X})$ 用来衡量特征点的对比度,如果 $D(\hat{X})$ 小于给定阈值(该阈值由经验值给出),该特征点就被视为低对比度点,应该去除。

2)去除不稳定的边缘响应点。DoG 算子会产生较强的边缘响应,图像边缘假特征点在横跨边缘处主曲率较大,而在垂直方向上主曲率较小,因此,要去除不太稳定的边缘响应点。

获取特征点处的 Hessian 矩阵,主曲率可以通过 $2×2$ 的 Hessian 矩阵 $\boldsymbol{H}$ 求出:

$$\boldsymbol{H}=\begin{bmatrix} D_{xx} & D_{xy} \\ D_{xy} & D_{yy} \end{bmatrix} \qquad (4-73)$$

其中,D 值为邻近像素点的差分值,$\boldsymbol{H}$ 的特征值与 DoG 的主曲率成正比,因此,不用求 Hessian 矩阵的具体特征值,只需求特征值的比例。

设 $\boldsymbol{H}$ 的特征值为 α 和 β,分别代表 x 和 y 方向的梯度,则有

$$\text{tr}(\boldsymbol{H})=D_{xx}+D_{xy}=\alpha+\beta \qquad (4-74)$$

$$\text{Det}(\boldsymbol{H})=D_{xx}D_{yy}-(D_{xy})^2=\alpha\beta \qquad (4-75)$$

式中:$\text{tr}(\boldsymbol{H})$ 表示矩阵 $\boldsymbol{H}$ 的迹,即矩阵 $\boldsymbol{H}$ 的对角线元素之和;$\text{Det}(\boldsymbol{H})$ 表示矩阵 $\boldsymbol{H}$ 的行列式。联立式(4-74)和式(4-75),有

$$\frac{\text{tr}(\boldsymbol{H})^2}{\text{Det}(\boldsymbol{H})}=\frac{(\alpha+\beta)^2}{\alpha\beta}=\frac{(\gamma\beta+\beta)^2}{\gamma\beta^2}=\frac{(\gamma+1)^2}{\gamma} \qquad (4-76)$$

式(4-76)的结果只与两个特征值的比例有关,设 α 为最大特征值,β 为最小特征值,则式(4-76)在某一个方向上的值越大,另一个方向上的值越小(边缘就是这种情况),因此,如果要检查主曲率的比例是否小于某个阈值(一般来说主曲率的比值,也就是 γ 的经验值为10),只需要判断下式是否成立:

$$\frac{\text{tr}(\boldsymbol{H})^2}{\text{Det}(\boldsymbol{H})}<\frac{(\gamma+1)^2}{\gamma} \qquad (4-77)$$

(4)特征点描述。以特征点为中心,取 $16×16$ 区域作为采样窗口,将该区域划分为 $4×4$ 的子区域,每个子区域有 $4×4$ 格,对每个子区域计算加权梯度直方图,得到 8 个方向的直方图,绘制每个梯度方向的累加值,即可形成一个种子点,然后在下一个 $4×4$ 区域内进行直方图统计,形成下一个种子点,以此类推,最终生成 4 个种子点,最后获得 $4×4×8=128$(维)的特征描述子。

1)如图 4-17 所示,为了确保特征点描述具有旋转不变性,将坐标轴旋转到特征点的主方向,以特征点的主方向为零点方向来描述。

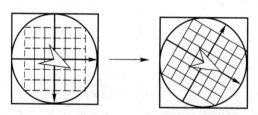

图 4-17 尺度旋转

旋转角度后的新坐标为

$$\begin{pmatrix} \hat{x} \\ \hat{y} \end{pmatrix}=\begin{pmatrix} \cos\theta & -\sin\theta \\ \sin\theta & \cos\theta \end{pmatrix}×\begin{pmatrix} x \\ y \end{pmatrix} \qquad (4-78)$$

2)计算每个极值点的主方向:在图像选取区域内先对每个像素点求其梯度幅值和方向,然后对每个梯度幅值乘以高斯权重参数,生成方向直方图。

梯度的模值和方向如下:

$$m(x,y)=\sqrt{[L(x+1,y)-L(x-1,y)]^2+[L(x,y+1)-L(x,y-1)]^2} \quad (4-79)$$

$$\theta(x,y)=\arctan\left\{\frac{[L(x,y+1)-L(x,y-1)]}{[L(x+1,y)-L(x-1,y)]}\right\} \quad (4-80)$$

如图 4-18 所示,将梯度方向范围按 0~360°、每 10°划分为直方图中的一个柱,共 36 柱,用梯度方向直方图表示统计选取区域的梯度分布,梯度方向直方图的峰值为特征点主方向,峰值为主峰值能量 80% 的峰值方向也可作为主方向。

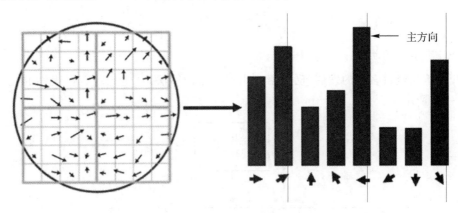

图 4-18 梯度到直方图的对应

3)对极值点为中心的区域进行直方图梯度方向统计,生成特征描述子以特征点为中心取 16×16 的窗口(特征点行列不取),采用高斯加权在 4×4 的图像小块上计算 8 个方向的梯度方向直方图,绘制每个梯度方向的累加值,形成一个种子点。一个特征点由 4×4=16 (个)种子点组成,特征描述子由所有子块的梯度方向直方图构成,最终形成 128 维的特征描述符。

如图 4-17 所示,描述子由 4×4×8 维向量表示,即由 4×4 个 8 方向直方图组成。左图的特征点由 16×16 个单元组成,每一个小格代表了特征点邻域所在尺度空间的一个像素,箭头方向代表像素梯度和方向,箭头长度代表该像素的幅值。然后在 4×4 的窗口中计算 8 个方向的梯度直方图,绘制每个梯度方向的累积可形成一个种子点。一个特征点由 16 个种子点的信息组成,如图 4-19 所示。

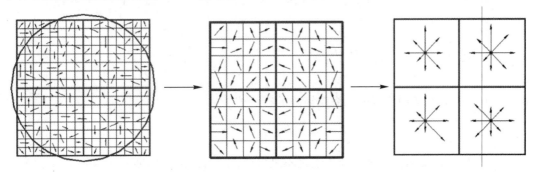

图 4-19 特征点形成

4)实际计算过程中,在形成16个种子点后,128维SIFT特征向量已经消除了尺度变换、旋转等几何变换因素的影响,这种邻域方向性信息联合的思想增强了算法抗噪声的能力,同时对含有定位误差的特征匹配也提供了较好的容错性。为了去除光照变化的影响,利用下式对其进行归一化处理,对于图像灰度值整体漂移,图像各点的梯度是邻域像素相减得到,因此也能去除。得到的描述子向量为 $\boldsymbol{H}=(h_1,h_2,\cdots,h_{128})$,归一化的特征向量为 $\boldsymbol{L}=(l_1,l_2,\cdots,l_{128})$,其中:

$$l_i = \frac{h_i}{\sqrt{\sum_{j=1}^{128} h_j}}, j=1,2,3,\cdots \tag{4-81}$$

5. SIFT 算法的扩展

SIFT算法经过多年的发展,已经衍生出很多新的算法,其中比较有代表性的几个算法如图4-20所示。

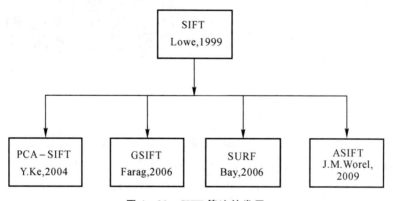

图 4 - 20　SIFT 算法的发展

(1)SURF算法。SURF算子是由 Herbert Bay 在2006年首次提出的,即"加速版的具有鲁棒性的特征"。它比 SIFT 算子快好几倍,并且具有更好的稳定性。SURF 算子主要有以下3个步骤。

1)构造高斯金字塔尺度空间。SIFT 构造金字塔采用的是高斯差分图像,即 DoG 图像,而 SURF 采用的是 Hessian 矩阵行列式的近似值图像。

在 SURF 算法中,任一像素点的 Hessian 矩阵在没有预处理前如下:

$$\boldsymbol{H}(f(x,y)) = \begin{bmatrix} \dfrac{\partial^2 f}{\partial x^2} & \dfrac{\partial^2 f}{\partial x \partial y} \\ \dfrac{\partial^2 f}{\partial x \partial y} & \dfrac{\partial^2 f}{\partial y^2} \end{bmatrix} \tag{4-82}$$

式中:$f(x,y)$ 是图像的像素值。海森矩阵的行列式为

$$\det(\boldsymbol{H}) = \frac{\partial^2 f \partial^2 f}{\partial x^2 \partial y^2} \tag{4-83}$$

根据 $\det(\boldsymbol{H})$ 值的正负来判断该点是不是极值点。选用二阶标准高斯函数作为滤波器,通过特定核间的卷积计算二阶偏导数得到矩阵的3个元素 L_{xx}、L_{xy} 和 L_{yy},从而得到

$$\boldsymbol{H}(x,\sigma)=\begin{bmatrix} L_{xx}(x,\sigma) & L_{xy}(x,\sigma) \\ L_{xy}(x,\sigma) & L_{yy}(x,\sigma) \end{bmatrix} \tag{4-84}$$

Hessian 矩阵的行列式如下式所示：

$$\det(\boldsymbol{H})=L_{xx}L_{yy}-L_{xy}L_{xy} \tag{4-85}$$

记 D_{xx}、D_{xy} 和 D_{yy} 分别为对应的框状滤波器与图像 I 的卷积。进一步推导可以得出结论，式(4-85)可以用如下公式代替：

$$\det(\boldsymbol{H}_{approx})=D_{xx}D_{yy}-(0.9D_{xy})^2 \tag{4-86}$$

通过式(4-86)可以更方便地求出图像 I 在点 (x,y) 处 Hessian 矩阵阵列式的值。使用不同的模板尺寸，就可以生成在各种尺度下的特征点检测响应的金字塔图像。利用这一金字塔图像就可以进行特征点的判定。

为了更快速地求解出公式中 D_{xx}、D_{xy} 和 D_{yy} 的值，人们提出了积分图像的概念。积分图像是对原始图像进行积分运算后得到的图像。积分图像中任意一点 (i,j) 的值 $J(i,j)$ 为原图像左上角到该任意点 (i,j) 所围成的矩形区域内所有像素灰度值的总和，如下式所示：

$$P(i,j)=\sum_{0\leqslant x\leqslant i,0\leqslant y\leqslant j} f(x,y) \tag{4-87}$$

使用积分图像可以快速算出框状滤波器各个区域的积分值，再乘以对应系数后相加即可求出该点处 D 的值。

2)非极大值抑制。使用不同的模板尺寸，就可以生成在各种尺度下的特征点检测响应的金字塔图像。在 SURF 算法中，采用不断增大框状滤波器模板尺寸结合原始图像的积分图像求取图像各点处 Hessian 矩阵行列式的值，然后在响应图像上采用非极大值抑制判定各种不同尺度下的特征点。

在使用图像 I 中的某一个点 (x,y) 处 Hessian 矩阵行列式的值来初步确定候选特征点后，还需要使用 $3\times3\times3$ 邻域非极大值抑制来进一步筛选特征点。在候选的特征点上，在它自身尺度层上有相邻的 8 个点，它上、下两个相邻尺度层上各有 9 个点，一共有 26 个相邻点。如果候选特征点处 Hessian 矩阵行列式的值比这 26 个相邻点的值都大，就认为该候选点为该区域的特征点。

3)特征点描述符。在找到特征点的位置之后，还需要设置一定的特征点描述符来标识每个特征点。SURF 算法中采用 64 维的特征矢量唯一标识一个特征点。

为了保证特征点匹配的旋转无关性，SURF 算法为每个特征点设定了一个主方向。特征点主方向的选取改进是 SURF 算法很成功的亮点，算法中摒弃了 SIFT 算法中统计特征点邻域梯度直方图，取直方图中 bin 值最大或超过 80% bin 值的方向作为特征点的主方向的思路，而是将特征点邻域分成若干个扇形，计算并统计每个扇形区域内水平 Haar 小波特征和垂直 Haar 小波特征的总和。Haar 小波的尺寸为特征点所在的尺度的 4 倍，使每个扇形得到一个值，然后以一定间隔旋转扇形，选取扇形区域值最大的方向作为该特征点的主方向，如图 4-21 所示。

设定好特征点的主方向之后，就可以设定特征点的特征矢量。以特征点为中心，沿主方向将 $20a\times20a$（a 为特征点所在尺度值）的图像划分为 4×4 的子块，每个子块用尺寸为 $2a$

的 Haar 模板进行响应值计算,以特征点为中心对响应值进行高斯加权,然后统计每个子块中的 $\sum dx$、$\sum |dx|$、$\sum dy$ 和 $\sum |dy|$。综合所有子块中这 4 个量的值,就可以得到每一个特征点的一个 $4 \times 4 \times 4 = 64$(维)的向量,对该向量进行归一化处理后就得到每个特征点的特征向量。将该特征向量作为每个特征点的特征描述符来唯一标识该特征点。

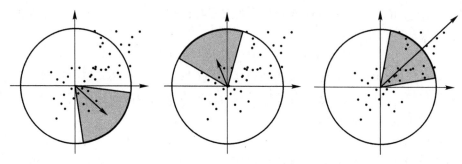

图 4 - 21 主方向示意图

(2)PCA-SIFT 算法。PCA-SIFT(Principal Component Analysis-The Scale Invariant Feature Transform)算法,即尺度不变特征转换的主成分分析算法,由 Ke 在 2004 年提出,是一种运用主成分分析方法来降低维数,达到有效简化 SIFT 算法的一种创新算法。PCA-SIFT 算法改进了特征提取,并降低了维数,使得运算速度大大提高,已经被广泛应用于车牌识别、人脸识别、足球机器人识别等日常生活中。

PCA-SIFT 算法和 SIFT 算法一样可以分为尺度空间上的极值检测、确定特征点和特征点描述。由于 PCA-SIFT 算法和 SIFT 算法一样构建了差分高斯函数,进行了插值,所以 PCA-SIFT 算法和 SIFT 算法拥有相同的亚像素位置、尺度和主方向。

PCA-SIFT 算法对特征点描述部分进行了改进,取特征点周围 41×41 的像斑,旋转到它的主方向,进行主元分析,计算 39×39 水平和垂直的梯度,用 PCA-SIFT 算法将原来的 $2 \times 39 \times 39$ 维向量降低到 20 维。PCA—SIFT 描述子具体实现步骤如下:

1)构建描述子的区域选定为以特征点为中心的 41×41 的矩形。

2)计算 39×39 矩形内每个像素水平和垂直的梯度(最外层像素不计算偏导数),形成大小为 $2 \times 39 \times 39 = 3\,042$(维)的矢量集合。

3)假设有 N 个特征点,那么所有特征点描述子向量构成一个 $N \times 3\,042$ 的矩阵。对这 N 个向量计算 $N \times N$ 协方差矩阵。

4)计算协方差矩阵的前 k 个最大特征值所对应的特征向量,这 k 个向量组成一个 $3\,042 \times k$ 的投影矩阵。

5)将 $N \times 3\,042$ 的描述子矩阵与 $3\,042 \times k$ 的投影矩阵相乘。得到 $N \times k$ 的矩阵,即降维描述子向量组成的矩阵,此时 N 个特征点的描述子向量均为 k 维。

PCA-SIFT 算法在保留特征不变性的同时降低了维数,且维数可以很容易地自行设置,大大减少了计算量,节省了匹配时间;缺点是使用了不完全的仿射变换,投影矩阵的计算必须拥有一系列代表性的图像,且一个投影矩阵只对这类图像起作用。

(3)CSIFT 算法。CSIFT(Colored Scale Invariant Feature Transform)算法,即彩色尺度不变算法,所采用的特征对光环境极为敏感。

该算法采用 Shafer 的双色反射模型,该模型的数学表示为

$$I^k = m^b(x)\int_\lambda f_k(\lambda)e(\lambda)b(\lambda,x)\mathrm{d}\lambda + m^s(x)\int_\lambda f_k(\lambda)e(\lambda)\mathrm{d}\lambda + \int_\lambda a(\lambda)f_k(\lambda)\mathrm{d}\lambda$$

$$(4-88)$$

式中:$f_k(\lambda)$——成像设备的感光函数;

　　　$e(\lambda)$——光源的光谱分布;

　　　$b(\lambda,x)$——物体的漫反射;

　　　$m^b(x)$——漫反射的几何参数;

　　　$m^s(x)$——镜面反射的几何参数;

　　　$a(\lambda)$——环境光。

假设设备感光函数 $f_k(\lambda)$ 为 δ 函数,且反射模型建立在中性界面,白光条件下,式(4-88)可以简化为

$$I^k = em^b(x)b^k(x) + em^s(x) + a^k \qquad (4-89)$$

对式(4-89)求导可以消除 a^k,即消除了光照的影响,同时降低 $m^b(x)$、$m^s(x)$ 的次数,降低镜面反射和漫反射的影响。定义求导后的一阶导数 $Q1_x$、$Q2_x$ 为对立色,则有

$$Q1_x = \frac{1}{\sqrt{2}}(R_x - G_x) = \frac{1}{\sqrt{2}}(e\{m_x^b(x)[b^r(x) - b^g(x)]\} + m^b(x)[b_x^r - b_x^g])$$

$$(4-90)$$

$$Q2_x = \frac{1}{\sqrt{6}}(R_x + G_x - 2B_x) \qquad (4-91)$$

通过式(4-90)和式(4-91),发现 $Q1_x$、$Q2_x$ 中仍存在 $m^b(x)$、$m^s(x)$ 的函数,说明得到的特征仍然对镜面反射和环境光有依赖性,为了进一步拥有几何参数具有不变性的颜色不变量特征,定义色相 hue_x 为

$$\mathrm{hue}_x = \arctan\left(\frac{Q1_x}{Q2_x}\right)$$

$$= \arctan\left(\frac{\sqrt{3}\{[b^r(x) - b^g(x)] + [b_x^r(x) - b_x^g(x)]\}}{[b^r(x) - b^g(x) - 2b^B(x)] + [b_x^r(x) - b_x^g(x) - 2b_x^B(x)]}\right)$$

$$(4-92)$$

然后如式(4-68)构建高斯差分算子,将输入卷积量 $I(x,y)$ 用 hue_x 代替,其他步骤和 SIFT 算法一样,即可实现 CSIFT 算法。

(4)ASIFT 算法。ASIFT(Affine Scale Invariant Feature Transform)算法,即仿射不变尺度特征转换算法,先用模拟经度和纬度实现完全的仿射不变性,然后用 SIFT 算法把模拟图像进行比较以实现匹配的目的。

ASIFT 算法的主要步骤如下:

1)选取采样参数,模拟不同经度与纬度的图像。

2)通过有限小幅度的经度值和纬度值表示图像的旋转和倾斜值采样,计算模拟图像的特征。

3)结合 SIFT 算法,对所有的模拟图像的特征进行特征匹配。

人们总结了各种特征点检测算法的基本思想及优缺点,具体见表4-3。

表4-3 各种特征点检测算法的比较

方 法	基本思想	优缺点
Moravec 算法	以像素的4个方向上最小灰度方差表示像素的兴趣值,像素的兴趣值反映了该像素与近邻像素的灰度变化情况;所选出的特征点往往是兴趣值最大的点	算法简单,计算量小;抗噪性较差;阈值的选择会影响关键点的选取
SUSAN 算法	设定固定的模板,并在此模板上对图像中的特征点像素进行计算,使图像产生边缘初始响应;为了得到待匹配图像的最终边缘,该算法将经过计算得到的边缘初始响应进行处理	算法效率高,对角点检测效果较好,抗噪声效果较好;检测边缘特征点的能力尚存在不足
Harris 算法	用一阶导数来描述亮度变化,通过计算方形区域内窗口中的图像误差,构造 M 矩阵从而得出两个参数特征值;根据曲率的高低,判断某一像素是否为特征点	算法简单,计算量小;对图像旋转、灰度变化和视角变化不敏感;自动化程度高,具有很好的鲁棒性,稳定;抗噪性较差
SIFT 算法	检测出关键特征点;利用尺度空间,对图像的局部极值进行检测,完成关键点的初步检测;应用插值函数对关键点进行精确定位;应用 DoG 峰值响应消除边界影响,进行关键点的进一步筛选	对噪声、视角变化和亮度变换有较好的鲁棒性;匹配效率较高、可扩展性好;计算量大,用时较长

4.4.2 特征匹配

特征提取之后的步骤就是进行特征匹配,得到两幅景象之间重叠区域共有的特征点,以便进行变换矩阵的求解。主要匹配方法有自相关系数法、欧氏距离法、特征向量夹角余弦法等。

1. 归一化积相关系数法

图像的特征点被提取之后,需要进一步通过图像的匹配来找到图像之间的对应关系。

在现实应用中由于多种客观因素,两图像对应像素灰度值并不可能是绝对相等的,所以需要搜索图中具有归一化积相关(Normalized product correlation,Nprod)值最大的像素点的位置。

归一化自相关的计算公式如下:

$$\text{NCC}(u,v) = \frac{\sum\limits_{j=1}^{m}\sum\limits_{k=1}^{n} X_{j+u,k+v} Y_{j,k}}{\left(\sum\limits_{j=1}^{m}\sum\limits_{k=1}^{n} X_{j+u,k+v}^2\right)^{1/2} \left(\sum\limits_{j=1}^{m}\sum\limits_{k=1}^{n} Y_{j,k}^2\right)^{1/2}} \tag{4-93}$$

Nprod 算法实现点特征匹配的步骤如下：

(1)获取点特征检测结果。

(2)以图像 X 中任意一特征点为基本点，选取相关窗口大小 W_1，对待匹配图像 Y 中的角点进行互相关性计算，利用式(4-93)，取其互相关值最大的点对，直到 X 中所有角点在图像 Y 中都有对应的匹配点。

(3) 双向操作，在图像 Y 中取任意特征点为基本点，选取相关窗口大小 W_2，对图像 X 寻找匹配点。

(4)设置阈值为 0.90，将互相关值 Nprod 大于其阈值的匹配点对视为最终匹配点对。

2. 基于欧氏距离的特征点匹配

假设欧氏空间 R^d 中的两个点 P_1 和 P_2，这两个点对应的向量分别为

$$V_1 = [x_1, x_2, \cdots, x_d], V_2 = [y_1, y_2, \cdots, y_d] \tag{4-94}$$

则这两个点的欧氏距离计算如下：

$$D = \Big[\sum_{k=0}^{d} (x_k - y_k)^2 \Big]^{\frac{1}{2}} \tag{4-95}$$

对于待配准图上的特征点，计算它到参考图像上所有特征点的欧氏距离，得到一个距离集合。通过对距离集合进行排序运算得到最小欧氏距离和次最小欧氏距离。设定一个阈值，一般为 0.7，当最小欧氏距离和次最小欧氏距离的比值小于该阈值时，认为特征点与对应最小欧氏距离的特征点是匹配的，否则没有点与该特征点相匹配。阈值设定越小，配准点对越少，但配准更稳定。

由于图像所选择的特征点通常受纹理、光照、旋转等多元因素影响，而欧氏距离将不同属性之间的差异同等看待，且容易受变量之间相关性的干扰，从而使得特征点的匹配效果变差。另外，应用欧氏距离进行匹配时，阈值的设定对实验效果有很大的影响。如果阈值选取得较大，那么虽然匹配点对较多，但是误匹配对也较多，致使匹配精度较低；如果阈值选取得较小，那么虽然匹配精度有所提升，但是匹配对较少，不符合性能最优条件。

4.4.3　RANSAC 剔除误匹配

RANSAC(Random Sample Consensus)算法，即随机抽样一致算法，是由 Fisgler 和 Bolles 提出的，是求解鲁棒参数估计最有效的计算方法之一。RANSAC 算法可以剔除不稳定的匹配点对，提高计算结果精度。其计算步骤如下：

(1)在匹配点对中随机抽取 4 个点(4 个点不共线)，求出该组对应的模型。

(2)通过此模型来判断其他匹配点在给定阈值条件下的内点，并统计该组内点的数量。

(3)统计内点数量最多的一组，并判断内点数目占所有匹配点的比例，若是满足某一正确匹配率，则进行下一步，否则重新选择一组重复上面的过程。

(4)利用最大内点数的一组，最小二乘求解出更精确的模型参数。

RANSAC 算法是一种比较稳定的匹配提纯算法，即使样本数据中误匹配点达 50%，也能够通过计算数据的数学模型参数进行多次循环求出正确的匹配点对，因此，该方法得到了

广泛应用。但是由于需要随机选取样本,计算统计内点数量,所以 RANSAC 算法过程中的计算效率对随机抽取样本质量有很大的依赖性,就会造成算法计算量大和效率降低。

下面给出采用 SIFT 算法对不同图像进行匹配的结果。图 4-22 给出了同源图像采用 SIFT 算法的图像匹配结果,其中(a)为基准图,(b)为实时图,(c)为采用基于边缘的 SIFT 算法得到的正确匹配的特征点,(d)为实时图和基准图叠加后的结果。表 4-4 为 SIFT 算法得到的匹配参数。

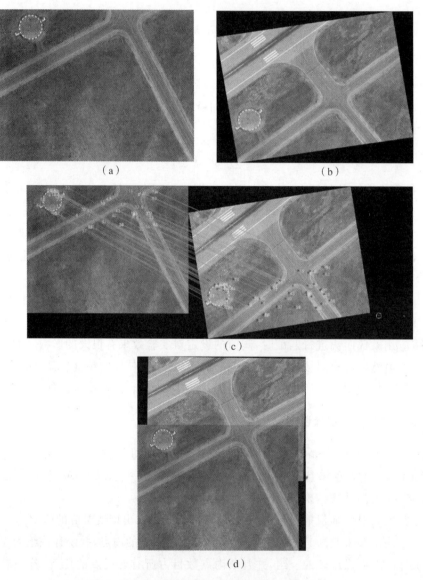

图 4-22　基于 SIFT 算子的同源图像匹配结果

(a)基准图;(b) 实时图;(c) 正确匹配的特征点;(d) 实时图和基准图匹配叠加的结果

表 4 - 4　匹配计算获得的结果值

匹配参数	特征点	匹配点	旋转角度	x 方向平移	y 方向平移	仿真时间/s
基准图	1 220	634	15.52	$-40.560\,5$	268.322 9	4.369 2
实时图	634					

图 4 - 23 为两幅不同波段图像的匹配结果,其中(a)为基准图,(b)为对应的另一波段的图像,(c)为从(b)中截取部分,并将其旋转 30°后的图像,我们称其为实时图,(d)为实时图与基准图的特征匹配结果,(e)为实时图在基准图中所在的位置。表 4 - 5 为 SIFT 算法得到的匹配参数。

　(a)　　　　　　(b)　　　　　　(c)　　　　　　(d)

　　(e)　　　　　　　　　　(f)

图 4 - 23　不同波段遥感图像的匹配结果

(a)基准图;(b) 实时图;(c) 基准图边缘;(d) 实时图边缘;(e)特征匹配的结果;(f) 实时图和基准图叠加的结果

表 4 - 5　匹配计算获得的结果值

匹配参数	特征点	匹配点	旋转角度	x 方向平移	y 方向平移	仿真时间/s
基准图	5 483	12	15.84	$-178.597\,6$	139.8	5.34
实时图	436					

为了比较 PCA-SIFT 算法、SIFT 算法和 SURF 算法对图像特征发生旋转时的匹配结果,对图 4 - 24 分别进行了 PCA-SIFT 仿真、SURF 仿真和 SIFT 仿真,实验结果分别如图 4 - 25～图 4 - 27 所示,具体对比参数见表 4 - 6,由表 4 - 6 可以看出,在特征发生旋转变形时,SIFT 正确匹配对数目最多,有 38 对成功匹配对数目,PCA-SIFT 算法正确匹配对数目有 30 对,SURF 算法正确匹配对数目最少,有 28 对;但是 SURF 算法所用时间最短,只用了

0.090 s,PCA-SIFT 算法用时 0.104 s,而 SIFT 算法耗时最多,用了 2.345 s。

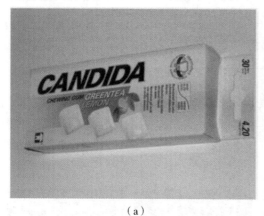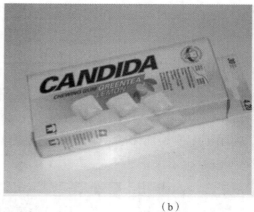

（a）　　　　　　　　　　　　　　　　（b）

图 4 - 24　目标图像和旋转变换图像

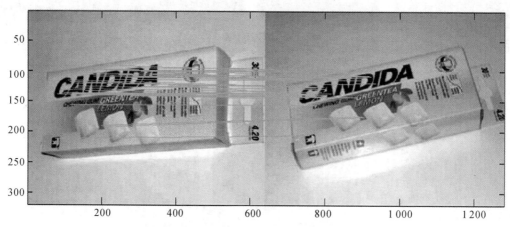

图 4 - 25　PCA-SIFT 算法针对旋转变换匹配图

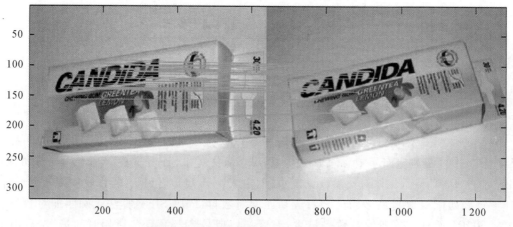

图 4 - 26　SURF 算法针对旋转变换匹配图

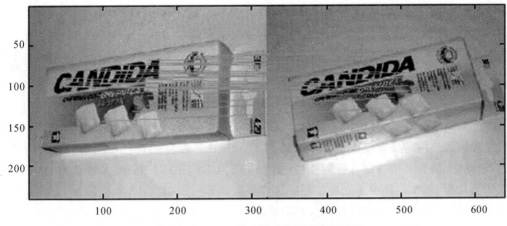

图 4 - 27　SIFT 算法针对旋转变换匹配图

表 4 - 6　匹配结果对比

算　法	待匹配点数目/个		正确匹配特征点数目/对	时间/s
	图(a)	图(b)		
SIFT	91	186	38	2.345
PCA-SIFT	131	204	30	0.104
SURF	131	91	28	0.090

　　几种算法性能对比见表 4 - 7,可以看出,SIFT 在针对旋转图像和模糊图像匹配上有很好的抗性,但耗时长;SURF 算法通过降维极大地降低了算法运行时间,但也降低了正确匹配对数目;PCA-SIFT 算法能很好地抵抗图像变换。

表 4 - 7　算法对比

算　法	时　间	尺度变换	旋转变换	图像模糊	光照变换
SIFT	一般	优	优	一般	一般
PCA-SIFT	良	良	良	优	良
SURF	优	一般	一般	良	优

4.5　基于二进制特征描述子的图像匹配

　　为解决传统高维浮点型特征向量存储开销大、计算复杂的问题,近几年,二值化的特征描述子相继被提出,典型的二进制特征描述子包括 BRIEF（Binary Robust Independent Elementary Features）、ORB（Oriented fast and Rotated BRIEF）和 BRISK（Binary Robust Invariant Scalable Keypoints）等。这类描述子采用一个比特串来表示,相对于浮点型描述子,其存储空间大大减少;用汉明距离代替欧氏距离来度量特征点间的相似性,大大降低了计算量。

4.5.1　BRIEF 描述子

2010 年，Calonder 等人提出 BRIEF 二进制特征描述子。BRIEF 描述子是第一个直接利用图像信息生成的局部特征二值描述子。它采用 SURF 检测子得到特征区域，并对特征区域进行高斯平滑。它改变了传统的利用区域灰度直方图来建立描述子的方法，加快了描述子建立的速度，降低了特征描述子间的匹配时间，是一种非常快速的方法。其基本思想是通过比较图像块内的像素值生成一个二进制串。BRIEF 仅仅是对已检测到的特征点进行描述，因此，先需要利用特征点检测算法（如 SIFT、SURF、FAST 等）提取特征点，然后在特征点邻域利用 BRIEF 算法建立描述子。算法步骤如下：

（1）为减少噪声干扰，对图像进行高斯滤波。

（2）以特征点为中心，在图像上选取一个大小为 $S \times S$ 的局部矩形块，用 p 表示。

（3）在这个邻域内随机选取 dn 对像素点，定义 t 测试，比较 dn 对像素点的灰度值的大小。

BRIEF 描述子没有处理图像旋转变换和尺度变换，但是在图像几何变换不大的情况下，其描述子区分度可以超过 ORB 描述子和 BRISK 描述子，并对模糊变换、图像压缩变换有较好的鲁棒性；但是如果出现较大的图像几何变换或视角变换，BRIEF 的性能就会下降很多。如果 BRIEF 描述子选用快速的特征区域检测算法，如 FAST 检测算子，那么其构造速度很快。BRIEF 描述子是二进制串，通过海明距离进行匹配，匹配速度比实值局部特征描述子快几倍。

4.5.2　ORB 描述子

ORB 描述子是对 BRIEF 描述子的特征区域检测速度，以及对旋转变换和尺度变换的鲁棒性进行改进。ORB 描述子在尺度金字塔的空间用 FAST-9 检测出候选关键点，并用 Harris 角点检测的度量对 FAST 检测出的候选点排序，去除边缘响应大的点。ORB 描述子根据灰度矩检测出的特征区域主方向，将预定义的二值测试的点对根据主方向的旋转矩阵进行变换，以保证描述子的旋转不变性。ORB 描述子的特征检测方法和处理图像旋转变换的方法使得其描述子不仅对尺度变换和旋转变换具有良好的鲁棒性，而且加快了描述子的构造速度。最后，ORB 描述子通过主成分分析（PCA）去除二进制串中冗余或相关联的位，以提高描述子的区分度，降低描述子的维度。

ORB 描述子具有更快的构建速度，同时保持着 BRIEF 二值描述子快速的匹配速度，并对旋转变换、尺度变换有更好的鲁棒性。

4.5.3　BRISK 描述子

BRISK 描述子利用 AGAST 检测子快速获取候选点，然后在离散的尺度空间和亚像素的图像空间用 FAST 检测子的度量进行非极大值抑制，找到得分最高的关键点的位置和尺度。这种特征区域检测方法保持了 FAST 检测子的检测效果，并具有更快的检测速度。BRISK 描述子采用固定统一的取点模式，在特征区域中心的同心圆上等距取点，类似 DAI-

SY,并且取点较少。然后对特征点进行参数不同的高斯平滑,远离区域中心的点,高斯标准差大,靠近区域中心的点,高斯标准差较小。接着对平滑后的点对的灰度值进行二值测试得到 BRISK 描述子。BRISK 描述子通过长距离的样本点的梯度估计特征区域的主方向,并将测试的点对旋转至主方向,以保持描述子的旋转不变性。

4.5.4　局部特征检测子的评价

局部特征检测子的性能通常通过检测特征区域或关键点的可重复率、显著度、准确性和检测时间来度量。检测子的可重复率是指在不同的视角下,以及不同的图像变换和噪声干扰下,同一关键点或特征区域可以被重复检测出的比例,体现了检测子对各种常见图像变换和噪声的鲁棒性和抗干扰性。检测子的显著性体现在检测出的关键点或特征区域包含丰富的有区分度的信息。检测子的准确性是指检测子在不同图像变换和噪声干扰下定位关键点或特征区域的准确度。检测子的执行时间直接影响所在视觉应用中的时间开销,检测子要有足够快的执行速度。

当然,人们也指出特征区域检测的评价要和具体的应用任务联系起来,在相同的系统中测试,并且不能单纯从检测子的可重复性考虑检测的性能,还要考虑检测出的关键点或区域的有用性。

第5章 基于深度神经网络的多传感器图像匹配

从前面的分析可以看出,基于灰度的图像匹配是一种基于高维向量的匹配,因此非常耗时;基于特征的图像匹配算法在图像纹理太弱、图像之间差异太大的情况下会存在匹配失效的问题。深度学习技术以其强大的学习能力和特征提取能力在自然语言处理、计算机视觉和语音识别等诸多领域中都获得了成功的应用。受此启发,近年来一些研究者尝试将深度学习理论应用于图像配准研究,取得了较好的进展。基于深度学习的图像匹配算法大致可以分为深度网络与传统匹配算法的结合、有监督学习模型的匹配和无监督模型的匹配。

5.1 深度神经网络基础理论

5.1.1 卷积神经网络理论

最初受到猫视觉皮层研究的启发,卷积神经网络(Convolutional Neural Networks, CNN)从计算机视觉中发展起来,以用于处理图像等常规网格结构。它们属于前馈神经网络,每层中的神经元接收来自前一层中的神经元邻域的输入,通过将较低级别的基本特征组合到更高级别的特征中,这些邻域或局部感受野允许 CNN 以分层方式识别越来越复杂的模式,此属性称为组合性。例如,可以从原始像素推断边缘,然后可以使用边缘来检测简单的形状,最后可以使用形状来识别对象。此外,图像中的特征的绝对位置是无关紧要的,仅捕获各自的位置对组成更高级别的模式非常有用,因此,不管特征在图像中的位置如何,模型都能够检测到,该属性称为局部不变性。组合性和局部不变性是 CNN 的两个典型特点。

1.卷积神经网络的结构

卷积神经网络一般是由卷积层(convolution layer)、池化层(pooling layer)和全连接层(full-connected layer)交叉堆叠而成的前馈神经网络,使用反向传播算法进行训练。如图 5-1 所示,一个卷积块通常由 M 个卷积层和 b 个池化层组成(M 通常设置为 2～5,b 为 0 或 1),一个卷积网络中可以堆叠 N 个连续的卷积块,再连接 K 个全连接层(N 的取值范围比较广,有 1～100 甚至更大,K 一般取 0～2)。

(1)卷积层。卷积神经网络通常将神经元结构组织为三维结构,如图 5-2 所示,其维度为 $M \times N \times D$,其中 M 为宽度,N 为高度,D 为深度。用特征映射表示图像或其他特征在经过卷积操作后得到的结果,那么该神经层包含 D 个 $M \times N$ 大小的特征映射。对于输入层,特征映射就表示输入图像:如果输入灰度图像,就表示一个深度 $D=1$ 的二维特征映射;

如果输入彩色图像,就表示深度 $D=3$ 的特征映射。

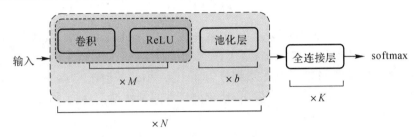

图 5-1　卷积结构

一个卷积层的结构由输入特征映射结构 $\boldsymbol{X} \in \mathbf{R}^{M \times N \times D}$、输出特征映射结构 $\boldsymbol{Y} \in \mathbf{R}^{M' \times N' \times P}$ 和卷积核 $\boldsymbol{W} \in \mathbf{R}^{m \times n \times D \times P}$ 组成。其中,$X^d \in \mathbf{R}^{M \times N}$ 表示输入特征映射$(1 \leqslant d \leqslant D)$,$Y^p \in \mathbf{R}^{M' \times N'}$ 表示输出特征映射$(1 \leqslant p \leqslant P)$,$W^{p,d} \in \mathbf{R}^{m \times n}$ 表示一个二维卷积核$(1 \leqslant d \leqslant D, 1 \leqslant p \leqslant P)$。

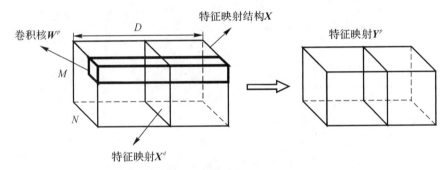

图 5-2　卷积层三维结构

为了计算输出特征映射 Y^p,使用卷积核 $W^{p,1}, W^{p,2}, \cdots, W^{p,D}$ 计算输入特征映射 X^1,$X^2, \cdots, X^D$ 的卷积结果,对累加和增加偏置 b 得到卷积层的净输出 Z^p,并在此基础上使用非线性激活函数 $f(\cdot)$ 计算得到最终的输出特征映射 Y^p。其计算过程如下:

$$Z^p = \boldsymbol{W}^p \otimes \boldsymbol{X} + b^p = \sum_{d=1}^{D} \boldsymbol{W}^{p,d} \otimes X^d + b^p \qquad (5-1)$$

$$Y^p = f(Z^p) \qquad (5-2)$$

式中:$\boldsymbol{W}^p \in \mathbf{R}^{m \times n \times D}$ 为三维卷积。将该过重复计算 p 次就可以输出 p 个特征映射 Y^1,$Y^2, \cdots, Y^p$。

(2)池化层。池化层可以减少网络中神经元连接的数量,从而降低了特征维数。假设池化层的输入特征结构为 $\boldsymbol{X} \in \mathbf{R}^{M \times N \times D}$,其中每个特征映射 $X^d \in \mathbf{R}^{M \times N}$ 可以划分为很多区域 $R^d_{m,n}, 1 \leqslant m \leqslant M', 1 \leqslant n \leqslant N'$。池化也是对这些区域进行下采样计算作为相应区域的概括。常用的池化函数有以下两种。

1)最大值池化。取区域内所有神经元参数的最大值:

$$Y^d_{m,n} = \max_{i \in R^d_{m,n}} x_i \qquad (5-3)$$

2)均值池化。取区域内所有神经元参数的平均值:

$$Y_{m,n}^d = \frac{1}{\mid R_{m,n}^d \mid} \sum_{i \in R_{m,n}^d} x_i \tag{5-4}$$

对每个输入特征映射 X^d 的 $M' \times N'$ 个区域进行下采样得到池化层的输出特征映射 $Y^d = \{Y_{m,n}^d\}, 1 \leqslant m \leqslant M', 1 \leqslant n \leqslant N'$。

经典的池化层是将每个特征映射层划分为 2×2 大小的不重叠区域，然后使用最大池化的方法进行下采样。从图 5-3 可以看出，池化层具有三种特性：①减少神经元数量；②增大网络感受野；③保持局部形态不变。

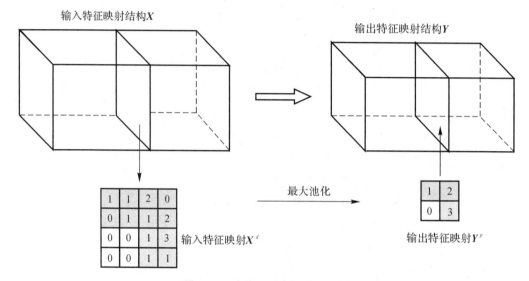

图 5-3　池化层下采样过程示例

卷积神经网络的参数学习策略主要是误差反向传播算法。假设第 $l-1$ 层的输入特征映射为 $X^{(l-1)} \in \mathbf{R}^{M \times N \times D}$，那么卷积运算得到的第 l 层特征映射净输入 $Z^{(l)} \in \mathbf{R}^{M \times N \times P}$。第 l 层的第 $p(1 \leqslant p \leqslant P)$ 个特征的净输入表示为

$$Z^{(l,p)} = \sum_{d=1}^D W^{(l,p,d)} \bigotimes X^{(l-1,d)} + b^{(l,p)} \tag{5-5}$$

式中：$W^{(l,p,d)}$ 表示卷积核；$b^{(l,p)}$ 表示偏置。第 l 层中共有 $P \times D$ 个卷积核和 P 个偏置，其梯度可以使用链式法则进行计算：

$$\frac{\partial l(Y,\hat{Y})}{\partial W^{(l,p,d)}} = \frac{\partial l(Y,\hat{Y})}{\partial Z^{(l,p)}} \bigotimes X^{(l-1,d)} = \delta^{(l,p)} \bigotimes X^{(l-1,d)} \tag{5-6}$$

式中：$\delta^{(l,p)}$ 表示损失函数在第 l 层的第 p 个特征映射净输入 $Z^{(l,p)}$ 的偏导数。损失函数第 l 层的第 p 个偏置 $\delta^{(l,p)}$ 的梯度为

$$\frac{\partial l(Y,\hat{Y})}{\partial b^{(l,p)}} = \sum_{i,j} \left[\delta^{(l,p)} \right]_{i,j} \tag{5-7}$$

通过上面的计算可以看出，卷积神经网络的每层参数的梯度依赖于其所在层的误差项 $\delta^{(l,p)}$。卷积层和池化层的误差项计算方式不同，下面将分别介绍计算过程。

(1)卷积层误差。假设第 $l+1$ 层卷积层的特征映射净输入为 $Z^{(l+1)} \in \mathbf{R}^{M \times N \times K}$，其中第

$k(1 \leqslant k \leqslant K)$ 个特征映射净输入为

$$Z^{(l+1,k)} = \sum_{p=1}^{P} W^{(l+1,k,p)} \otimes X^{(l,p)} + b^{(l+1,k)} \qquad (5-8)$$

式中：$W^{(l+1,k,p)}$ 和 $b^{(l+1,k)}$ 分别为卷积核及偏置。第 $l+1$ 层中共有 $K \times P$ 个卷积核和 K 个偏置。第 l 层的第 p 个特征映射的误差项 $\delta^{(l,p)}$ 的具体推导过程如下：

$$\delta^{(l,p)} \triangleq \frac{\partial l(Y, \hat{Y})}{\partial Z^{(l,p)}}$$

$$= \frac{\partial X^{(l,p)}}{\partial Z^{(l,p)}} \cdot \frac{\partial l(Y, \hat{Y})}{\partial X^{(l,p)}}$$

$$= f_l'[Z^{(l)}] \odot \sum_{k=1}^{K} \left[\mathrm{rot}180(W^{(l+1,k,p)}) \tilde{\otimes} \frac{\partial l(Y, \hat{Y})}{\partial Z^{(l+1,k)}} \right]$$

$$= f_l'[Z^{(l)}] \odot \sum_{k=1}^{K} \left[\mathrm{rot}180(W^{(l+1,k,p)}) \tilde{\otimes} \delta^{(l+1,k)} \right] \qquad (5-9)$$

式中：$f_l'(\cdot)$ 为第 l 层使用的激活函数的倒数；$\odot$ 表示逐像素相乘；$\tilde{\otimes}$ 为宽卷积；$\mathrm{rot}180$ $(\cdot)$ 表示旋转 $180°$。

（2）池化层误差。若第 $l+1$ 层为池化层,则该层中每个神经元的误差项 δ 与第 l 层特征映射的某一个区域对应。在第 l 层的第 p 个特征映射中,每一个神经元都有和第 $l+1$ 层的第 p 个特征映射中的一个神经元相连。将第 $l+1$ 层特征映射误差项 $\delta^{(l+1,p)}$ 进行上采样,再和 l 层特征映射的激活值偏导数进行逐元素相乘,就可以得到第 l 层的特征映射误差项 $\delta^{(l,p)}$。具体的推导过程如下：

$$\delta^{(l,p)} \triangleq \frac{\partial l(Y, \hat{Y})}{\partial Z^{(l,p)}}$$

$$= \frac{\partial X^{(l,p)}}{\partial Z^{(l,p)}} \cdot \frac{\partial Z^{(l+1,p)}}{\partial X^{(l,p)}} \frac{\partial l(Y, \hat{Y})}{\partial X^{(l,p)}}$$

$$= f_l'[Z^{(l,p)}] \odot \mathrm{up}[\delta^{(l+1,p)}] \qquad (5-10)$$

式中：$f_l'(\cdot)$ 为第 l 层使用的激活函数导数；up 表示上采样函数。

2. 卷积神经网络的发展

（1）卷积神经网络早期模型。LeNet-5 是较早提出来的神经网络模型,最初成功应用于手写体的识别。如图 5-4 所示,LeNet-5 网络除输入层之外共有 7 层结构,包含 3 个卷积层（5×5 卷积核）、2 个池化层（2×2 窗口）以及 2 个全连接层,输出层由 10 个径向基函数组成。

AlexNet 是第一个现代意义上的深度卷积神经网络模型,首次使用了 GPU 进行训练,并采用 ReLU 作为非线性激活函数。其结构如图 5-5 所示,包括 5 个卷积层、3 个全连接层以及 1 个 softmax 层。卷积层分别使用了 11×11、5×5、3×3 三种不同尺寸的卷积核,池化层的窗口大小均为 3×3。

（2）VGGNet。为了研究网络深度对卷积神经网络效果的影响,Google deepmind 研究组提出了 VGGNet 网络。VGGNet 网络结构大致与 AlexNet 网络结构类似,只是利用更小的卷积核堆积而成,而且网络深度比 AlexNet 深许多。VGGNet 的网络结构示意图如图 5-6 所示。

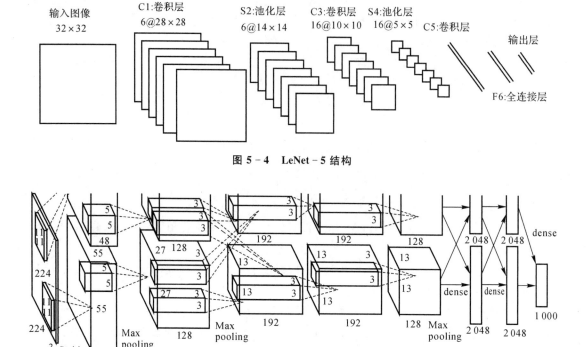

图 5-4 LeNet-5 结构

图 5-5 AlexNet 网络结构

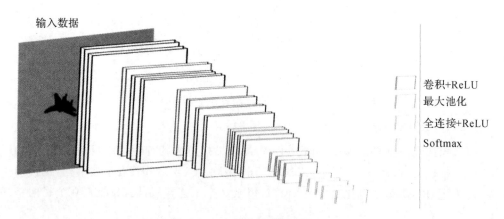

图 5-6 VGG16 的网络结构图

在图 5-6 中,输入图像经过预处理后,再经过一系列的卷积层处理,卷积层使用的卷积核为 3×3,卷积层的步长为 1。卷积层后跟着最大池化,池化窗大小为 2×2,步长为 2。经过一系列卷积操作后,连接了 3 个全连接层,最后分类用 Softmax。同时,ReLU 激活函数作为隐藏层的非线性操作。在全连接层中,为了防止过拟合,VGG 网络利用了 dropout 层。

（3）残差网络。残差网络主要解决的问题是深度卷积神经网络的退化，即因网络深度加深而引起错误率上升的现象。残差网络给传统非线性的卷积层增加了直连结构，进一步提高了网络的信息传播效率。

假设使用一个深度卷积网络将非线性单元 $f(x,\theta)$ 去逼近一个目标函数 $h(x)$，可以考虑将目标函数拆分为恒等函数 x 和残差函数 $h(x)-x$ 两个部分，如图 5 - 7（a）所示。那么就可以让非线性单元 $f(x,\theta)$ 去近似残差函数 $h(x)-x$，用 $f(x,\theta)+x$ 去逼近 $h(x)$。实际计算时会对残差网络进行计算优化，将两个 3×3 的卷积层替换成 $1\times1+3\times3+1\times1$，如图 5 - 7 （b）（c）所示。新结构中的第一个 1×1 卷积层的作用是降维并减少计算，另一个 1×1 卷积层做了还原，因此，整个模块在保持精度的同时减少了计算量。

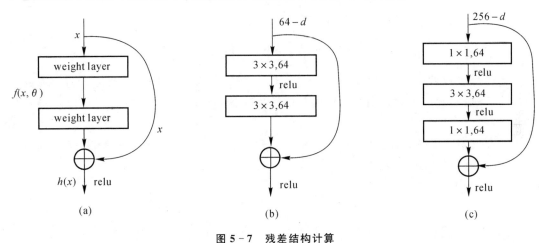

图 5 - 7　残差结构计算

(a)残差单元；(b) 3×3 卷积；(c) 1×1 卷积

5.1.2　生成对抗网络理论

一般来说，机器学习模型可以分为两种：一种是判别模型，使用观测数据来预测未知数据的特定模式，反映的是异类数据间的差异；另一种是生成模型，主要关注已知数据和未知数据之间的联合概率密度分布，反映的是同类数据的相似性。将深度学习与生成模型结合起来，利用深层神经网络可以拟合任意函数的能力来建模一个复杂的分布，进而生成可观测的数据。目前，应用在图像生成领域的生成模型主要有自编码器（Autoencoder，AE）、变分自编码器（Variational Autoencoder，VAE）和生成对抗网络（Generative Adversarial Networks，GAN）。前两个模型是先对图像进行编码得到特征向量，再经过重建通路把向量恢复到图像。但是这一过程的训练目标和训练过程都是显式的，而且使用逐像素的真值判定方法，强制性地把数据拟合到有限维度的混合高斯模型或其他可度量分布上。这种过于完备的判别方法导致了一些次要数据的损失，不符合预设分布的信息重建效果差，必然导致生成图像的模糊。而 GAN 则不同，它并非使用一个已知的判定方式来判断生成图像的真实性，而是使用一个判别器网络代替了这一过程，这种自顶向下的真值判断方式更有利于从全局角度把握图像。

1. 生成对抗网络

GAN 由 GOODFELLOW I. J. 等人在 2014 年的国际神经信息处理系统大会上提出，是在深度生成模型的基础上发展而来的一种新的生成模型。GAN 与其他生成模型的主要区别在于 GAN 使用对抗的方式，先通过判别器来学习生成样本与训练样本间的差异，再引导生成器去减少这种差异；其他生成模型则主要是直接以数据分布和模型分布的差异为目标函数。GAN 网络的结构图如图 5 - 8 所示。

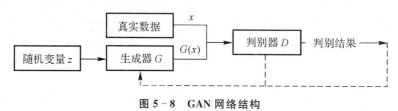

图 5 - 8 GAN 网络结构

生成器 G 接收随机变量 z 生成假样本 $G(z)$，判别器输出 1，则认为 $G(z)$ 和真实样本是一样的，否则输出 0，同时判别器的输出反馈给生成器，指导生成器的训练，使得 $G(z)$ 和 x 一致。

经过生成器和判别器不断博弈，生成器能够生成与真实数据一模一样的输出，判别器失去判别能力，其目标函数如下：

$$\underset{G}{\arg\min}\max_{D}V(D,G)=E_{x\sim p_{\text{data}}(x)}[\log D(x)]+E_{z\sim p_{z}(z)}(\log\{1-D[G(z)]\})$$

$$(5-11)$$

式中：G 表示生成器；D 表示判别器；$V(D,G)$ 表示假样本和生成样本之间的差异程度；$p_{\text{data}}(x)$ 表示真实的数据分布；$p_{z}(z)$ 表示生成器的输入数据分布。

$E_{p_{\text{data}}}(x)[\log D(x)]$ 是依据真实数据的对数损失函数构建的，判别器能够最大化地判断出真实数据，此时 $D(x)$ 的目标输出接近于 1。$E_{p_{z}}(z)(\log\{1-D[G(z)]\})$ 是依据生成数据构建的，$G(z)$ 的目标输出接近 1，而 $D[G(z)]$ 的目标输出接近 0。

GAN 的训练过程是交替进行的，令 $L=\max_{D}V(D,G)$ 表示固定生成器优化判别器，则 $\min_{G}L$ 表示固定判别器优化生成器。GAN 的最终目的是使生成器和判别器达到纳什平衡，具体流程见表 5 - 1。

表 5 - 1 生成对抗网络训练流程

(1)for 生成器 G 没有收敛 do

(2)for k 步 do

(3)从先验分布 $P_{z}\sim N(0,1)$ 中采样 m 个样本 $\{z_{(1)},z_{(2)},\cdots,z_{(m)}\}$

(4)从先验分布 P_{data} 中采样 m 个真实样本 $\{x_{(1)},x_{(2)},\cdots,x_{(m)}\}$

(5)使用小批量梯度下降法更新判别器 D 参数

(6)end

(7)从先验分布 $P_{z}\sim N(0,1)$ 中采样 m 个样本 $\{z_{(1)},z_{(2)},\cdots,z_{(m)}\}$

(8)使用小批量梯度下降法更新生成器 G 参数

(9)end

在原始 GAN 理论中,并不要求 G 和 D 都是神经网络,只需要是能拟合完成生成和判别功能的函数即可。而在生成对抗理论提出时,由于 2012 年 Hinton 团队提出的 AlexNet 在 ImageNet 图像分类比赛中的优异表现,深度神经网络已经成为现代人工智能研究领域最普遍使用的工具之一,所以实际中一般使用深度神经网络作为生成器 G 和判别器 D。在图像处理领域,最著名的是由 Radford 团队于 2015 年提出的深度卷积生成对抗网络 DC-GAN。该网络为生成对抗网络提供了一个明确、有效的基于深度卷积神经网络的结构,将生成对抗理论与深度卷积神经网络完美结合,对图像特征具有良好的提取能力,使生成对抗网络能够运用于图像生成相关任务,并获得优秀的结果,得到了广泛的使用。

2. 条件生成对抗网络

在原始 GAN 中,生成器 G 没有任何约束,因此,其生成过程比较自由,无法生成具有特定属性的图片,而且在图片较大、像素点多的情况下,模型会变得不可控。MIRZA M. 等人提出了条件生成对抗网络(Conditional Generative Adversarial Networks,CGAN),如图 5-9 所示。其核心是在原始 GAN 的基础上,在生成器 G 和判别器 D 中引入了条件变量 y,对模型增加了约束条件,使网络朝着人们期待的既定方向来生成样本。这里的条件变量 y 既可以是图像的类别标签,也可以是图像的部分属性数据。

在 CGAN 中,目标函数变为一个具有条件概率的二元极小极大值:

$$\underset{G}{\arg\min}\underset{D}{\max}V(D,G)=E_{x\sim p_{\text{data}}(x)}\left[\log D(x\,|\,y)\right]+E_{z\sim p_z(z)}\left(\log\{1-D[G(z\,|\,y)]\}\right)$$

$$(5-12)$$

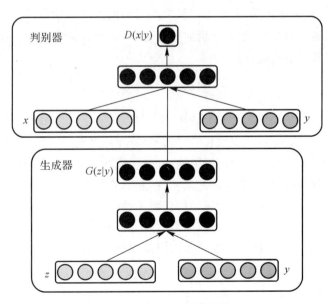

图 5-9　CGAN 网络结构

图 5-10 为 CGAN 网络结构简图。

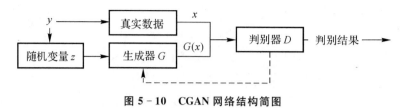

图 5 - 10　CGAN 网络结构简图

3. 循环生成对抗网络

循环生成对抗网络是一种双通道的图像域变换模型。它在设计上无须使用一一对应的基准图像和浮动图像,即可实现图像从源域到目标域的变换。循环 GAN 的基本原理如图 5 - 11 所示。

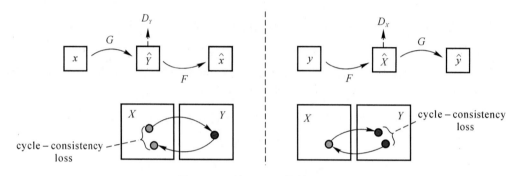

图 5 - 11　循环 GAN 的基本原理

从图中可以看到,G 和 F 为域 X 和域 Y 之间对向的两个生成器,D_X 和 D_Y 为对应在两个域的鉴别器。将输入数据 x 和 y 分别通过 G 和 F 进行域变换后,再对应地使用 F 和 G 将生成数据反向变回原来的域,即

$$\hat{Y}=G(x),\hat{X}=F(y) \tag{5-13}$$

$$\hat{x}=F(\hat{Y}),\hat{y}=G(\hat{X}) \tag{5-14}$$

$$\{x,\hat{x},\hat{X}\}\in X\subset\mathbf{R}^{H\times W\times C},\{y,\hat{y},\hat{Y}\}\in Y\subset\mathbf{R}^{H\times W\times C} \tag{5-15}$$

理论上,进行生成器 G 与 F 的对抗训练,可以生成与目标域 Y 或 X 相似分布的输出。然而,如果仅使用鉴别器判断生成数据的真实性,那么在网络性能足够强大的情况下,它可以将相同的输入图像组合映射到目标域中的任何图像(极端情况即是生成器 G 直接将 x 变为 y,生成器 F 再将 y 变为 x),且满足模型原理。这种过拟合现象是训练过程中极易出现的问题。因此,为了减少函数映射可能分布的空间大小,CycleGAN 认为学习得到的生成器应该具有循环一致性,即

$$L_{cyc}(G,F)=\mathbb{E}_{x\sim p_{data}(x)}\left[\|\hat{x}-x\|\right]+\mathbb{E}_{y\sim p_{data}(y)}\left[\|\hat{y}-y\|\right] \tag{5-16}$$

同时,训练过程中也同样需要使用两个鉴别器的对抗损失,即

$$\min_{G}\max_{D_Y} L_{\text{GAN1}}(G,D_Y) = \mathbb{E}_{y \sim p_{\text{data}}(y)}\{\log[D_Y(Y)]\} +$$

$$\mathbb{E}_{x \sim p_{\text{data}}(x)}(\log\{1 - D_Y[G(x)]\})$$

$$\min_{F}\max_{D_X} L_{\text{GAN2}}(F,D_X) = \mathbb{E}_{x \sim p_{\text{data}}(x)}\{\log[D_X(X)]\} +$$

$$\mathbb{E}_{y \sim p_{\text{data}}(y)}(\log\{1 - D_X[G(y)]\}) \tag{5-17}$$

将上述两个损失组合起来,即 CycleGAN 最终的损失函数。使用 CycleGAN 结构能够规范生成器的映射范围,消除过拟合现象,实现了非成对输入数据之间的相互转换。因此,CycleGAN 已经在许多领域内得到了广泛应用,如图像风格转换、图像超分辨率、语音转换和多模态学习等。由上文可知,CycleGAN 的主要作用是在不成对的两数据集之间学习相同的映射关系。SAR 图像和可见光图像之间的灰度分布差距过大,导致两者的成对性较弱,正好可以发挥 CycleGAN 不依赖于成对图像的特点,摆脱了一般 GAN 模型训练时需要较为明显的一致性特征的问题。

CGAN 相对于 GAN 做的改进只是生成了指定类别的图像数据,并没有解决在 GAN 训练中的不稳定性和梯度消失问题。为了解决 GAN 训练不稳定的问题,Arjovsky 等人提出了 WGAN(Wasserstein GAN)模型。该模型通过改变鉴别器的结构和损失函数的形式,并且将参数进行截断,使得模型训练的最终状态由优化分布之间的 JS 散度转化为分布之间的 Wasserstein 距离,极大地增强了训练的稳定型,避免了模型崩溃,且不用协调 G 和 D 两者的学习过程。为了解决 GAN 对超参数过于敏感的问题,Karras 等人提出了 ProGAN。它从低分辨率图像开始训练,然后逐渐增加生成器和鉴别器的层次。这种渐进式的增长方法可以训练图像的大致轮廓,而后逐渐将注意力转移到细节上。

近年来,GAN 及其衍生 CycleGAN、CGAN、DCGAN 等被广泛应用于图像生成、图像分割、图像配准和图像融合等领域。

5.1.3　空间变换网络

空间变换网络(Spatial Transformer Network,STN)的提出让 CNN 具有空间变换的能力,通过空间变换网络对图像进行插值,能够根据不同任务自适应地将数据进行空间变换和对齐。这个可微的模块可以插入到现有的卷积构架中,使任何网络都能主动在空间上转换特征映射,而不需要对训练过程进行监督。配准算法中的空间变换网络使用配准域拉伸待配准图像,形成配准后图像。之后,配准算法再使用相似度测量函数计算配准后图像与目标参考图像的差异,并通过最小化这个差异来训练网络。这些无监督配准网络是一种端对端网络,与基于监督学习的配准网络不同的是,其不需要真实标注的配准域信息。

STN 主要由参数预测网络、坐标映射以及采样器三个部分组成,如图 5-12 所示。先预测一组矩阵参数 θ,然后将目标矩阵的像素点坐标映射到原图像的像素点坐标,最后采样确定目标图像像素点的取值的计算方式。

参数预测网络(定位网络)根据输入的图像(特征图)得到一组空间变换参数 θ;坐标映射(网格生成器)根据第一部分预测出来的空间变换参数生成一个采样网格,即输出图像(特征图)的每个点是从输入图像(特征图)中哪些点采样而来的;采样器将采样网格作用在输入图像(特征图)上,并产生相应变换后的图像(特征图)。

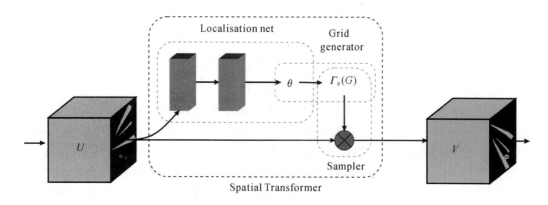

图 5 - 12　空间变换网络结构图

1. 定位网络

参数预测网络(定位网络)用来根据输入图像生成空间变换参数 θ,可以是任意的回归网络,如全连接网络或卷积网络等,利用回归层输出空间变换参数 θ。当图像的变换类型不同时,参数 θ 的大小也是不同的。例如,仿射变换中变换参数 θ 是一个 2×3 的向量输出,投影变换是 3×3 的单应性矩阵。

2. 网格生成器

网格生成器的作用是根据输出图像 V 中的坐标点和变换参数 θ,计算出输入图像 U 中的坐标点:

$$\begin{pmatrix} x_i^s \\ y_i^s \\ 1 \end{pmatrix} = T_\theta(G_i) = \boldsymbol{H}_\theta \begin{pmatrix} x_i^t \\ y_i^t \\ 1 \end{pmatrix} = \begin{pmatrix} \theta_{11} & \theta_{12} & \theta_{13} \\ \theta_{21} & \theta_{22} & \theta_{23} \\ \theta_{31} & \theta_{32} & \theta_{33} \end{pmatrix} \begin{pmatrix} x_i^t \\ y_i^t \\ 1 \end{pmatrix} \tag{5-18}$$

式中: $\begin{pmatrix} x_i^s \\ y_i^s \\ 1 \end{pmatrix}$ 代表源图像的坐标; $\begin{pmatrix} x_i^t \\ y_i^t \\ 1 \end{pmatrix}$ 代表目标图像中的坐标; $\boldsymbol{H}_\theta$ 是单应性变换矩阵。

3. 采样器

由于变换后的坐标可能为实数,而像素位置要求必须是整数,所以不能直接简单地将原像素数组中的像素值复制到变换后的图像,必须进行插值。插值算法有很多种,如最近邻插值、双线性插值、双二次方插值、双三次方插值以及其他高阶方法等。

根据是否需要标注数据,基于深度学习的网络模型可分为有监督学习和无监督学习。在图像配准任务中,有监督学习的数据标签就是待配准的两张图像间的真实形变场。一般来说,获取真实形变场的方式有两种:一种是将采用传统方法配准得到的形变场作为标签数据;另一种是对原始图像施加形变,将施加的形变场作为标签数据,形变前的图像和形变后的图像分别作为固定图像和浮动图像。虽然通过上述两种方法可以获取用于有监督学习的真实形变场,但是由于获取高质量的标签数据难度较大,而数据的质量又是配准网络的学习性能的关键因素,所以越来越多的研究人员开始关注不需要标签数据的无监督图像配准模型。无监督图像配准只需向网络输入待配准的固定图像和浮动图像,利用卷积神经网络去预测固定图像和浮动图像之间的形变场,并将其作用在浮动图像上得到形变后的浮动图像,将最大化固定图像和形变后的浮动图像之间的相似性度量作为优化目标学习配准形变场,最终将最优的形变场作用在浮动图像上得到配准后的图像。

此外,将深度神经网络的特征提取能力与传统匹配算法的流程相结合,人们也提出了一些改进性的图像匹配算法。下面介绍一些经典的图像匹配算法。

5.2　基于孪生网络的图像匹配

所谓孪生结构,顾名思义,即成对的结构,具体来说就是该结构有两个独立分支,两个分支将各自对其输入图像进行特征提取处理,将通过两个分支分别得到的输入图像的特征图进行匹配,匹配过程即计算两幅输入图像相似度的过程,根据匹配结果得到当前算法的预测结果。在网络训练阶段,将算法预测结果与真实值送入损失函数中,由设置的不同损失函数来对当前的网络输出与真实值进行对比衡量,通过反向传播算法对网络参数进行更新,孪生网络的两个分支一般完全一致且权值共享。这一特点使得网络训练变得更加容易,并且由于两分支完全一致,所以两分支输出的特征图结构一致且尺寸与两输入图像的大小比值一致,可以更为方便地进入互相关运算中求得两图的相似度信息。

孪生网络应用最广泛的领域是目标跟踪。孪生目标跟踪算法的两个分支分别为模板分支与搜索分支:模板分支的输入即需要进行跟踪的目标,往往是视频的第一帧图像中的目标区域,该区域是根据第一帧图像的目标位置,按照预先设置尺寸进行裁剪得来的;搜索分支的输入为待跟踪图像,即视频除第一帧之外的后续帧,搜索图像往往是根据上一帧的预测目标位置,对当前帧按照预置尺寸进行裁剪得到的。在分别对模板图像与搜索图像进行特征提取后,对模板特征与搜索特征进行相似度度量,若模板特征与搜索特征中某区域的相似度较高,则认为该区域即为目标所在区域。为了使网络可以得到充分的训练学习,孪生网络往往采用离线训练的方式进行,以提高网络性能。

在对模板特征与搜索特征进行相似度度量时,可采用距离函数,如欧氏距离或余弦距离作为度量函数,欧氏距离的定义如下:

$$\text{Similar}(x, y) = \text{dist}(x, y) = \sqrt{\sum_{i=1}^{n} (x_i - y_i)^2} \tag{5-19}$$

式中:x_i, y_i——样本点对;

　　　n——样本点个数。

余弦距离定义如下:

$$\text{Similar}(x, y) = \cos\theta = \frac{x \cdot y}{\|x\| \cdot \|y\|} \tag{5-20}$$

在图像光照条件变化较大的情况下,余弦距离的函数表现会优于欧氏距离。

SiamFC 是最为经典的孪生跟踪网络模型,首次使用卷积神经网络配合孪生网络结构的同时对模板图像与搜索图像进行特征提取,选用 AlexNet 作为特征提取模型,并将得到的两个特征进行互相关得到响应图,根据响应图来获取目标位置。其结构如图5-13所示。

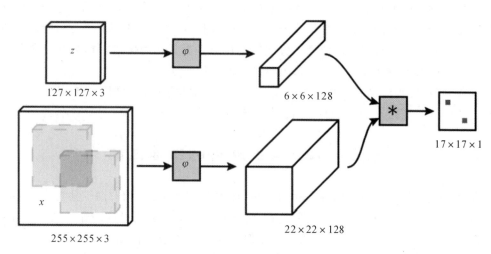

图 5-13　SiamFC 网络结构

z 为输入的模板图像,使用视频序列的第一帧,以目标框的中心为中心进行裁剪得到:若原图像大于设定尺寸,则正常进行裁剪;若原图像小于设定尺寸,则对原图像四周进行填充。并以原图像三通道的平均值分别对三通道进行填充。x 为输入的搜索图像,将视频序列的后续帧以上一帧的预测框中心为中心进行裁剪得到,裁剪方式与模板图像一致。φ 为卷积网络,对模板图像与搜索图像进行同样的特征提取。在两分支分别得到搜索特征与模板特征后,进行互相关运算,生成一个响应图来反映目标可能出现位置,响应值越大,则模板特征与搜索特征更为接近,目标出现在这一位置上的可能性越大。其中,互相关运算为

$$f(z,x)=\varphi(z)*\varphi(x)+b \tag{5-21}$$

式中:b——偏置值,通过网络学习得到;

$\varphi(z)$——模板特征,由模板图像通过特征提取得到;

$\varphi(x)$——搜索特征,由搜索图像通过特征提取得到;

$*$——卷积操作,将模板特征视为卷积核在搜索特征图上进行滑动窗口卷积。

在模型训练阶段,SiamFC 使用 ImageNet 数据集进行离线训练。训练目的是使网络可以对正、负样本进行正确分类,训练过程中,将真值区域内的像素视为正样本,其余属于背景的像素视为负样本,通过网络训练使网络能够正确判别当前像素属于目标或背景。在跟踪阶段,以前一帧预测的目标位置中心为基础进行当前帧搜索图像的裁剪,送入互相关运算得到最终置信图,置信图响应最大的位置即为目标所在位置,并结合卷积采样映射回原图计算出当前帧位置相对于上一帧的偏移量。

虽然 SiamFC 是一个单目标跟踪算法,但实则为一个学习相似性的模型,目标是在一个较大的搜索图像中定位其模板图像,因此,可以将该类模型应用于图像匹配。但是,图像匹配和单目标跟踪任务又有着较大差异,不存在前景和背景,因此,可以将两个网络与跟踪相关部分去除,保留相似度,比较网络并修改网络输入。杨博武在文献《基于深度特征的异源图像配准研究》中构造了如下基于孪生网络的图像匹配模型。图 5-14 中不共享参数的全

卷积孪生神经网络分别提取模板图和基准图的深度特征,基准计算两图之间的相似性得到相似性 map,该 map 上最大值所在位置即为匹配位置。

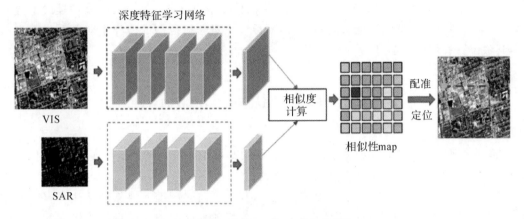

图 5 - 14　模型 DeepTM 的整体框架

(1) 网络结构。异源图像之间存在明显的非线性强度差异,采用不共享分支的卷积网络分别提取异源图像的特征。现有卷积网络中通常存在池化等下采样操作,并不适合于有着较高精度要求的异源图像匹配任务,因此,该模型采用全卷积网络提取异源图像的共有特征。具体来讲,该网络总共包含 9 个卷积块(见图 5 - 15),此外,由于 BN 层不适用于 Batch 很小的场景,IN 被用于进行单个样本的归一化,同时 ReLU 激活函数被用于增强网络的非线性。假设网络输入 $H \times W \times 1$ 的图像,则整个网络的每级特征图大小均为 $H \times W$,输出是同样大小的单通道语义特征。

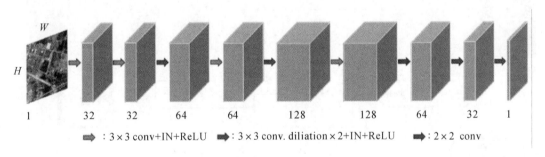

图 5 - 15　模型 DeepTM 的基本网络结构

(2) 损失函数。现有研究表明,基于数据驱动深度网络学习的方式能够深入挖掘数据的有效特征,而损失函数则是深度神经网络设计中非常重要的环节。

设基准图和模板图通过网络后的输出特征图分别为 $F_I^1 \in \mathbf{R}^{(H \times W)}$、$F_I^2 \in \mathbf{R}^{(h \times w)}$。二者进行相似度计算从而得到 $S_{\text{scoremap}} = F_I^1 * F_I^2$,$S_{\text{scoremap}} \in \mathbf{R}^{(H-h+1) \times (W-w+1)}$,* 表示卷积操作。$S_{\text{scoremap}}$ 中任何一个位置的值表示在基准图上以该点为左上角坐标的窗口图(与模板图像等大)与模板图之间的匹配相似度。

在基于孪生网络的图像匹配模型中,损失函数是基于相似度图 S_{scoremap} 来构建的,相似度 map 本质上反映了样本对之间的相似性。S_{scoremap} 上仅有真实匹配位置唯一的一对正样本对,其余$(H-h+1)^2-1$个负样本对,目标是最大化正样本对和负样本对之间的距离。该任务存在严重的正、负样本对不平衡问题,现有基于排序的损失函数包括 Triplet loss、Contrastive loss 以及 Tuplet Margin loss 都无法使网络更好地收敛,因此,文中提出适当增加正样本对数量来缓解该问题,即将真实匹配位置一定领域范围内的样本对都看作正样本对,其余位置看作负样本对。

5.3 基于生成对抗网络的图像匹配

通过前面对典型图像配准方法的讨论可以得出,异源配准问题的最主要难点,即传统的特征提取算法和深度学习网络均无法准确找到图像对间的一致性特征。基于深度学习的图像配准模型主要分为有监督配准和无监督配准,其中有监督配准需要额外标注真实变换参数,可以人工标注或事先由经典算法得到。考虑到标签形变场需要大量像素级别的手工标注,且标签形变场的质量过度依赖于标注人员的专业素质。因此,通常需要花费大量的时间利用传统迭代算法得到标签形变场。无论是人工标注还是由传统算法得到的形变场,与理想的真实形变场的误差不可避免,以致最终配准模型的精度达不到实际需求。

如图 5-16 所示,无监督配准主要由配准网络、空间变换网络及相似性度量组成,不需要标签数据,直接利用图像之间的相似度约束深度回归网络预测变换参数。具体的做法是先将待配准图像对输入配准网络,直接生成形变场,然后经空间变换得到形变图像,计算形变图像与参考图像之间的误差,并反馈给配准网络进行参数更新。

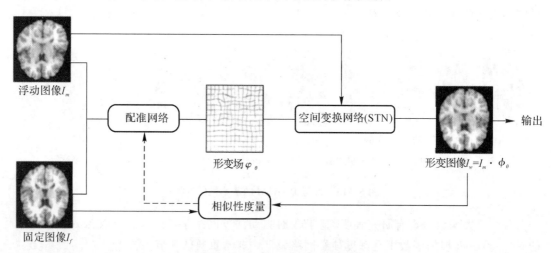

图 5-16 无监督配准的一般模型

如前所述,GAN 并非使用一个已知的判定方式来判断生成图像的真实性,而是使用一个判别器网络代替这一过程,这种自顶向下的真值判断方式更有利于从全局角度把握图像,因此,GAN 被广泛用于图像生成领域,在图像匹配领域得到了人们的关注。

基于生成对抗网络的图像匹配模型属无监督模型,主要由生成网络、空间变换网络和判别网络三部分组成,具体结构如图 5－17 所示。

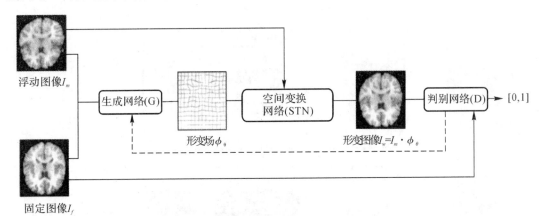

图 5－17　基于生成对抗网络的一般配准模型

其中,生成网络(即配准网络)用于预测形变场,判别网络用于判别图像对是否对齐良好,并反馈给配准网络。

针对异源图像配准的困难,有学者提出先使用 GAN 将浮动图像转换到与基准图像相同的图像域下(即图像风格变换),再使用空间变换模型进行同源配准的方法。对这类方法来说,性能越好的域变换模型,其生成的图像质量越高,变换效果越好,越有利于后续的空间变换工作。

考虑一对基准图像 F 和经域变换后的浮动图像 F_f,配准网络 R 即找到一个几何变换 $\varphi(\bullet)$,在不改变图像结构信息的基础上,使得两张图片的像素几何位置尽可能对齐,即

$$\left.\begin{aligned} F_r = \varphi(F_f), F_r \approx F; \{F, F_f, F_r\} \in \mathbf{N} \subset \mathbf{R}^{H \times W \times C} \\ \varphi = R(F, F_f), \varphi \subset \mathbf{R}^{H \times W \times 2} \end{aligned}\right\} \tag{5-22}$$

我们知道,形变场是由图像中各个像素点在变换前后 x,y 两个坐标系方向的位置变化组成的,其大小为 $H \times W \times 2$。在实际问题中,图像对之间有时会出现一定的非单应性成分,因此应当使用离散的形变场进行配准。但是,如果只是单一地使用形变场,就会增加控制图像扭曲的难度,导致无法准确描述大尺度上的空间变换,且有可能造成图像结构信息的改变。针对这个问题,可以采用空间变换网络拟合几何变换,结合离散单应性变换矩阵和不同特征层次的输出得到最终的形变场,如图 5－18 所示。细节上,仍使用 UNet 作为配准网络 R 的基本构架,设计 REG-Block 作为上采样通路和下采样通路的基本单元,如图 5－19 所示。在下采样通路的末端使用线性层输出离散的单应性矩阵,同时在上采样通路的一些层次中输出对应分辨率的形变场。将上述矩阵和形变场按照局部海塞矩阵行列式值进行加权融合,即可得到包含各个尺度的形变场。结合图像域变换网络(见图 5－20)和这里的空间变换网络,异源图像配准算法的整体过程即先对浮动图像进行域变换,再将得到的图像与基准图像输入空间变换网络得出两者之间的形变场,最后使用此形变场对浮动图像进行重采样得出配准完成的图像。这一过程可以被表示为

$$\left.\begin{aligned} F_r = \varphi[G(I;F)], F_r \approx F, \{F, F_r\} \in \mathbf{N} \subset \mathbf{R}^{H \times W \times C}, I \in O \subset \mathbf{R}^{H \times W \times C} \\ \varphi = R[F, G(I;F)], \varphi \subseteq \mathbf{R}^{H \times W \times 2} \end{aligned}\right\} \tag{5-23}$$

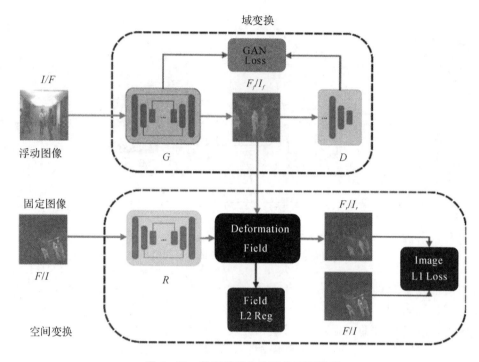

图 5-18　基于域变换的图像匹配模型

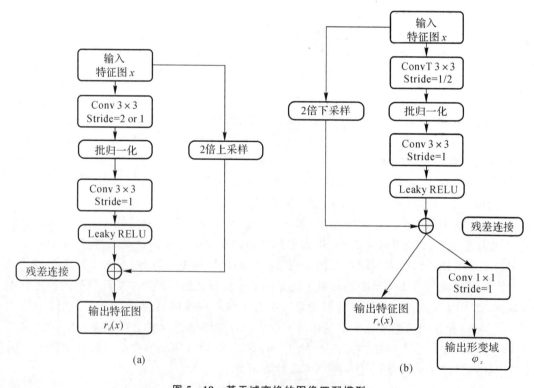

图 5-19　基于域变换的图像匹配模型

(a)下采样通路的 REG - Block；(b)上采样通路的 REG - Block

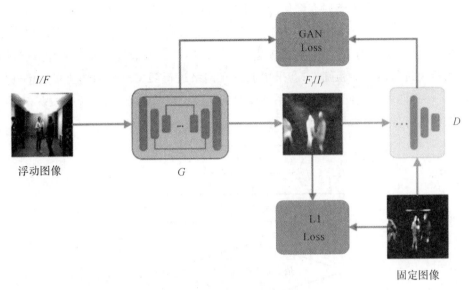

图 5 - 20　图像域变换网络模型

5.4　深度神经网络与传统匹配算法相结合的图像匹配

　　现有的图像匹配方法大致可以分为两类：基于区域的图像匹配方法和基于特征的图像匹配方法。如第 3 章和第 4 章所述，基于区域的图像匹配方法容易实现，但逐像素的计算方式增加了匹配过程的计算量，降低了图像匹配速度。此外，该类方法容易受到噪声的干扰，这些不足限制了此类方法的应用。基于特征的图像匹配方法可以明显降低计算量，既能够抵挡噪声和灰度差异的影响，也能适应形变和光照变化，具有较强的稳定性和鲁棒性，构建兼具区分性和不变性的特征是当前特征匹配技术的研究重点和难点。基于深度学习的特征学习方法能够在大量的样本中学习到更加抽象描述影像本质的语义信息，这些特征信息在具有较大差异的影像匹配时能够表现得更加稳定。

　　多源影像间的匹配问题可以看作数目类别庞大、每个类别样本单一的影像分类问题，因此，基于图像分类机制，有文献设计了基于 VGG16 网络类型的影像特征匹配方法，如图 5 - 21 所示。网络输入为影像块，输出是特征维度为 2 的向量，表示输入影像块是否得到正确匹配。具体步骤如下：首先，利用传统的特征检测算子（如 SIFT 算子、Harris 算子）对原始影像进行特征点的检测。其次，将带有特征点信息的待匹配影像输入预先训练的网络模型中，网络模型自动将影像裁切为同等大小的影像块对，并利用已训练模型构建输入影像块的特征描述。再次，判断所输入影像块的相似性，计算二者之间的相似值，将大于阈值的影像块判定为候选正确匹配影像块。最后，将相似性最高的候选点作为最终正确匹配点。

　　此外，有文献提出了一种改进的 D2Net-Reject，并将其应用于多模态眼底图像的配准，该方法的改进主要针对传统的 SURF-RANSAC 配准方法，即解决传统 SURF-RANSAC 配准方法在较差质量的多模态眼底图像配准不成功以及质量较好的眼底图像上配准精度不高的问题,其流程图如图5-22所示,具体步骤包括:①采用D2Net特征提取网络提取眼底血管图像特征;②将提取的D2Net特征点以及特征描述符通过最近邻算法来计算匹配对,并采用平均距离进行匹配对粗筛选;③采用Reject网络进行匹配对细筛选获得更精确的特征匹配对;④根据匹配对之间的映射关系求取图像变换模型的参数,根据映射关系和模型参数对变换图像进行像素重采样和空间插值。

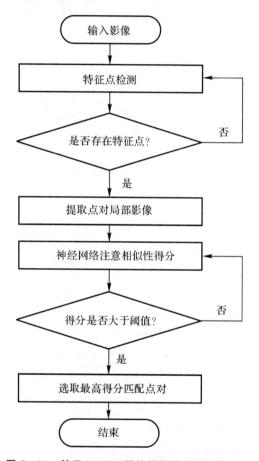

图5-21 基于VGG16网络的影像特征匹配方法

为克服传统特征提取算法存在的特征稀疏和高层语义信息匮乏的问题,该方法将D2Net引入图像匹配过程中用于完成图像特征提取。特征提取之后的工作是特征匹配,主要任务是通过比较图像中特征描述之间的相似程度来判断是否属于同一个特征点,即将目标图像(待匹配图像)中的点映射到源图像(参考图像)中,并计算特征点之间的相似度,相似度最高的特征点对即为特征点匹配对。D2Net-Reject的特征匹配包括3个步骤:①对提取的特征点以及特征描述符通过最近邻匹配算法来寻找匹配对;②采用平均距离匹配对粗筛选算法实现匹配对粗筛选;③采用Reject匹配对细筛选网络进一步剔除误匹配点对,进而结合变换模型得到最佳变换模型参数。

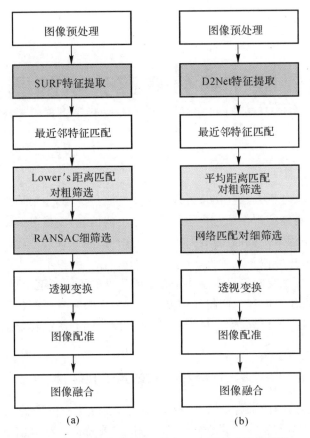

(a)　　　　　　　　　　(b)

图 5 - 22　传统方法与 D2Net-Reject 配准方法流程图

（a）传统的 SURF - RANSAC 配准方法流程图；（b）D2Net - Reject 配准方法流程图

第6章 基于多分辨率分析的图像融合

多尺度、多分辨率分析方法在图像处理领域具有明显优势,主要原因在于以下几点:

(1)客观世界的物体结构往往包含不同分辨率上的信息,图像分解结构中的各级子带系数相继表示了分辨率逐级降低的图像特征信息。这种由粗到细的变化过程正好与人眼视觉系统感知事物的过程相类似。

(2)人眼视觉系统对视觉信号的感知是在不同尺度的不同通道上进行的,而多尺度分解工具具有同时定位图像尺度和空间特征的能力。这与人眼视觉系统生理特性相一致。

(3)人眼视觉系统对对比度信息更加敏感,多尺度分解方法能够提供视觉信号的对比度信息。

6.1 基于金字塔变换的图像融合

基于金字塔变换的图像融合方法是一种多尺度、多分辨率的图像融合方法。该类方法可以在不同空间分辨率上有针对性地突出各图像的重要特征和细节信息。与图像的直接融合方法相比,基于金字塔变换的图像融合方法可以获得明显改善的融合效果。高斯金字塔、拉普拉斯金字塔、比率低通金字塔、梯度金字塔、形态学金字塔和方向可控金字塔统称为多分辨金字塔。在这类算法中,源图像不断被滤波,形成一个塔状结构。图6-1给出了多分辨金字塔融合过程的数据流图。

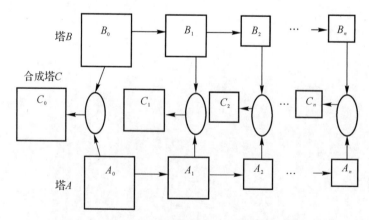

图6-1 多分辨金字塔式融合过程的数据流程图

图中:A_0 和 B_0 是原图像;A_1 和 B_1 是对 A_0 和 B_0 进行滤波的结果;A_2 和 B_2 是对 A_1

和 B_1 进行滤波的结果,依次进行滤波处理,就形成了一个塔式结构。在塔的每一层都用一种融合算法对这一层的数据进行融合,从而得到一个合成的塔式结构。然后对融合的塔式结构进行重构,从而得到融合图像,融合图像包含了原图像的所有重要信息。

6.1.1　拉普拉斯金字塔

图像的塔形分解方法是由 Burt 和 Adelson 提出的,早期主要应用于图像压缩及人或机器的视觉特性/模型研究领域。在对图像进行塔形分解后,可以得到一系列空间分辨率和尺寸都逐级递减的子图像,把分辨率高(尺寸大)的子图像放在最下层,分辨率低(尺寸小)的子图像放在上层便可形成金字塔结构。利用图像金字塔分解的多分辨率特性可以分析图像中不同大小的物体,同时还可利用低分辨率的上层子图像分析结果来指导高分辨率子图像的分析,从而大大简化图像的分析和计算。图像的拉普拉斯金字塔分解可以将图像的重要特征(如边缘等)按照不同的尺度分解到金字塔的不同层上,其建立有如下 3 个步骤:①建立图像的高斯金字塔;②由高斯金字塔建立图像的拉普拉斯金字塔;③由拉普拉斯金字塔重建原图像。

1.高斯金字塔的建立

设原图像为 G_0,将 G_0 作为高斯金字塔的最底层(零层),高斯金字塔的第 l 层图像 G_l 构造如下。

先将第 $l-1$ 层图像 G_{l-1} 和一个具有低通特性的窗口函数 $w(m,n)$ 进行卷积,再把卷积结果进行隔行隔列的降采样,即

$$G_l = \sum_{m=-2}^{2} \sum_{n=-2}^{2} w(m,n) G_{l-1}(2i+m,2j+n), \quad 0<l\leqslant N, \quad 0\leqslant i<C_l, \quad 0\leqslant j<R_l \tag{6-1}$$

式中:N 为高斯金字塔顶层的层号;C_l 表示高斯金字塔第 l 层图像的列数;R_l 代表高斯金字塔第 l 层图像的行数;$w(m,n)$ 是可分离的窗口函数(亦称为权函数),即

$$w(m,n)=w(m)w(n) \quad ,m\in[-2,2],n\in(-2,2) \tag{6-2}$$

其中,$w(0)=a,w(1)=w(-1)=0.5,w(2)=w(-2)=a/2,a$ 取值为 0.4。

为简化书写,引入缩小算子 Reduce,则式(6-1)可记为

$$G_l = \text{Reduce}(G_{l-1}) \tag{6-3}$$

通过式(6-3),我们可以得到一系列的子图像 $G_0,G_1,\cdots,G_N$,这些子图像便构成了高斯金字塔,其中 G_0 为金字塔的底层,G_N 为金字塔的顶层,塔的总层数为 $N+1$。

由于金字塔的上层图像是其前一层图像与高斯权矩阵卷积并进行隔行隔列降采样的结果,图像的尺寸逐级递减 1/4,并且子图像的分辨率逐级降低,所以认为高斯金字塔是多分辨率、多尺度、低通滤波的结果。

2.拉普拉斯金字塔的建立

先将 G_l 内插放大,得到放大图像 G_l^*,使 G_l^* 的尺寸与 G_{l-1} 的尺寸相同,为此引入放大算子 Expand,即

$$G_l^* = \text{Expand}(G_l) \tag{6-4}$$

Expand 算子实现了将 G_l 内插放大，即

$$G_l^*(i,j) = 4\sum_{m=-2}^{2}\sum_{n=-2}^{2} w(m,n)G'_l\left(\frac{i+m}{2},\frac{j+n}{2}\right), 0<l\leqslant N,\quad 0\leqslant i<C_l,\quad 0\leqslant j<R_l \tag{6-5}$$

式中

$$G'_l\left(\frac{i+m}{2},\frac{j+n}{2}\right)=\begin{cases}G_l\left(\dfrac{i+m}{2},\dfrac{j+n}{2}\right), & \dfrac{i+m}{2}\text{和}\dfrac{j+n}{2}\text{为整数}\\ 0 & ,\quad\text{其他}\end{cases} \tag{6-6}$$

Expand 算子是 Reduce 算子的逆算子，G_l^* 的尺寸与 G_{l-1} 的尺寸相同但不等于 G_{l-1}。由式(6-5)可以看出，在原有像素间内插的新像素的灰度值是通过对原有像素灰度值的加权平均确定的。由于 G_l 是对 G_{l-1} 进行低通滤波得到的，所以 G_l^* 所包含的细节少于 G_{l-1}，令

$$\left.\begin{aligned}LP_l&=G_l-\text{Expand}(G_{l+1}),\quad 0\leqslant l<N\\ LP_N&=G_N\quad,\quad l=N\end{aligned}\right\} \tag{6-7}$$

式中：LP_l 代表拉普拉塔形分解的第 l 层图像；N 表示拉普拉斯金字塔顶层的层号。

由 LP_0，LP_1，$\cdots$，LP_N 构成的金字塔即为拉普拉斯金字塔，它的每一层图像是高斯金字塔本层图像与其高一层图像经放大后图像的差，此过程相当于带通滤波，使得除顶层之外的各层均保留和突出了图像边缘这样的重要特征信息。这些信息对图像融合有重要意义。

3. 由拉普拉斯金字塔重建原图像

由式(6-7)可得

$$\left.\begin{aligned}G_N&=LP_N\quad,l=N\\ G_l&=LP_l+\text{Expand}(G_{l+1}),0\leqslant l<N\end{aligned}\right\} \tag{6-8}$$

式(6-8)说明，从拉普拉斯金字塔的顶层开始逐层由上至下，按照式(6-8)递推，可恢复其对应的高斯金字塔，并最终得到原图像 G_0。令

$$G_{N,k}=\underbrace{\text{Expand}\{\text{Expand}\cdots[\text{Expand}(G_N)]\}}_{\text{共}k\text{个Expand}} \tag{6-9}$$

$$LP_{l,k}=\underbrace{\text{Expand}\{\text{Expand}\cdots[\text{Expand}(LP_1)]\}}_{\text{共}k\text{个Expand}} \tag{6-10}$$

由式(6-8)，可递推得到

$$G_0=G_{N,N}+\sum_{l=0}^{N-1}LP_{l,l} \tag{6-11}$$

因 $LP_N=G_N$，故可记 $LP_{N,N}=G_{N,N}$，于是式(6-11)变为

$$G_0=\sum_{l=0}^{N}LP_{l,l} \tag{6-12}$$

式(6-12)表明，将拉普拉斯金字塔的各层图像经 Expand 算子逐步内插放大到与原图

像同样大小,然后相加即可重建原图像 G_0。

6.1.2　比率低通金字塔

基于拉普拉斯的图像融合方法实际上是选取了局部亮度差异较大的点。这一过程粗略地模拟了人眼双目观察事务的过程。但是,更为准确地说,人眼对局部亮度对比度较为敏感,而不是对局部亮度差异敏感,因此,用拉普拉斯金字塔得到的融合图像并不能很好地满足人类的视觉心理。1989 年,Toet 提出了一种基于局部对比度的金字塔,即比率低通金字塔。

比率低通金字塔非常类似于拉普拉斯金字塔,但它并不是求高斯金字塔中各级之间的差值,而是求高斯金字塔中各级之间的比率。对于图像 I,它的比率低通金字塔位 RI 在数学上被定义为

$$RI_k = \frac{GI_k}{\text{Expand}(GI_{k+1})}, \quad k=n-1,n-2,\cdots,0 \tag{6-13}$$

$$RI_n = GI_n \tag{6-14}$$

对于两幅图像 A 和 B,可求出其比率低通金字塔 RA 和 RB。由于塔中每点的值等价于这一位置的局部对比度,所以构成合成塔 RC 时,应选取对比度值大的点,即

$$RC_k(i,j) = \begin{cases} RA_k(i,j), & |RA_k(i,j)-1| > |RB_k(i,j)-1| \\ RB_k(i,j), & \text{其他} \end{cases} \tag{6-15}$$

低通比率塔的重构过程可表示为

$$\hat{GC}_n = RC_n \tag{6-16}$$

$$\hat{GC}_k = RC_k \cdot \text{Expand}(GC_{k+1}), k=n-1,n-2,\cdots,0 \tag{6-17}$$

其中 $\hat{GC}_0$ 是重构得到的图像。

图 6-2 为 Leana 图像的比率金字塔分解结果。

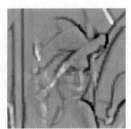

图 6-2　Leana 图像的比率金字塔分解结果

6.1.3　梯度金字塔

梯度金字塔实际上是 4 种塔的一种合成。对于图像 I,令 DI_{km} 代表梯度金字塔在第 k 层和第 m 个方向的图像,通过求 GI_k 和梯度滤波器 d_m 的卷积可得到 DI_{km}:

$$DI_{km} = d_m * [GI_k + w * GI_k] \tag{6-18}$$

式中：$d_1 = \begin{bmatrix} 1 & -1 \end{bmatrix}$；$d_2 = \dfrac{\sqrt{2}}{2}\begin{bmatrix} 0 & -1 \\ 1 & 0 \end{bmatrix}$；$d_3 = \begin{bmatrix} -1 \\ 1 \end{bmatrix}$；$d_4 = \dfrac{\sqrt{2}}{2}\begin{bmatrix} -1 & 0 \\ 0 & 1 \end{bmatrix}$。

经过 d_1、d_2、d_3 和 d_4 对高斯金字塔各层进行方向梯度滤波，在每一分解层上（最高层除外）均可得到包含水平、垂直以及两个对角线方向细节信息的 4 个分解图像。可见图像的梯度塔形分解不仅是多尺度、多分辨率分解，而且每一分解层（最高层除外）由分别包含 4 个方向细节信息的图像组成。

对金字塔图像每一层各方向分别进行融合后，从梯度金字塔重构图像，需要引入 FSD (Filter-Subtract-Decimate)拉普拉斯金字塔作为中间结果，即将梯度金字塔转换为拉普拉斯金字塔，再由拉普拉斯金字塔重构原图像。

FSD 拉普拉斯金字塔中的一层被定义如下：先对高斯金字塔的一层进行滤波，再用这一层的图像减去滤波的结果。对于图像 I，其 FSD 拉普拉斯金字塔用数学公式可表示为

$$LI_k = GI_k - w * GI_k = [1 - w] * GI_k \tag{6-19}$$

其中，矩阵 1 的维数与 w 相同，并且只有中间的元素为 1，其余元素都为 0。

FSD 拉普拉斯金字塔和拉普拉斯金字塔之间有这样的一种近似关系：

$$\widetilde{LI}_k \approx [1 + w] * LI_k \tag{6-20}$$

由梯度金字塔重构图像的过程如下：

先将梯度金字塔的每一层 DI_{km} 转化成相应的二阶导数金字塔 $\overrightarrow{LC}_{km}$：

$$\overrightarrow{LC}_{km} = -\frac{1}{8} d_m * DC_{km} \tag{6-21}$$

然后将二阶导数金字塔各方向上的值相加得到 FSD 拉普拉斯塔：

$$LC_k = \sum_{m=1}^{4} \overrightarrow{LC}_{km} \tag{6-22}$$

再将 FSD 拉普拉斯金字塔转换成拉普拉斯金字塔，从而得到重构的图像。图 6-3 给出了 Leana 图像及其梯度金字塔分解图像，金字塔分解的层数为 3，每层分解的结果分别在第 1、2 和 3 行给出，每行从左至右分别为采用 d_1、d_2、d_3 和 d_4 四个滤波器得到的结果。

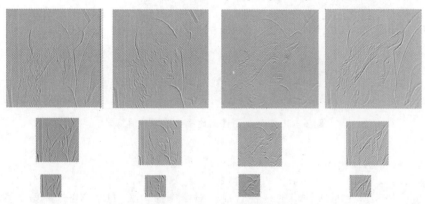

图 6-3　Leana 图像梯度金字塔的分解结果

6.1.4　形态学金字塔

上面介绍的各种算法都是线性的,而形态学金字塔则是非线性的。在数学形态学中,连续增加结构元素的尺寸或连续减少图像的尺寸时,越来越大的细节将被滤除掉,这样就得到了多分辨形态学金字塔。

产生形态学金字塔的步骤与高斯金字塔一样,即先对原图像进行滤波,再进行下采样,这样就可得到塔的下一层。形态学滤波器是一系列的形态学算子。这些算子具有的一些性质和图像的形状有关。这些形态学算子是幂等和递增的。例如,用 F 代表一个开-闭滤波器:

$$F = (A \cdot f) \circ f \tag{6-23}$$

式中:A 代表要处理的图像;f 代表结构元素。定义了形态学滤波器后,就可以构造形态学金字塔。令 MA_0 代表塔的最底层,则形态学金字塔可以被定义为

$$MA_k = \mathrm{Reduce}(MA_{k-1}),\, 1 \leqslant k \leqslant n \tag{6-24}$$

式中:n 为塔的深度;Reduce 就是 $F(MA_{k-1}) \downarrow 2$。

类似地,可以构造差值形态学金字塔如下:

$$DA_n = MA_n \tag{6-25}$$

$$DA_k = MA_k - \mathrm{Expand}(MA_{k+1}),\, k = n-1, n-2, \cdots, 0 \tag{6-26}$$

例如,可以把 Expand 定义为对 MA_{k+1} 作插值再加上一个闭操作。

金字塔的重构也很简单,可表示为

$$\hat{MA}_n = DA_n \tag{6-27}$$

$$\hat{MA}_k = DA_k + \mathrm{Expand}(\hat{MA}_{k+1}),\, k = n-1, n-2, \cdots, 0 \tag{6-28}$$

6.1.5　方向可控金字塔

方向可控滤波器在众多图像处理领域,如纹理分析、边缘检测、数据压缩及图像增强中都得到了应用。方向可控滤波器指这样一类滤波器:在该类滤波器中,任意方向的滤波器可以通过对一组基滤波器进行线性组合而得到。高斯函数的导数是方向可控滤波器的一个很好的例子。

设 $G(x,y)$ 是一个二维、圆对称的高斯函数,即

$$G(x,y) = \frac{1}{2\pi\sigma^2} e^{-\frac{(x^2+y^2)}{\sigma^2}} \tag{6-29}$$

为书写方便起见,省略尺度和归一化常量,即将式(6-29)写成如下形式:

$$G(x,y) = e^{-(x^2+y^2)} \tag{6-30}$$

记 G 沿 x 方向的 n 阶导数为 G_n,用 G^θ 表示对 G 绕原点旋转角度 θ,那么高斯函数沿 x 方向的一阶导数为

$$G_1^{0°} = \frac{\partial}{\partial x} e^{-(x^2+y^2)} = -2x e^{-(x^2+y^2)} \tag{6-31}$$

G 旋转 $90°$ 后沿 x 方向的一阶导数为

$$G_1^{90°} = \frac{\partial}{\partial y} e^{-(x^2+y^2)} = -2y e^{-(x^2+y^2)} \tag{6-32}$$

那么 G 沿任意角度 θ 的一阶导数 G_1^θ 为

$$G_1^\theta = \cos\theta G_1^{0^\circ} + \sin\theta G_1^{90^\circ} \tag{6-33}$$

在式(6-33)中,称 $G_1^{0^\circ}$ 和 $G_1^{90^\circ}$ 为 G_1^θ 的基滤波器,$\cos\theta$ 和 $\sin\theta$ 是与基滤波器对应的插值函数。

设 I 是一幅图像,I 和 $G_1^{0^\circ}$ 卷积后的结果为 $C_1^{0^\circ}$,I 和 $G_1^{90^\circ}$ 卷积后的结果为 $C_1^{90^\circ}$,根据卷积的线性性质,可得图像 I 在任意方向的滤波结果为

$$C_1^\theta = \cos\theta C_1^{0^\circ} + \sin\theta C_1^{90^\circ} \tag{6-34}$$

其中

$$C_1^{0^\circ} = I * G_1^{0^\circ} \tag{6-35}$$

$$C_1^{90^\circ} = I * G_1^{90^\circ} \tag{6-36}$$

式中:"$*$"表示卷积操作。

可以看出,图像在任意方向的滤波结果都可以通过它和基滤波器的滤波结果进行线性组合而得到。图6-4给出了 Leana 图像及其方向可控金字塔分解图像,其中左边是 Leana 原始图像,右边是其塔形分解的结果,该塔的最下面是图像分解后的低频分量,其余各层是4个方向(0°、45°、90° 和 135°)的高频分量。

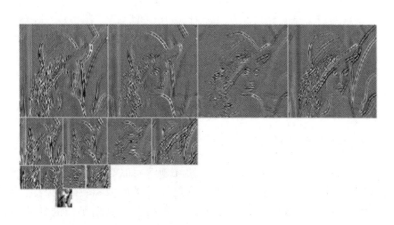

图6-4　Leana 图像及其方向可控金字塔分解

6.1.6　图像融合策略

金字塔只是在一系列空间分辨率上表示图像的一种简单、方便的方法。通过对塔中每一层的图像进行融合,从而形成一个合成塔,再对合成塔进行重构,就可得到一幅融合图像。因此,如何对金字塔的每一层进行融合,即融合策略的选择就成为一项非常重要的工作。

目前提出的融合策略大致分为三类:基于像素的融合策略、基于窗口的融合策略和基于区域的融合策略。

1.基于像素的融合策略

该类融合策略的基本原理是根据图像分解层上对应位置像素的灰度值来确定融合后图像对应图像分解层上该位置的像素灰度值。常用的基于像素的融合策略如下:

(1)像素灰度值的选大；

(2)像素灰度值的选小；

(3)像素灰度值的简单平均；

(4)像素灰度值的加权平均。

基于像素的融合策略具有实现简单、融合速度快的优点，比较适合于同类图像的融合。图像的局部特征往往是由某一局部区域的多个像素来体现的，而不是由一个像素所表征的；同时，通常图像中某一局部区域内的各像素之间往往有较强的相关性。因此，基于像素的融合规则有很大的局限性，会导致融合后的图像对比度降低。

2. 基于窗口的融合策略

为了获得视觉特性更佳、细节更丰富、突出的融合结果，人们又提出了基于窗口的融合策略。其基本思路如下：在对某一分解层图像进行融合处理时，考虑的是参加融合像素的局部邻域。邻域的大小可以是 3×3、5×5 或 7×7 等，通常通过计算窗口像素的特征值来确定融合像素。这种策略考虑了图像像素与它相邻像素高度相关这一事实，可以获得更好的视觉特性，使融合图像的细节更丰富，突出融合效果。设 A,B 为待融合图像，F 为融合图像。下面介绍几种基于窗口的融合策略。

(1)基于局部区域对比度的融合策略。对于一个区域内某一给定的像素点，对比度被定义为

$$\text{Contrast}(i,j)=\frac{L(i,j)-L_{\mathrm{b}}(i,j)}{L_{\mathrm{b}}(i,j)}=\frac{L(i,j)}{L_{\mathrm{b}}(i,j)}-1 \tag{6-37}$$

其中，L 是 (i,j) 点的亮度或像素点的强度，L_{b} 是这一区域背景的亮度。注意到，L 与 L_{b} 的比值就是 RoLP 金字塔中的值。因此，要得到某一像素点的对比度，只需从 RoLP 金字塔中提取这一数值就可以。

人眼对对比度非常敏感，利用这一事实，从原图像中选择对比度最大的点作为合成图像的像素点。这样在融合图像中就可得到更好的细节。基于对比度的融合函数如下：

$$F(i,j)=\begin{cases}A(i,j), & |A_{\text{Contrast}}(i,j)-1|\geqslant|B_{\text{Contrast}}(i,j)-1| \\ B(i,j), & \text{其他}\end{cases} \tag{6-38}$$

(2)基于空间频率的融合策略。设大小为 $m\times n$ 的图像窗口 A 在位置 (i,j) 处的灰度值为 $A(i,j)$，空间频率的定义为

$$f_s=\sqrt{f_r^{\,2}+f_c^{\,2}} \tag{6-39}$$

式中

$$f_r=\sqrt{\frac{1}{mn}\sum_{i=1}^{m}\sum_{j=1}^{n}[A(i,j)-A(i,j-1)]^2} \tag{6-40}$$

$$f_c=\sqrt{\frac{1}{mn}\sum_{i=1}^{m}\sum_{j=1}^{n}[A(i,j)-A(i-1,j)]^2} \tag{6-41}$$

空间频率反映了一幅图像空间的总体活跃程度。基于空间频率的融合策略如下：

$$F(i,j)=\begin{cases}A(i,j), & A_{\text{SF}}(i,j)\geqslant B_{\text{SF}}(i,j) \\ B(i,j), & \text{其他}\end{cases} \tag{6-42}$$

（3）基于拉普拉斯能量的融合策略。拉普拉斯能量反映了图像局部的清晰度，拉普拉斯能量越大，图像越清晰。像素点 (x,y) 处的 EOL 定义如下：

$$\text{EOL} = \sum_{(u,v)\in\omega}(f_{uu}+f_{vv})^2 \tag{6-43}$$

式中

$$f_{uu}+f_{vv} = -f(u-1,v-1)-4f(u-1,v)-f(u-1,v+1)-4f(u,v-1)+20f(u,v)- \\ 4f(u,v+1)-f(u+1,v-1)-4f(u+1,v)-f(u+1,v+1)$$

$$\tag{6-44}$$

$f(u,v)$ 为 (u,v) 处的像素值，ω 为以 (x,y) 为中心、大小为 $l\times l$ 的窗口，l 为奇数（一般为 3 或 5），$\bar{f}$ 为窗口 ω 中所有像素灰度平均值。

$$F(i,j)=\begin{cases} A(i,j), & A_{\text{EOL}}(i,j)\geqslant B_{\text{EOL}}(i,j) \\ B(i,j), & \text{其他} \end{cases} \tag{6-45}$$

（4）基于 SML 的融合策略。改进的拉普拉斯（Modified Laplacian，ML）及 SML（Sum of Modified Laplacian）计算公式如下：

$$\text{ML}(i,j)=|2f(i,j)-f(i-\text{step},j)-f(i+\text{step},j)|+ \\ |2f(i,j)-f(i,j-\text{step})-f(i,j+\text{step})| \tag{6-46}$$

式中：$f(i,j)$ 表示函数 f 在位置 (i,j) 的系数；step 表示系数间的可变距离，通常 step=1。

$$\text{SML}(i,j)=\sum_{m=-N}^{N}\sum_{n=-N}^{N}|\text{ML}(i+m,j+n)|^2 \tag{6-47}$$

式中：N 为用于计算特征的窗口的大小。

基于 SML 的融合策略如下：

$$F(i,j)=\begin{cases} A(i,j), & A_{\text{SML}}(i,j)\geqslant B_{\text{SML}}(i,j) \\ B(i,j), & \text{其他} \end{cases} \tag{6-48}$$

（5）基于均匀测度的融合策略。对于图像 $f(x,y)$ 中大小为 $N\times N$ 的窗口 B_k，其均匀度的参数为

$$d(B_k)=\frac{1}{N^2}\sum_{(x,y)\in B_k}\omega(m_k)\frac{|f(x,y)-m_k|}{m_k} \tag{6-49}$$

式中：m_k 为 B_k 的均值；$\omega(m_k)$ 为加权因子。

将低频子图像分解为若干个大小为 $N\times N$ 的块，设 A_i 和 B_i 分别表示图像 A 和 B 相互对应的第 i 个块。利用式（6-49）计算 A_i 和 B_i 的均匀度测度 $d(A_i)$ 和 $d(B_i)$，然后比较 $d(A_i)$ 和 $d(B_i)$，得到融合的子图像的第 i 个块 F_i：

$$F_i=\begin{cases} A_i, & d(A_i)\geqslant d(B_i)+\text{TH} \\ B_i, & d(A_i)\leqslant d(B_i)-\text{TH} \\ (A_i+B_i)/2, & \text{其他} \end{cases} \tag{6-50}$$

式中：TH 为阈值参数。

对所有的图像块进行上述操作就得到融合后的低频子带系数。在此算法中，需要确定阈值 TH，可以按如下公式取值：

$$\text{TH}=\beta\cdot\frac{d(A_i-B_i)\sqrt{2\ln N}}{N\cdot N} \tag{6-51}$$

式中：$d(A_i - B_i)$ 为图像块 $A_i - B_i$ 的均匀度测度，β 为修正因子，一般取 $0 < \beta < 1$。当图像的均匀度较高时，可以适当减少 β 值；否则调高 β 值。

(6)平均法和选择法相结合的图像融合策略。为克服基于对比度等融合策略对噪声敏感的问题，Burt 提出了平均和选择相结合的方法，即融合图像中的某一像素点，其强度等于某一原图像中对应点的值(选择)或等于两幅原图像对应点的平均值(平均)。

该融合策略先定义一个匹配矩阵用于度量两幅图像的相似程度。当两幅图像很相似时，融合图像就采用两幅图的平均值；当两幅图差异很大时，就选择最显著的那一幅图像。这样就可以抑制噪声。另外，该融合策略还需要一个表明显著性的测量值。图像显著性的一种表示方法就是像素的强度；另外，还可以用一个小区域 p 内各点强度的加权平均来表示显著性。平均和选择相结合的融合策略具体实现如下。

设 $S_k(i,j)$ 表示第 k 幅图像在 (i,j) 点处的显著性，即

$$S_k(i,j) = \sum_{i',j'=-m}^{m} p(i',j') P_k(i+i', j+j') \tag{6-52}$$

式中：$p(i',j')$ 表示权值，离 (i,j) 点越近，权值越大。

下面定义图像 A 和 B 的匹配矩阵 $\boldsymbol{M}_{AB}$：

$$M_{AB}(i,j) = \frac{2\sum_{i',j'=-m}^{m} p(i',j') A(i+i', j+j') B(i+i', j+j')}{S_A(i,j) + S_B(i,j)} \tag{6-53}$$

匹配矩阵各点的值在 $-1 \sim 1$ 变化。若匹配矩阵的值接近零，则说明两幅图的相关程度低；接近 -1 和 1 就说明相关程度高。

定义了匹配矩阵后，就可以在金字塔的每一级中进行合成。当匹配矩阵在某一点的值小时，选择显著性高的图像作为融合图像；当匹配矩阵在某一点的值大时，选择两幅图像的平均值作为融合图像在这一点的值。这时融合函数可描述为

$$C(i,j) = w_A(i,j) A(i,j) + w_B(i,j) B(i,j) \tag{6-54}$$

如果对匹配矩阵设置一个阈值 α，那么 w_A 和 w_B 的选择如下所示：

$$
\left.
\begin{aligned}
&\text{if} \quad M_{AB}(i,j) > \alpha \\
&w_A = 0.5, \ w_B = 0.5 \\
&\text{else if} \quad S_A \geqslant S_B \\
&w_A = 1, \quad w_B = 0 \\
&\text{else} \quad w_A = 0, w_B = 1
\end{aligned}
\right\} \tag{6-55}
$$

另外，还可以采用另一种方法，这种方法可实现从平均到选择的一种渐近变化。这种方法可表示为

$$
\left.
\begin{aligned}
&\text{if} \quad M_{AB}(i,j) \leqslant \alpha \\
&w_{\min} = 0, w_{\max} = 1; \\
&\text{otherwise} \quad w_{\min} = \frac{1}{2} - \frac{1}{2}\left[\frac{1 - M_{AB}}{1 - \alpha}\right], w_{\max} = 1 - w_{\min} \\
&\text{if} \quad S_A \geqslant S_B \\
&w_A = w_{\max}, w_B = w_{\min} \\
&\text{else} \quad w_A = w_{\min}, w_B = w_{\max}
\end{aligned}
\right\} \tag{6-56}
$$

3.基于区域的融合策略

相对于基于像素的融合策略和基于窗口的融合策略而言,基于区域的融合策略层次更高。该策略的思路如下:先对待融合的图像进行分割,得到不同的目标区域和背景区域,然后用不同的值标识不同的区域;通过平均图像分解的系数来获得区域的活性级别,得到活性表;再根据图像的边缘、区域图像与活性表,按照高活性级别优先于低活性级别、边缘点优于非边缘点、小区域优于大区域等准则计算融合决策图;最后基于该融合决策图,构造金字塔系数图,再通过金字塔重构得到融合后的图像。

该策略虽然能取得较好的融合效果,但非常复杂,计算代价高,且融合图像的质量在很大程度上依赖于图像分割的结果。

上面介绍了各种多分辨金字塔的形成过程及其融合规则,下面就用仿真实例来具体说明各种金字塔的融合效果。

图6-5(a)是某一场景的可见光图像,(b)是红外图像,(c)是用拉普拉斯金字塔对图像进行融合的结果,(d)是用比率低通金字塔进行融合的结果,(e)是用梯度金字塔进行融合的结果,(f)是用形态学金字塔进行融合的结果。上述金字塔的融合规则如下:低频采用平均法、高频采用系数绝对值选大的原则。

此外,这里也给出对拉普拉斯金字塔采用不同融合规则得到的融合图像。图6-6(a)是低频采用平均法、高频采用基于显著性的融合规则得到的融合结果,(b)是低频采用平均法、高频采用基于一致校验性的融合规则得到的融合结果,(c)是低频选取了可见光图像的低频分量、高频采用基于一致校验性方法得到的融合结果。

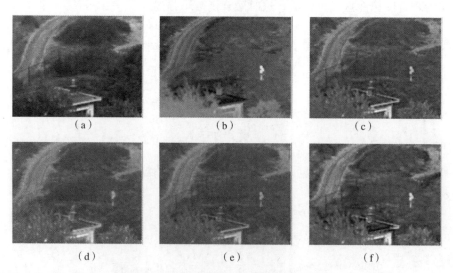

(a)　　　　　　　　(b)　　　　　　　　(c)

(d)　　　　　　　　(e)　　　　　　　　(f)

图6-5　不同金字塔变换得到的融合结果

(a)可见光图像;(b)红外图像;(c)拉普拉斯金字塔融合结果;

(d)比率低通金字塔融合结果;(e)梯度金字塔融合结果;(f)形态学金字塔融合结果

（a）　　　　　　　　　（b）　　　　　　　　　（c）

图 6-6　不同融合规则下得到的融合结果

6.2　基于小波变换的图像融合

前面介绍的几种图像金字塔变换,包括拉普拉斯金字塔、比率金字塔、对比度金字塔、梯度金字塔和方向可控金字塔,都属于图像的多尺度、多分辨分析范畴。基于该类图像分析的融合策略可以在不同空间分辨率上有针对地突出各图像的重要特征和细节信息。但是,图像的金字塔分解是冗余分解,各层之间的数据有冗余。此外,各层数据之间是相关的,很难知道两级之间的相似性是由于冗余还是图像本身的性质引起的。

多分辨金字塔算法中,各层数据之间是相关的,小波变换多分辨分析方法则消除了各层数据间的相关性,故而可获得质量更高的融合图像。

基于小波变换的图像融合策略的第一步就是对图像进行小波分解。在二分的情况下,Mallat 从函数的多分辨空间概念出发,提出了小波变换的快速算法。在二维的情况下,设 $V_j^2(j\in\mathbf{Z})$ 是空间 $L^2(R^2)$ 的一个可分离多分辨分析,对每一个 $j\in\mathbf{Z}$ 来说,尺度函数系 $\{\phi_{j,m_1,m_2}\mid(m_1,m_2)\in\mathbf{Z}^2\}$ 构成 V_j^2 的规范正交基,小波函数系 $\{\psi_{j,m_1,m_2}^\varepsilon\mid(m_1,m_2)\in\mathbf{Z}^2;\varepsilon=1,2,3\}$ 构成 $L^2(R^2)$ 的规范正交基。对于二维图像 $f(x,y)\in V_j^2$ 来说,可用它在 V_j^2 空间的投影 $A_jf(x,y)$ 表示:

$$f(x,y)=A_jf(x,y)=A_{j+1}f+D_{j+1}^1f+D_{j+1}^2f+D_{j+1}^3f \tag{6-57}$$

式中

$$D_{j+1}^\varepsilon f=\sum_{m_1,m_2\in\mathbf{Z}}D_{j+1,m_1,m_2}^\varepsilon\psi_{j+1,m_1,m_2}^\varepsilon,\varepsilon=1,2,3 \tag{6-58}$$

$$A_{j+1}f=\sum_{m_1,m_2\in\mathbf{Z}}C_{j+1,m_1,m_2}\phi_{j+1,m_1,m_2} \tag{6-59}$$

若 H_r、G_r 和 H_c、G_c 分别表示镜像共轭滤波器 H 和 G 作用在行和列上,这样小波分解公式可简洁地表示为

$$\left.\begin{array}{l}C_{j+1}=H_rH_cC_j\\D_{j+1}^1=H_rG_cC_j\\D_{j+1}^2=G_rH_cC_j\\D_{j+1}^3=G_rG_cC_j\end{array}\right\} \tag{6-60}$$

上述即是二维 Mallat 分解算法。对二维图像来说,算子 H_rG_c 相当于二维低通滤波器,它对列作平滑,检测行的差异。因此:D_{j+1}^1 显示 C_j 的竖直方向的高频分量,即图像的水平边缘;D_{j+1}^2 显示 C_j 的水平方向的高频分量,即图像的竖直边缘;D_{j+1}^3 检测的是对角边

缘。由此看来,对一幅图像进行小波变换,就是将其分解在不同频率下的不同特征域上。因此,对于图像 X,其第 $j+1$ 层的小波系数和尺度系数分别表示为 $D_{j+1}^1(X)$、$D_{j+1}^2(X)$、$D_{j+1}^3(X)$ 和 $C_j(X)$,而 $C_0(X)$ 则为原图像 X。

小波变换的重构算法为

$$C_j = H_r^* H_c^* C_{j+1} + H_r^* G_c^* D_{j+1}^1 + G_r^* H_c^* D_{j+1}^2 + G_r^* G_c^* D_{j+1}^3 \qquad (6-61)$$

基于小波变换的图像融合策略先对待融合的原始图像进行小波变换,将其分解在不同频段的不同特征域上,然后在特征域上进行融合。其图像融合步骤如图 6-7 所示,具体如下:

(1) 对每一原图像分别进行小波变换,建立图像的小波分解。

(2) 对各分解层分别进行融合处理,各分解层上的不同频率分量采用不同的融合算子进行融合处理,最终得到融合后的小波金字塔。

(3) 对融合后所得到的小波金字塔进行小波逆变换(即进行图像重构),所得到的重构图像即为融合图像。

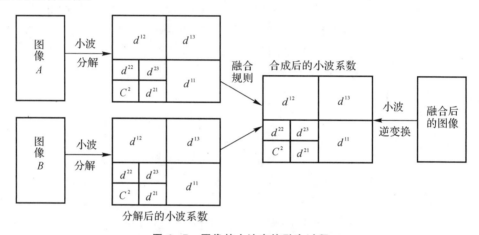

图 6-7　图像的小波变换融合过程

下面给出对多聚焦图像采用不同方法进行融合的实验结果。图 6-8(a)(b)分别为多聚焦图像的左聚焦图像和右聚焦图像,(c)为拉普拉斯金字塔方法的融合结果,(d)为小波变换方法的融合结果。

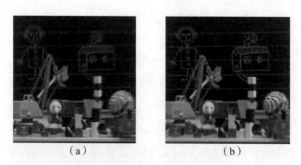

图 6-8　多聚焦图像及融合结果

(a) 左聚焦图像;(b) 右聚焦图像

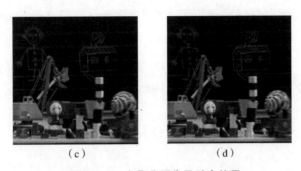

（c）　　　　　　　　　　　　（d）

续图 6 - 8　多聚焦图像及融合结果

（c）拉普拉斯金字塔方法的融合结果；（d）小波变换方法的融合结果

6.3　基于多尺度几何分析的图像融合

6.3.1　Curvelet 变换及其在图像融合中的应用

1999 年，Candès 和 Donoho 根据传统 Radon 变换将图像笛卡儿空间中的直线变换到参量空间，提出了 Ridgelet 变换，进而结合多尺度变换的方法，提出了基于 Curvelet 变换（曲波变换）的数学分析方法。

曲波变换的观点是将一条曲线表示为不同的长和宽的窗口的叠加，其中的长和宽分别是曲线分割窗口的长和宽。曲波是对图像经不同频带范围的带通滤波器滤波后组成的频带的 Ridgelet 变换。

1. 第一代 Curvelet 变换

Curvelet 变换能够有效地描述具有曲线或超平面奇异性的高维信号，第一代 Curvelet 变换的实现比较复杂，需要子带分解、平滑分块、正规化和脊波分析等一系列步骤。其数据冗余量大，核心思想是通过单尺度 Ridgelet 或局部 Ridgelet 变换来构造的，实现过程如图 6 - 9 所示。先用子带分解算法对原始图像进行分解，完成滤波，然后对不同子带进行分块，再对每一个子带块进行 Ridgelet 变换形成 Curvelet 域。

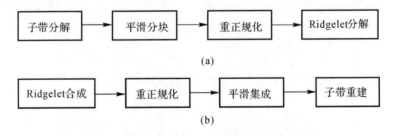

图 6 - 9　第一代 Curvelet 变换分解与重构过程

（a）Curvelet 分解过程；（b）Curvelet 重构过程

Curvelet 变换分解过程主要分为以下 4 个步骤：

(1)子带分解。定义低通滤波器中 ϕ_0，其带通满足 $|\xi|<1$。另定义带通滤波器 ψ_{2s}($s=0,1,2,\cdots$)，低通与带通滤波器满足关系：

$$|\phi_0(\xi)|^2 + \sum_{s\geq0}|\psi_{2s}(\xi)|^2 = 1 \tag{6-62}$$

滤波器组将函数 f 分解为不同的子带。其中不同的子带 Δ_{sf} 包含了宽度为 $2-2s$ 的细节，公式如下：

$$f \longmapsto [p_0(f)=\phi_0*f, \Delta_0 f=\psi_0*f, \cdots, \Delta_{sf}=\psi_{2s}*f, \cdots] \tag{6-63}$$

(2)平滑分块。

$$\Delta_{sf} \longmapsto (\omega_Q\Delta_{sf})_{Q\in Q_s} \tag{6-64}$$

$\omega_Q(x_1,x_2)$ 表示平滑窗口的集合，位于二阶方形区域：

$$Q = \left[\frac{k_1}{2^s}, \frac{k_1+1}{2^s}\right) \times \left[\frac{k_2}{2^s}, \frac{k_2+1}{2^s}\right) \tag{6-65}$$

将窗口 ω_Q 与函数相乘，随着 s 固定，k_1 和 k_2 和变换可产生由函数到方块的平滑分割。

(3)重正规化。需要对平滑分割后的方块进行重正规化，对每个二进方块 Q，定义：

$$(T_Qf)(x_1,x_2) = 2^sf(2^sx_1-k_1, 2^sx_2-k_2) \tag{6-66}$$

重正规化各个平滑分割后的二进方块，得到

$$g_Q = (T_Q)^{-1}(\omega_Q\Delta_{sf})_{Q\in Q_s} \tag{6-67}$$

(4)Ridgelet 分解。将所得结果 g_Q 进行脊函数为 ρ_λ 的正交 Ridgelet 分解：

$$\alpha_\mu \equiv <g_Q, \rho_\lambda>, \quad \mu=(Q,\lambda) \tag{6-68}$$

2. 第二代 Curvelet 变换

第二代 Curvelet 变换是 Candès 和 Donoho 于 2004 年提出的，并于 2005 年给出了第二代 Curvelet 变换的快速计算方法。第二代 Curvelet 是一种全新的多尺度几何分析工具，基本脱离了 Ridgelet 理论。相比于第一代 Curvelet 变换，第二代 Curvelet 变换结构更加简单，只有尺度、方向、位置三个参量，因此，运算更加简单、快速，冗余度也更低。

(1)离散 Curvelet 变换。按照连续域 Curvelet 变换的定义，连续域中的频率窗口 U_j 是按角度和径向圆环对频域进行光滑划分得到的。当前图像体系大多是建立在笛卡儿坐标系下的，连续 Curvelet 变换中将频域分为环形的划分方式并不利于图像的理解。因此，引入方块窗 $\widetilde{U}_j$ 代替环形窗，其定义如下：

$$\widetilde{U}_j(\omega) = \widetilde{W}_j(\omega)V_j(\omega) \tag{6-69}$$

式中

$$\left.\begin{array}{l}\widetilde{W}_j(\omega) = \sqrt{\phi_{j+1}^2(\omega)-\phi_j^2(\omega)} \\ V_j(\omega) = V(2^{\lfloor\frac{j}{2}\rfloor}\omega_2/\omega_1)\end{array}\right\}, j\geq0 \tag{6-70}$$

ϕ 为内积，且满足

$$\phi_j(\omega_1,\omega_2) = \phi(2^{-j}\omega_1)\phi(2^{-j}\omega_2) \tag{6-71}$$

引入斜率 $\tan\theta_l = l\times2^{-\lfloor\frac{j}{2}\rfloor}, l=-2^{\lfloor\frac{j}{2}\rfloor}, \cdots, 2^{\lfloor\frac{j}{2}\rfloor}-1$，则有

$$\widetilde{U}_{j,l}(\omega) = W_j(\omega)V_j(S_{\theta_l}\omega) \tag{6-72}$$

其中 $\boldsymbol{S}_{\theta_l}$ 是一个剪切矩阵,且有 $\boldsymbol{S}_{\theta_l}=\begin{pmatrix}1&0\\-\tan\theta_l&1\end{pmatrix}$。$\theta_l$ 并非是等间距的,但斜率是等间距的。则离散 Curvelet 函数定义为

$$\widetilde{\varphi}_{j,k,l}^{D}(x)=2^{3j/4}\widetilde{\varphi}_j\left[\boldsymbol{S}_{\theta_l}^{\mathrm{T}}(x-\boldsymbol{S}_{\theta_l}^{-\mathrm{T}}b)\right],b=(k_1\times2^{-j},k_2\times2^{-j/2}) \tag{6-73}$$

对于输入信号 $f[t_1,t_2](0\leqslant t_1,t_2<n)$,其 Curvelet 变换的离散形式为

$$C^D(j,l,k)=\sum_{0\leqslant t_1}f[t_1,t_2]\overline{\varphi_{j,k,l}^{D}[t_1,t_2]} \tag{6-74}$$

式中:$\varphi_{j,k,l}^{D}$ 为 Curvelet 变换的母小波函数。

两种快速离散 Curvelet 变换算法分别是 USFFT(Unequally Spaced Fast Fourier Transform)和 Wrapping(Wrapping-based Transform)。这两种快速离散 Curvelet 变换均采用傅里叶变换基来实现:先对图像进行二维傅里叶变换,之后用楔形基对二维傅里叶频域平面进行划分,给所有基在每个尺度 j 和方向 l 上选择恰当的曲波系数,最后对这些基进行 FFT 逆变换。

1) USFFT 的实现。

A. 对笛卡儿坐标系下的任一函数 $f[t_1,t_2]\in L^2(R\times R)$ 进行二维 FFT 变换,则可用频域描述为

$$f[n_1,n_2],-\frac{n}{2}\leqslant n_1,n_2\leqslant\frac{n}{2}$$

B. 针对频域中的参数对 (j,l)(尺度、方向),重采样 $f[n_1,n_2]$ 获得采样值:

$$f[n_1,n_2-n_1\tan\theta_l],(n_1,n_2)\in p_j$$

C. 将 B 中的 f 与方形窗 $\widetilde{U}_j$(width$=$length^2)相乘,可得

$$f[n_1,n_2]=f[n_1,n_2-n_1\tan\theta_l]\widetilde{U}_j[n_1,n_2],-\frac{n}{2}\leqslant n_1,n_2\leqslant\frac{n}{2} \tag{6-75}$$

D. 对 $f_{j,l}$ 进行二维 FFT 逆变换,即可得到离散的 Curvelet 系数集 $C^D(j,l,k)$。

2) Wrapping 的实现。其实质就是绕原点 wrap,利用周期化方法将任一区域逐个映射到 wrap 的仿射区域。与 USFFT 相比,多了 wrap 步骤。

A. 对笛卡儿坐标系下的任一函数 $f[t_1,t_2]\in L^2(R\times R)$ 进行二维 FFT 变换,则可用频域描述为

$$f[n_1,n_2],-\frac{n}{2}\leqslant n_1,n_2\leqslant\frac{n}{2}$$

B. 针对频域中的参数对 (j,l)(尺度、方向),重采样 $f[n_1,n_2]$ 获得采样值:

$$f[n_1,n_2-n_1\tan\theta_l],(n_1,n_2)\in p_j$$

C. 将 B 中的 f 与方形窗 $\widetilde{U}_j$(width$=$length^2)相乘,可得

$$f[n_1,n_2]=f[n_1,n_2-n_1\tan\theta_l]\widetilde{U}_j[n_1,n_2],-\frac{n}{2}\leqslant n_1,n_2\leqslant\frac{n}{2} \tag{6-76}$$

D. 围绕远点对 $f[n_1,n_2]$ 进行局部化。

E. 对 $f_{j,l}$ 进行二维 FFT 逆变换,即可得到离散的 Curvelet 系数集 $C^D(j,l,k)$。

(2) Curvelet 变换的性质。

1）紧框架：如同很多正交基，可以很容易对任意函数 $f(x_1,x_2) \in L^2(R^2)$ 构造 Curvelet 变换，并且能得到它的重建方程：

$$f = \sum_{j,k,l} \langle f, \varphi_{jkl} \rangle \varphi_{jkl} \qquad (6-77)$$

2）满足 Parseval 关系：

$$\sum_{j,k,l} \langle f, \varphi_{jkl} \rangle^2 = \| f \|_{L^2(R^2)}^2 \ \forall \ f \in L^2(R^2) \qquad (6-78)$$

3）形式的缩放比例：φ_j 在频率域上反映了下面的空间结构——在垂直方向 $\varphi_j(x)$ 是从尺度 2^{-j} 到尺度 $2^{-j/2}$ 快速衰减的矩形区域，即有效的长和宽符合各向异性尺度关系 width＝length^2。

4）摆动效应：通过 φ_j 的定义显然可以看出，φ_j 是在 x_1 方向上摆动的并且在 x_2 方向上是低通滤波器。在尺度 2^{-j} 上，Curvelet 是一个小针状，它的包迹是在 $2^{-j/2} * 2^{-j}$ 区域上的特定的"脊"，并且沿着这个"脊"体现了震动效应。

5）消失矩：通过 Curveletφ_j 的定义，其满足如下条件：

$$\int_{-\infty}^{+\infty} \varphi_j(x_1,x_2) x_1^n dx_1 = 0, \ \text{for all } 0 \leqslant n < q, \ \text{for all } x_2 \qquad (6-79)$$

当旋转角度变化时，上面的性质仍然成立。按曲波的定义和实际应用指导，其具有无限消失矩，因为在频率域的起点处其具有很细密的支撑区域。

作为一种新的图像多尺度几何分析工具，Curvelet 变换更加适合描述图像的几何特征，小波变换只提供点的特性，而 Curvelet 变换可直接获得线或面等更高维度特征变换特性的描述。Curvelet 变换作为一种多尺度变换，框架元素包含尺度、位置、高度方向等特殊性的因素，在图像处理中 W 线为基本表示元素，具有更完备的表示能力。小波变换与 Curvelet 变换逼近图像奇异曲线的过程不同。其中二维小波基具有正方形的支撑区域，用小波来逼近曲线最终表示为点来逼近曲线；而 Curvelet 变换遵循的尺度规则是每一个子块的频率带宽 width、长度 length 近似满足 width＝length^2，即每一个 Curvelet 变换区间都表现为长方形，具有各向异性，克服了小波变换表达图像边缘方向特性的内在缺陷，从而使得用更少的 Curvelet 变换系数来逼近曲线，更稀疏地表示图像的边缘。

Curvelet 变换具有良好的方向性和各向异性，其 Curvelet 系数具有很好的能量集中效果，尤其对图像的边缘及轮廓在不同位置、不同方向、不同分辨率下的分布情况，能较好地反映图像曲线特异性，因此，其具有更加优越的图像边缘信息表达能力，也更有可能获得质量更高的融合图像。

3. 基于 Curvelet 变换的图像融合框架

基于 Curvelet 变换的图像融合步骤如下：

（1）分解。分别对两幅图像（记为 A 和 B）进行 NSCT 分解，得到不同尺度、方向子带系数：

$$A \rightarrow (b_1^{(A)}, b_2^{(A)}, \cdots, b_{j-1}^{(A)}, b_j^{(A)}, a_j^{(A)}) \qquad (6-80)$$

$$B \rightarrow (b_1^{(B)}, b_2^{(B)}, \cdots, b_{j-1}^{(B)}, b_j^{(B)}, a_j^{(B)}) \qquad (6-81)$$

$$b_j^{(x)} = \{ d_{j,1}^{(x)}, d_{j,2}^{(x)}, \cdots, d_{j,l_j}^{(x)} \}, \ x \ \text{为} \ A \ \text{或} \ B \qquad (6-82)$$

式中：a_j 为低频子带系数；b_j 为尺度 j 上的带通方向子带系数集合；$d_{j,k}$ 为尺度 j 上第 k 个方向的带通子带系数；l_j 为尺度 j 下方向分解级数。

（2）融合。对分解得到的带通子带系数和低频子带系数分别采用不同的融合规则进行融合，得到图像的融合系数。

（3）反变换。对融合系数分别进行 Curvelet 逆变换，得到融合图像。令 F 为融合后的结果，则此过程可以表示为

$$(b_1^F, b_2^F, \cdots, b_{j-1}^F, b_j^F, a_j^F) \rightarrow F \tag{6-83}$$

图 6-10 给出了对红外图像和可见光图像采用 Curvelet 变换得到的融合结果。

 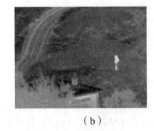 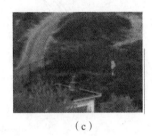

（a）　　　　　　　　　　（b）　　　　　　　　　　（c）

图 6-10　原始图像及融合结果

（a）可见光图像；（b）红外图像；（c）融合结果

6.3.2　Contourlet 变换及其在图像融合中的应用

Contourlet 变换是 Minh N. Do 和 Martin Vetterli 于 2002 年提出的一种"真正的"二维图像表示方法，也称为金字塔型方向滤波器组（Pyramidal Directional Filter Bank，PDFB）。

Contourlet 变换是一种基于图像的几何性变换。该变换基函数的支撑域具有随尺度长宽比变化的"长条形"结构，且每个长条形的方向与包含于该区域内曲线的走向大体一致。变换的结果是用类似于线段（Contourlet segment）的基结构来逼近源图像，这也是称之为 Contourlet 变换的原因。图 6-11(a)给出了 Contourlet 基对曲线奇异表示法。二维小波基函数具有方形的支撑域，表现出各向同性的性质，仅能捕捉有限的方向信息（水平、垂直和对角线方向）。图 6-11(b)给出了二维小波基逼近同一曲线奇异的过程。由图 6-11 可以看出，具有丰富基函数的 Contourlet 变换可以用更少的变换系数描述光滑边缘，并且将具有相同方向信息的奇异点汇集成奇异线或面，显然当分辨率相同时，图 6-11(a)使用的长条形少于图 6-11(b)中的方形。

Contourlet 变换将多尺度分析和方向分析分开进行。先使用拉普拉斯金字塔对图像进行多尺度分解，以"捕获"点奇异性，然后对每一级金字塔分解的高频分量进行方向滤波，由方向滤波器组（Directional Filter Bank，DFB）将分布在同一方向的奇异点合成为一个系数。

1.拉普拉斯金字塔滤波器组

由 Burt 和 Adelson 提出的拉普拉斯金字塔变换是一种多尺度分析方法，是实现图像多分辨率分析的一种有效方式。拉普拉斯算法在每一级分解后，产生一个上一级信号的低通采样成分，以及其与上一级信号的差分导致的带通分量。例如，对原始图像 $f_0(i,j)$（$N \times$

N，$N = 2n$）做高斯滤波，将图像分解为源图像 1/4 大小的一个低频图像和与源图像大小一样的高频分量图像。这一过程将在半分辨率的低频分量图像上迭代进行。图像的解码过程以相反的次序进行。这个过程能够无误差地重建原始图像。

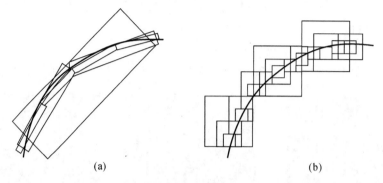

(a)   (b)

图 6-11　基函数表示曲线的对比示意图

(a)用 Contourlet 逼近轮廓曲线；(b)用二维小波逼近轮廓曲线

拉普拉斯金字塔分解的一个缺点是产生过采样。但是和小波变换相比，拉普拉斯金字塔滤波器的一个显著特点是每一个金字塔的层中只生成一个带通图像，而不会出现频谱混叠的现象。小波变换对低频和高频都进行了下采样，这样，高通信号映射回低频部分时会出现混频现象。

2.方向滤波器组

为了有效地捕获图像的方向信息，人们进行了大量的研究，方向滤波就是其中一种有效的方法。方向滤波器组的核心问题是如何将方向频率划分到想要的精度，同时保持样本数目不变。其中保持样本数目不变的问题可以通过子采样来解决。在多维多采样率系统中，采样操作定义在网格上，一个 d 维的网格可以用以一个 $d \times d$ 的非奇异矩阵表示。对于一个确定的采样网格，其表示通常不唯一。$x(n)$ 的 M 抽样可以用下式进行表示：

$$xd[n] = x[Mn] \tag{6-84}$$

采样后的样本数目是采样前的 $1/|M|$。当多采样率由一维推广到二维时，采样因子由整数变为 2×2 的抽样矩阵。下面的公式给出了几种常见的采样矩阵。其中 $\mathbf{R}_0$、$\mathbf{R}_1$、$\mathbf{R}_2$、$\mathbf{R}_3$ 的模为 1，使用其进行采样，采样前后样本数目没有变化，但样本的位置发生了变化，称为重采样（Resample）。$\mathbf{Q}_0$ 和 $\mathbf{Q}_1$ 称为 Quincunx 采样矩阵。

$$\mathbf{R}_0 = \begin{bmatrix} 1 & 1 \\ 0 & 1 \end{bmatrix}, \mathbf{R}_1 = \begin{bmatrix} 1 & -1 \\ 0 & 1 \end{bmatrix}, \mathbf{R}_2 = \begin{bmatrix} 1 & 0 \\ -1 & 1 \end{bmatrix}, \mathbf{R}_3 = \begin{bmatrix} 1 & 0 \\ -1 & 1 \end{bmatrix} \tag{6-85}$$

$$\mathbf{Q}_0 = \begin{bmatrix} 1 & -1 \\ 1 & 1 \end{bmatrix}, \mathbf{Q}_1 = \begin{bmatrix} 1 & 1 \\ -1 & 1 \end{bmatrix}, \mathbf{D}_0 = \begin{bmatrix} 2 & 0 \\ 0 & 1 \end{bmatrix}, \mathbf{D}_1 = \begin{bmatrix} 1 & 0 \\ 0 & 2 \end{bmatrix} \tag{6-86}$$

使用 Quincunx 采样矩阵可以组成二维双通道滤波器，其输入、输出如图 6-12 所示。

类似于使用二抽取与二插值的一维双通道滤波器组，二维双通道滤波器组有如下的结论：

$$X(\omega) = \frac{1}{2}\big[H_0(\omega)G_0(\omega) + H_1(\omega)G_1(\omega)\big]X(\omega) +$$

$$\frac{1}{2}\big[H_0(\omega+\pi)G_0(\omega) + H_1(\omega+\pi)G_1(\omega)\big]X(\omega+\pi) \tag{6-87}$$

式中：$\boldsymbol{\pi} = (\pi,\pi)^{\mathrm{T}}$。

完全重构条件为

$$\left.\begin{aligned} H_0(\omega)G_0(\omega) + H_1(\omega)G_1(\omega) &= 2 \\ H_0(\omega+\pi)G_0(\omega) + H_1(\omega+\pi)G_1(\omega) &= 0 \end{aligned}\right\} \tag{6-88}$$

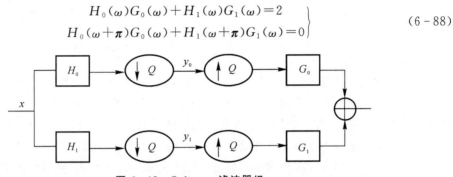

图 6-12　Quincunx 滤波器组

如果图 6-12 中的 H_0、H_1、G_0、G_1 是方向滤波器，那么在完全重构的条件下，可以将输入信号分解到不同的方向，并保持样本数目不变。对二维双通道 Quincunx 采样滤波器组的输出，继续采用二维双通道 Quincunx 采样滤波器组滤波，可以形成一个二叉树。

如何逐步划分方向子带是方向滤波器的难点。1992 年，Bamberger 和 Smith 构造了一个 2-D 方向滤波器组（DFB），它是一个完全重构的方向滤波器组。DFB 对图像进行 l 层的树状结构分解，在每一层将频域分解为 2^l 个子带，每个子带呈楔形，因此能有效地提取图像的方向特征。8 个方向子带分解后的频谱如图 6-13 所示。

Minh N. Do 提出了一种新的方向滤波器组的实现方法，采用扇形滤波器对旋转后的重采样信号滤波实现 DFB。这种扇形结构的共轭镜像滤波器组的使用，避免了对输入信号的调制，同时将 l 层二叉树状结构的方向滤波器变成了 2^l 个并行通道的结构。这里，扇形滤波器的实现如图 6-14 所示，由一维低通滤波器[见图 6-14(a)]进行 McClellan 变换，可以得到二维钻石形滤波器[见图 6-14(b)]，将二维钻石形滤波器水平或垂直平移 π 即可得到扇形滤波器[见图 6-14(c)]。

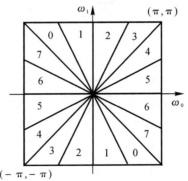

图 6-13　DFB 8 个方向子带分解频谱示意图

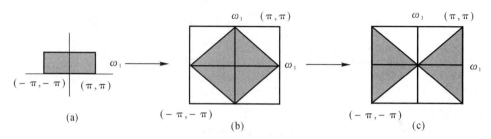

图 6-14　扇形滤波器的实现原理

(a)一维低通滤波器;(b)二维钻石滤波器;(c)扇形滤波器

方向滤波器本身并不适合于处理图像的低频部分,因此,在应用方向滤波器前,应将图像的低频部分移除。由于 DFB 主要是用来捕获图像中的高频信息,所以图像的低频部分处理得很简单。实际上,按照如图 6-13 所示的频谱示意图,低频部分会"漏"到几个方向子带中,因此,DFB 不能单独提供系数的图像表示方法。这也是 DFB 必须和其他多尺度分解方法一起使用的原因之一。多尺度分解将低频图像先从图像中移走,然后使用 DFB 直接处理高频图像部分。

3.Contourlet 变换的分析

Contourlet 变换将 LP 和 DFB 结合起来构成一个很好的双滤波器组结构。图 6-15 为使用 LP 和 DFB 一起进行多尺度多方向分解的示意图。先对原始图像进行多尺度分解,然后对分解后的带通子带进行方向信息捕获,针对低频子带逼近分量再进行分解,不断重复这个过程可实现多层的变换(见图 6-16)。

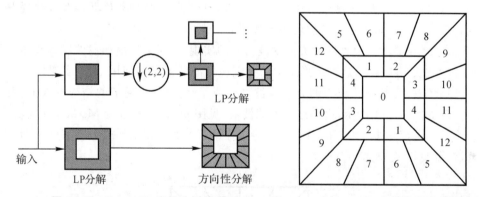

图 6-15　Contourlet 变换分解示意图　　**图 6-16　Contourlet 变换尺度和方向分布图**

Contourlet 变换后,其系数分布不像二维小波分解的系数分布那样有规律,但与 PDFB 分解时所给定的参数 nlevels 有关。nlevels 是一个二维向量,用于存储在金字塔分解的每一级上的方向滤波器组分解级数的系数。在金字塔分解的任何一级上,如果给定的方向滤波器组分解级数的系数为 0,就使用严格的二维小波分解来处理;如果给定的分解级数为 l_j,那么方向滤波器组分解的级数为 2^{l_j},即分解为 2^{l_j} 个方向。

对于给定的 Contourlet 变换分解系数 nlevels,Contourlet 分解所得的系数 Y 是一个向量组,长度 Len 是矢量 nlevels 的长度加 1,其中 $Y\{1\}$ 是低频子带图像,$Y\{i\}$($i=2,\cdots,$Len)对应第 i 层金字塔分解,存储着相应层上的 DFB 分解的方向子带图像。因此,图像经 N 级 Contourlet 分解后可得到 $1+\sum\limits_{j=1}^{N}2^{l_j}$ 个子带图像,其中 l_j 为尺度 j 下的方向分解级数。

图 6 - 17 为 Barbara 图像进行 2 级 Contourlet 变换的效果图,其中子带的方向个数分别为 4 和 8。

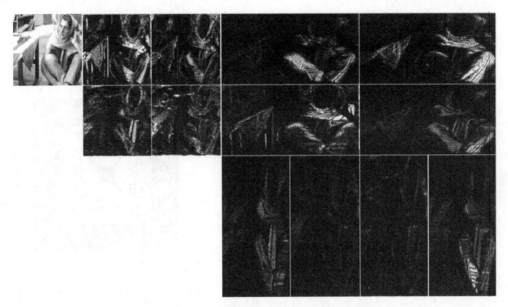

图 6 - 17　Barbara 图像的 Contourlet 变换效果图

6.3.3　非采样 Contourlet 变换及其在图像融合中的应用

Contourlet 变换既有小波变换所具有的多分辨率分析的特性,也有小波变换所不具备的高度方向性和各向异性特性,是一种更优秀的图像表示方法。但是,由于在拉普拉斯分解和方向滤波中都存在下采样操作和上采样操作,所以使得 Contourlet 变换缺乏平移不变性(即输入信号发生平移时,会引起 Contourlet 变换系数的很大变化),应用于图像融合会产生伪吉布斯(Gibbs)现象。为此,Cunha A. L. 等人提出了具有平移不变性的非采样 Contourlet 变换(Nonsubsampled Contourlet Transform,NSCT)。

NSCT 不但继承了 Contourlet 变换的特性,而且具有平移不变特性,能够有效降低配准误差对融合性能的影响。同时,图像经 NSCT 分解后得到的各子带图像与源图像具有相同的尺寸大小,容易找到各子带图像之间的对应关系,从而有利于融合规则的制定,因此,NSCT 非常适合应用于图像融合。

与 Contourlet 变换类似,NSCT 也是将尺度分解与方向分解分开进行。先利用非采样金字塔(Nonsubsampled Pyramid,NSP)对图像进行多尺度分解,通过 NSP 分解可有效"捕获"图像中的奇异点,然后采用非采样方向滤波器组(Nonsubsampled Directional Filter Bank,NSDFB)对高频分量进行方向分解,从而得到不同尺度、不同方向的子带图像(系数)。

与 Contourlet 变换不同的是,在图像的分解和重构过程中,NSCT 没有对 NSP 及 NSDFB 分解后的信号分量进行分析滤波后的下采样(抽取)以及合成滤波前的上采样(插值),而是对相应的滤波器进行上采样,再对信号进行分析滤波和综合滤波,使得 NSCT 不仅具有多尺度、良好的空域和频域局部特性及多方向特性,而且具有平移不变特性,以及各子带图像之间具有相同尺寸大小等特性。NSCT 的框架结构如图 6-18 所示,将 2-D 频域划分成如图 6-19 所示的楔形方向子带。

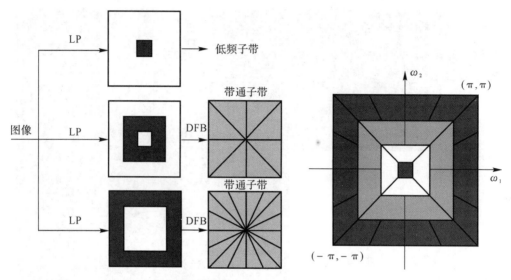

图 6-18　NSCT 分解结构示意图图　　　　　图 6-19　NSCT 的理想频域划分示意图

1. 非采样金字塔滤波器组

与 Contourlet 变换中的 LP 不同,NSCT 采用两通道非采样滤波器组来实现 NSP 分解,如图 6-20 所示。其中,分解滤波器 $\{H_0(z), H_1(z)\}$ 和合成滤波器 $\{G_0(z), G_1(z)\}$ 满足 Bezout 恒等式(见下式),从而保证了 NSPFB 满足完全重构(Perfect Reconstruction,PR)条件。

$$H_0(z)G_0(z) + H_1(z)G_1(z) = 1 \qquad (6-89)$$

式中:$H_0(z)$ 和 $H_1(z)$ 分别为双通道低通滤波器和高通滤波器的频率响应,$H_0(z)$ 和 $H_1(z)$ 满足以下关系:

$$H_1(z) = 1 - H_0(z) \qquad (6-90)$$

$G_0(z)$ 和 $G_1(z)$ 分别为低通合成滤波器与高通合成滤波器的频率响应,取值为 1。

非采样塔式滤波器(NSPFB)是两通道的非采样滤波器组(见图 6-20)。该滤波器组没有进行降采样,具有平移不变性。为了实现图像的多尺度分解,需要反复采用 NSPFB 对图像进行分解,每一级所采用的滤波器是对上一级所采用的滤波器按采样矩阵 $\boldsymbol{D} = 2\boldsymbol{I} = \begin{bmatrix} 2 & 0 \\ 0 & 2 \end{bmatrix}$ 进行采样得到的。j 尺度下低通滤波器的理想频域支撑区间为 $\left[-\dfrac{\pi}{2^j}, \dfrac{\pi}{2^j}\right]^2$,而带通滤波器的理想频域支撑区间为 $\left[-\dfrac{\pi}{2^{j-1}}, \dfrac{\pi}{2^{j-1}}\right]^2 \Big/ \left[-\dfrac{\pi}{2^j}, \dfrac{\pi}{2^j}\right]^2$。如果经 J 级非采样塔式分解,

便可得到 $J+1$ 个与源图像具有相同尺寸的子带图像。图 6 - 21 给出了 $J=3$ 级金字塔式分解示意图以及相应的频带划分示意图。

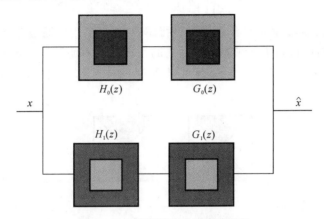

图 6 - 20　两通道非采样滤波器组

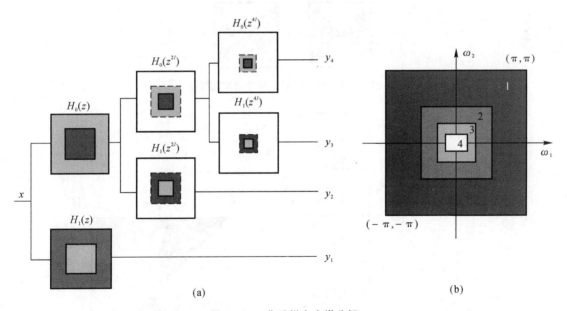

(a)　　　　　　　　　　　　　　　　(b)

图 6 - 21　非采样金字塔分解

(a) 3 级金字塔分解示意图；(b)相应分解的频带划分示意图

2.非采样方向滤波器

NSCT 的 NSDFB 采用的是一组两通道非采样方向滤波器组，如图 6 - 22 所示。其中，分解滤波器 $\{U_0(z), U_1(z)\}$ 和合成滤波器 $\{V_0(z), V_1(z)\}$ 也满足 Bezout 恒等式（见下式）：

$$U_0(z)V_0(z)+U_1(z)V_1(z)=1 \tag{6 - 91}$$

从而也保证了 NSDFB 满足完全重构条件。

采用理想频域支撑区间为扇形的滤波器 $U_0(z)$ 和 $U_1(z)$ 可以实现两通道方向分解。在此基础上，对滤波器 $U_0(z)$ 和 $U_1(z)$ 采用不同的采样矩阵进行上采样，并对上一级方向分解后的子带图像进行滤波,可以实现频域中更为精确的方向分解。例如,可以对滤波器$U_0(z)$和$U_1(z)$分别按采样矩阵$\boldsymbol{D}=\begin{bmatrix}1&-1\\1&1\end{bmatrix}$进行上采样得滤波器$U_0(z^D)$和$U_1(z^D)$,然后再对上一级两通道方向分解后得到的子带图像进行滤波,可以实现四通道方向分解,如图6-23所示。对于更多方向分解,需要采用更为复杂的采样矩阵对滤波器进行上采样。如果对某尺度下的子带图像进行l级方向分解,就可得到2^l个与原始输入图像尺寸大小相同的方向子带图像。

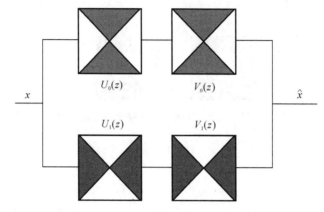

图6-22 两通道非采样方向滤波器组

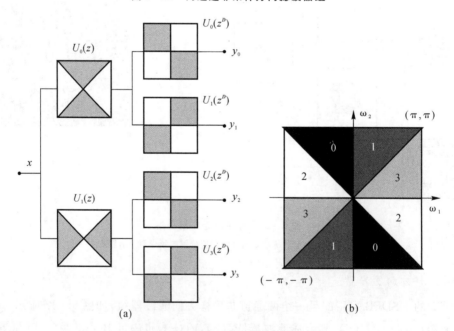

(a)　　　　　　　　　　　　　　(b)

图6-23 非采样方向滤波器组分解

(a)四通道方向分解示意图;(b)相应分解的频带划分示意图

　　将NSP与NSDFB相结合,就可以实现NSCT。将源图像经NSP分解后得到的带通子带输入NSDFB中可获得图像的带通方向信息,从而实现对图像的多尺度、多方向分解。

3. 基于 NSCT 的图像融合框架

基于 NSCT 的图像融合框架如图 6 - 24 所示。具体步骤如下：

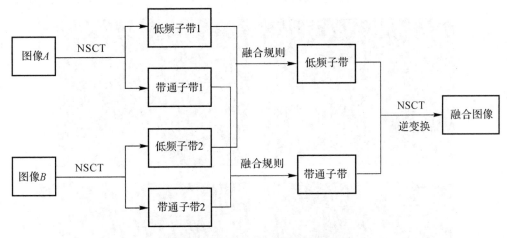

图 6 - 24　基于 NSCT 的图像融合框架

（1）分解。分别对两幅图像（记为 A 和 B）进行 NSCT 分解，得到不同尺度、方向子带系数：

$$A \rightarrow (b_1^{(A)}, b_2^{(A)}, \cdots, b_{j-1}^{(A)}, b_j^{(A)}, a_j^{(A)}) \tag{6-92}$$

$$B \rightarrow (b_1^{(B)}, b_2^{(B)}, \cdots, b_{j-1}^{(B)}, b_j^{(B)}, a_j^{(B)}) \tag{6-93}$$

$$b_j^{(x)} = \{d_{j,1}^{(x)}, d_{j,2}^{(x)}, \cdots, d_{j,l_j}^{(x)}\}, \ x \text{ 为 } A \text{ 或 } B \tag{6-94}$$

式中：a_j 是低频子带系数；b_j 为尺度 j 上的带通方向子带系数集合；$d_{j,k}$ 为尺度 j 上第 k 个方向的带通子带系数；l_j 为尺度 j 下方向分解级数。

（2）融合。对分解得到的带通子带系数和低频子带系数分别采用不同的融合规则进行融合，得到图像的融合系数。

（3）反变换。对融合系数分别进行 NSCT 逆变换，得到融合图像。令 F 为融合后的结果，则此过程可以表示为

$$(b_1^F, b_2^F, \cdots, b_{j-1}^F, b_j^F, a_j^F) \rightarrow F \tag{6-95}$$

下面给出红外图像和可见光图像以及各种融合算法的融合结果。图 6 - 25(a) 是红外图像，能够清晰地看到一个走动的人，但其他景物比较模糊；而在同一场景的图 6 - 25(b) 可见光图像中，光线较暗，导致很难辨识图 6 - 25(a) 中的人，但道路、灌木、方桌等景物都清晰可辨。图 6 - 25 (c)(d)(e) 分别为红外图像与可见光图像采用拉普拉斯金字塔方法、小波方法和基于 Contourlet 变换法的融合结果。从视觉效果来看，基于非采样 Contourlet 变换算法的融合图像既较好地保留了可见光图像中的景物特征信息，又继承了红外图像中的热目标（人物）信息，且边缘细节突出。相比之下，拉普拉斯金字塔方法和小波方法的融合图像虽然也保留了主要景物，但边缘较模糊，人物信息特征明显，不如非采样 Contourlet 变换算法突出。

对融合结果的评价，除从视觉定性的分析之外，还可以采用相关的评价指标做定量的分析。这里采用互信息、熵、空间频率和标准差作为评价指标来进行客观评价，见表 6 - 1。可

以看出，非采样 Contourlet 变换方法的互信息、熵、空间频率和标准差均高于其余的两种方法，4 个指标的值越大，说明方法的融合性能越好。因此，综合考虑视觉效果和客观评价指标，非采样 Contourlet 变换方法优于其余两种方法。

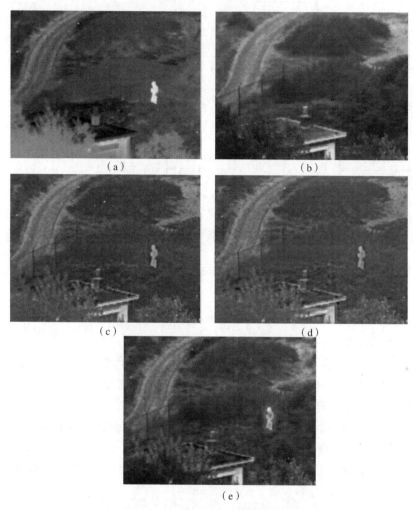

图 6 - 25　红外与可见光图像和各种方法的融合结果

(a) 红外图像；(b) 可见光图像；(c)拉普拉斯金字塔方法的融合结果；

(d) 小波方法的融合结果；(e)非采样 Contourlet 变换的融合结果

表 6 - 1　红外图像与可见光图像不同融合算法性能比较

融合方法	评价指标			
	互信息	熵	空间频率	标准差
拉普拉斯金字塔方法	1.491 4	6.435 7	11.543	25.434
小波变换	1.440 2	6.440 2	11.518	25.173
非采样 Contourlet 变换	2.250 2	6.871 3	11.625	31.787

第7章 基于传统神经网络的图像融合

人工神经网络（Artificial Neural Network，ANN）是模拟人脑的信息处理机制而构造出来的一种并行信息处理模型，可进行快速并行处理，有分布式存储和联想记忆功能，具有较强的自适应性和自组织性，可抗噪声、抗损坏，容错性与鲁棒性好。这些突出特点使得人工神经网络能实时地完成复杂运算和海量数据库检索，对图像理解、模式识别以及含噪和不完全信息的处理表现出明显的优越性。因此，神经网络在数据级融合、特征级融合和决策级融合中都得到了广泛的应用。本章主要介绍基于人工神经网络的图像融合与基于脉冲耦合神经网络的图像融合。

7.1 基于人工神经网络的图像融合

人工神经网络理论是人工智能领域的重要分支，通过分析人脑神经网络运行结构来模拟人脑的思维、决策、行为，实质上是逼近人脑认知/感知过程的算法模型，通过模拟神经元结构特性，建立一种非线性动力学网络，是对人脑或自然神经网络若干特征的模仿和抽象。神经网络由大量非线性处理单元并联或互联组成，具有类似于人脑的学习、记忆、归纳、推理等基本特征，还具有很好的数学逼近能力。由于人工神经网络具备高度并行式/分布式处理能力、自组织能力、自学习能力、非线性映射能力和联想/记忆能力，因此，在模式识别、机器人、自动控制、信息处理、医学诊断、CAD/CAM 等领域都已获得成功应用。

由于神经网络特别适用于没有合适理论模型或有噪声或非线性的场合，因此，可以灵活模拟各种非线性特征，而事前不需要了解非线性特征的知识。近年来，神经网络开始用于多传感器图像数据的融合研究。

7.1.1 神经元模型

人工神经网络的基本组成单元是神经元。经典的神经元模型是一个多输入单输出的非线性结构。生物神经元经抽象化后，可得到如图 7-1 所示的具有 3 个基本要素的人工神经元模型。

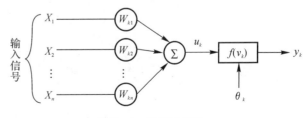

图 7-1 神经元模型

人工神经元模型的 3 个要素如下：

（1）连接权。其强度由各连接的权值表示，正权值代表激励，负权值点代表抑制。

（2）求和单元。其负责计算输入信息向量的加权求和，一般为线性求和。

（3）非线性激励函数。其通过非线性映射限制神经元的输出幅度在指定范围（一般在[0,1]或[-1,1]）。

7.1.2 BP 神经网络

1. 单个神经元

假设给定一组训练样本 $(x^{(i)}, y^{(i)})$，$x^{(i)}$ 表示样本输入特征，$y^{(i)}$ 表示其对应的理想输出。神经网络通过非线性假设模型 $h_{w,b}(x)$ 来描述 x 与 y 之间的映射关系，其参数 $\theta = (w, b)$ 可根据样本学习获得。图 7-2 为包含单个神经元的神经网络。

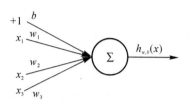

图 7-2　单个神经元网络模型

该神经元输入的运算单元包括 x_1、x_2、x_3 以及截距项 +1，输出表达式为

$$h_{w,b}(x) = f(w^T x) = f\left(\sum_{i=1}^{3} w_i x_i + b\right) \tag{7-1}$$

式中：函数 $f(\cdot): \Re \to \Re$ 称为"激活函数"。常用的激活函数包括 Sigmoid 函数和双曲正切函数（Tanh），函数形式如下：

$$\mathrm{Sigmoid}(x) = \frac{1}{1 + e^{-x}} \tag{7-2}$$

$$\mathrm{Tanh}(x) = \frac{e^x - e^{-x}}{e^x + e^{-x}} \tag{7-3}$$

上述两个激活函数都是非线性的，使得网络具有更强的特征表达能力。

2. BP 神经网络模型及其前向传播

BP 神经网络由多个神经元相互级联而成，其结构包含输入层、隐藏层和输出层。为了方便说明，图 7-3 给出了三层的简单 BP 网络模型。

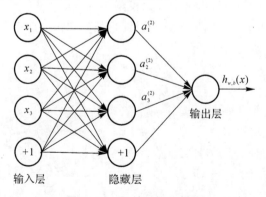

图 7-3　BP 神经网络模型

该网络的输入层包含 x_1，x_2 和 x_3，设 $w_{ij}^{(l)}$ 表示网络第 l 层的第 i 个神经元和第 $l+1$ 层

的第 j 个神经元之间的连接参数,b_j 为网络第 $l+1$ 层的第 j 个神经元偏置项。通过以下规则计算网络隐藏层节点和输出层节点激活值。

隐藏层各节点输出为

$$a_1^{(2)} = f\left[w_{11}^{(1)}x_1 + w_{12}^{(1)}x_2 + w_{13}^{(1)}x_3 + b_1^{(1)}\right] \tag{7-4}$$

$$a_2^{(2)} = f\left[w_{21}^{(1)}x_1 + w_{22}^{(1)}x_2 + w_{23}^{(1)}x_3 + b_2^{(1)}\right] \tag{7-5}$$

$$a_3^{(2)} = f\left[w_{31}^{(1)}x_1 + w_{32}^{(1)}x_2 + w_{33}^{(1)}x_3 + b_3^{(1)}\right] \tag{7-6}$$

输出层各节点输出为

$$h_{w,b}(x) = a_1^{(3)} = f\left[w_{11}^{(2)}a_1^{(2)} + w_{12}^{(2)}a_2^{(2)} + w_{13}^{(2)}a_3^{(2)} + b_1^{(2)}\right] \tag{7-7}$$

BP 网络通过式(7-4)～式(7-7)完成对输入的前向传导。

3. BP 神经网络的反向传播算法

反向传播算法基于梯度下降的原则,使用在误差曲面上寻找最优解的办法优化网络参数,是目前训练 BP 网络最常用的方法。

对于包含 m 个训练样本的数据集 $\{(x^{(1)},y^{(1)}),\cdots,(x^{(m)},y^{(m)})\}$,将网络输出结果与期望输出的均方误差定义为损失函数,即

$$J(\theta) = \left\{\frac{1}{m}\sum_{i=1}^{m}\frac{1}{2}\left[h_{w,b}(x^{(i)}) - y^{(i)}\right]^2\right\} \tag{7-8}$$

通过最小化损失函数 $J(\theta)$,使得网络的预测值尽可能地拟合样本实际值,进而实现对未知输入数据的分类。

梯度下降法的原则:先对参数 θ 进行随机初始化,一般取接近 0 的随机数,然后使用如下法则更新参数:

$$w_{ij}^{(l)} = w_{ij}^{(l)} - \alpha\frac{\partial J(\theta)}{\partial w_{ij}} \tag{7-9}$$

$$b_i^{(l)} = b_i^{(l)} - \alpha\frac{\partial J(\theta)}{\partial b_i^{(l)}} \tag{7-10}$$

式中:α 为学习率,表示每次迭代过程中参数调整幅度的大小。由式(7-9)和式(7-10)可以看出,基于梯度下降法求解参数 θ 的关键是计算损失函数对其偏导数,而反向传播算法是计算偏导数的有效方法。

对于给定的一组训练样本 (x,y),反向传播算法的过程如下:

(1)进行前向传播计算。

(2)对于网络第 n_l 层(输出层)的第 i 个节点,计算代价函数对该节点的偏导数,即残差:

$$\delta_i^{(n_l)} = \frac{\partial}{\partial z_i^{(n_l)}}\frac{1}{2}\left[h_{w,b}(x) - y\right]^2 = -\left[y - a_i^{(n_l)}\right]\cdot f'\left[z_i^{(n_l)}\right] \tag{7-11}$$

式中:$z_j^{(l)} = \sum_k w_{jk}^{(l)}a_k^{(l-1)} + b_j^{(l)}$,表示第 l 层第 j 个神经元的输入。

(3)设网络第 l 层所含节点数为 s_l,则网络的第 $l = n_l - 1, n_l - 2, \cdots, 2$ 层第 i 个节点残差为

$$\delta_i^{(l)} = \left[\sum_{j=1}^{s_{l+1}}w_{ji}^{(l)}\delta_j^{(l)}\right]f'\left[z_i^{(n_l)}\right] \tag{7-12}$$

（4）依据残差计算参数偏导数：

$$\frac{\partial J(\theta)}{\partial w_{ij}} = a_j^{(l)} \delta_i^{(l+1)} \tag{7-13}$$

$$\frac{\partial J(\theta)}{\partial b_i^{(l)}} = \delta_i^{(l+1)} \tag{7-14}$$

对于 m 个样本，由多项式求导法则，可得

$$\frac{\partial J(\theta)}{\partial w_{ij}^{(l)}} = \frac{1}{m} \sum_{i=1}^{m} \frac{\partial J(\theta)}{\partial w_{ij}^{(l)}} \tag{7-15}$$

$$\frac{\partial J(\theta)}{\partial b_j^{(l)}} = \frac{1}{m} \sum_{i=1}^{m} \frac{\partial J(\theta)}{\partial b_j^{(l)}} \tag{7-16}$$

将式（7-15）和式（7-16）代入式（7-9）和式（7-10）即可对参数进行更新，重复以上步骤，直至代价函数 $J(\theta)$ 收敛，结束迭代过程。

7.1.3 自生成神经网络

虽然已有的神经网络在图像像素分类等领域中得到了广泛应用，但是它存在计算量大、需要用户设置网络结构和较多参数等缺点［如自组织特征映射（Self-Organizing Feature Mapping，SOFM）］。自生成神经网络（Self-Generating Neural Network，SGNN）是 Wen 等人于 1992 年首先提出的，之后 Inoue 对 SGNN 的应用进行了较为深入的研究。SGNN 是一类在 SOFM 基础上发展起来的自组织神经网络。它的网络设计简单，不仅不需要用户指定网络结构和学习参数，而且不需要迭代学习，是一类特点突出的神经网络。

SGNN 是在对样本的学习中形成一棵神经树（Self-Generating Neural Tree，SGNT），整个结构包括神经元、神经元之间的联系和权值，都是在学习中采用非监督学习方法自动生成的，因此，它适应性较好，适用于分类或聚类。

7.1.4 基于人工神经网络的图像融合

目前，人工神经网络大多应用于多聚焦图像的融合中，本质是利用神经网络作为分类器，将图像区域分为聚焦区域或离焦区域。下面给出一种基于 SGNN 的图像融合模型，原理图如图 7-4 所示。

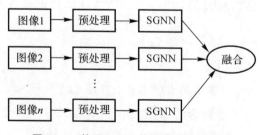

图 7-4 基于 SGNN 的图像融合流程图

具体步骤如下：

(1)对图像进行预处理,对有噪声的图像用小波变换去除噪声。

(2)用 SGNN 对预处理过的每个像素进行聚类,采用像素的灰度值作为聚类的特征值将图像像素聚成若干类,然后将像素从属于一个特定类模糊化为属于距离它最近的两个类。

(3)对聚类过的图像像素进行融合,对两幅图像同一位置的像素的模糊隶属度进行加权平均得到融合结果。

实验结果表明,该融合模型获得的融合图像不仅含有的信息比起任何单图像信息更完整、更可靠,而且可以恢复由于噪声造成的图像失真。

此外,如第 6 章所述,基于多分辨率分解的图像融合方法是研究非常广泛的一类。人们提出了结合神经网络与多分辨分析的图像融合算法。该方法将配准的两幅图像分别进行向量小波分解,选取源图像中对应子块区域的清晰度进行神经网络训练,用训练好的神经网络输出融合图像的向量小波系数,最后对组合后的系数进行向量小波逆变换,生成融合图像。该方法不仅能够完好地显示源图像各自的信息,而且很好地将源图像的细节融合在一起。算法步骤如下:

(1)对源图像 A 和 B 进行 n 层向量小波分解,按下式求出各子图的清晰度:

$$SF_{i,j} = \sqrt{\frac{1}{MN}\left\{\sum_{i=1}^{M}\sum_{j=2}^{N}\left[F(i,j)-F(i,j-1)\right]^2 + \sum_{i=2}^{M}\sum_{j=1}^{N}\left[F(i,j)-F(i-1,j)\right]^2\right\}}$$

$$(7-17)$$

(2)在源图像 A 和 B 的各子图对应位置上选取 2 对实验区(每对实验区在一幅源图像中清晰,而在另一幅中不清晰)进行实验。建立 3 层前馈神经网络,输入层、隐层和输出层分别具有 3 个、9 个和 1 个神经元,神经网络的学习采用梯度法修正权值。在训练神经网络阶段,用两幅源图像实验区的清晰度差值作为输入矢量和目标输出矢量形成神经网络的训练集。

$$T_{in}(i) = \{SF^V_{l-1A_i} - SF^V_{l-1B_i}, SF^H_{l-1A_i} - SF^H_{l-1B_i}, SF^D_{l-1A_i} - SF^D_{l-1B_i}\} \qquad (7-18)$$

$$T_{out}(i) = \begin{cases} 1, & A_i \text{ 比 } B_i \text{ 清晰} \\ 0, & \text{其他} \end{cases} \qquad (7-19)$$

式中:A_i 和 B_i 分别表示 A 和 B 实验区中的子图像区。

(3)用训练过的神经网络对所有从第(1)步得到的清晰度进行识别,则融合图像的第 i 个向量小波系数由下式构成:

$$C_{F_i} = \begin{cases} C_{A_i}, & out_i > 0.5 \\ C_{B_i}, & \text{其他} \end{cases} \qquad (7-20)$$

式中:out_i 是基于第 i 个图像像素的神经网络的输出;$C_{X_i} = \{A_{l-1X_i}, C^V_{l-1X_i}, C^H_{l-1X_i}, C^D_{l-1X_i}\}, X \in \{A,B,F\}$。

(4)对第(3)步的融合结果进行一致性校验。某些情况下,神经网络决定的特定元素来自图像 A,但它周围的元素大多数来自图像 B,这时,将该元素改为来自图像 B。在一致性校验中,多数滤波器用一个 $3×3$ 的邻域窗口。

(5)对用神经网络得到的小波系数进行向量小波逆变换,得到融合图像。

7.2 基于脉冲耦合神经网络的图像融合

7.2.1 PCNN 的基本模型

1987 年,Gray 等人发现哺乳动物视觉神经区有同步神经脉冲现象。1990 年,Eckhorn 在此基础上提出了同步脉冲的特性,建立了脉冲耦合神经网络(Pulse Coupled Neural Networks,PCNN)的数学模型。PCNN 模型在对神经元活动进行描述时,既利用了神经元特有的非线性相乘、线性相加特性,又在图像分析处理时引入了耦合调制特性。PCNN 不同于传统的人工神经网络,是一种单层神经网络模型,适合于实时图像处理环境。另外,PCNN 不需要训练就可以进行图像处理。这种方法与人的大脑数据处理方式更为贴近,传统的图像融合只考虑了像素点的空间特性,而运用 PCNN 进行图像融合,更加逼近自然界生物的视觉融合系统——时间和空间是并行的,能够从比较复杂的环境中提取非常良好的信息,因此,在图像融合领域有较为突出的优势,被广泛研究和应用。PCNN 理论经过多年研究已被多个领域广泛应用,然而其众多参数设置理论仍不完善,需进一步研究。本节通过对 PCNN 原理进行研究,阐述其对图像融合技术的深远影响。

PCNN 具有独特的神经元捕获特性,可以智能完成信息传递和耦合。这一特点为 PCNN 应用于图像融合提供了理论基础。下面将介绍 PCNN 的基本模型,给出相关的运行原理,为后续的图像融合工作提供理论依据。

在原始的 PCNN 模型中,PCNN 神经元由三部分组成:神经元树突、连接调制和脉冲发生器,如图 7 - 5 所示。神经元树突的作用是接收来自周围神经元的输入。根据接收神经元的类型不同,它被分为两个通道(链接域和馈送域)。链接域接收内部刺激,而馈送域接收外部刺激和局部刺激。

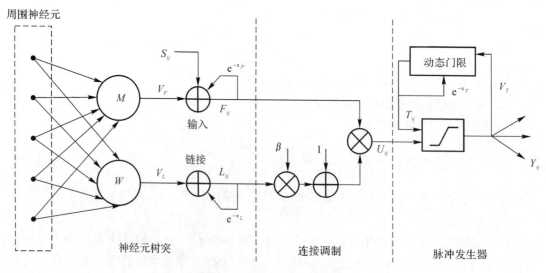

图 7 - 5 PCNN 神经元模型

神经元树突中馈送输入 F 和链接输入 L 的离散模型分别为

$$F_{ij}(n) = e^{-\alpha_F} F_{ij}(n-1) + V_F \sum_{k,l} M_{ijkl} Y_{ij}(n-1) + S_{ij} \qquad (7-21)$$

$$L_{ij}(n) = e^{-\alpha_L} L_{ij}(n-1) + V_L \sum_{k,l} W_{ijkl} Y_{ij}(n-1) \qquad (7-22)$$

在式(7-21)和式(7-22)中,指数 i 和 j 是指在图像中的像素位置,n 表示当前的迭代次数(离散时间步长),在这里 n 从 1 到 N 递增(N 是总的迭代次数)。PCNN 模型中有两条主要通道 F 和 L 分别是馈送域和链接域,用于传输外部刺激信号,M 和 W 是恒定的神经元突触权重,领域内周围神经元对中心神经元的影响大小可用连接权值确定,k 和 l 代表的是在一个像素附近的对称的位置,S 是图像灰度值作为外部刺激输入到馈送域的常量,V_F 和 V_L 分别是馈送域和链接域的放大系数,α_F 和 α_L 是分别是馈送域和链接域的时间衰减常数,Y 是神经元脉冲输入。

在连接调制中,链接域输出信号 L 与链接强度 β 做乘法,再通过增加一个单位偏置 1,然后和馈送域输出的信号 F 耦合得到神经元内部状态项 U。连接调制离散模型如下:

$$U_{ij}(n) = F_{ij}(n)[1 + \beta L_{ij}(n)] \qquad (7-23)$$

式中:U_{ij} 为神经元的内部状态;β 是神经元链接强度,决定了中心神经元点火周期受周围神经元影响的程度,链接强度越大,则激发的同步脉冲的范围就越大。

脉冲发生器产生点火脉冲的离散模型和神经元动态阈值 T 的定义如下面的公式所示:

$$Y_{ij}(n) = \begin{cases} 1, & U_{ij}(n) > T_{ij}(n-1) \\ 0, & \text{其他} \end{cases} \qquad (7-24)$$

$$T_{ij}(n) = e^{-\alpha_T} T_{ij}(n-1) + V_T Y_{ij}(n) \qquad (7-25)$$

式中:Y 是由内部活动项 U 和阈值 T 决定的二值脉冲;V_T 是阈值放大系数,α_T 是阈值时间衰减常数,它们决定了神经元点火周期的长短。

以 PCNN 模型为基础设计的图像融合算法中,PCNN 组成了与图像像素大小相同的网络阵列,每个神经元的外界输入信号是源图像对应位置像素点的灰度值。如果一个 PCNN 接收的外部刺激达到了其点火冲动的阈值条件,就会输出一个脉冲信号 $Y(n)$。这一脉冲信号会向周围神经元传导,激发周边 PCNN 同步点火发放信号。由此可见,PCNN 参数决定了其发放脉冲信号的时间和条件,因此,在以 PCNN 模型为基础的图像融合过程中,参数的设定对融合效果的好坏起到了非常重要的作用。

7.2.2　PCNN 简化模型

如图 7-5 所示的 PCNN 神经元模型直接用于图像处理时仍存在一些缺点:①存在大量非线性和漏电容积分等因素,使得对网络的分析较为困难;②网络参数难以确定;③基于空间邻近和灰度相似的像素集群模糊等。为了克服上述局限性,更好地将其用于图像处理,人们提出了各种改进模型。这里给出其中一种模型的数学方程:

$$F_{ij}(n) = I_{ij} \qquad (7-26)$$

$$L_{ij}(n) = e^{-\alpha_L} L_{ij}(n-1) + v_L \sum W_{ijkl} Y_{kl}(n-1) \qquad (7-27)$$

$$U_{ij}(n) = F_{ij}(n) * [1 + \beta L_{ij}(n)] \qquad (7-28)$$

$$T_{ij}(n) = \mathrm{e}^{-\alpha_T} T_{ij}(n-1) + V_T Y_{ij}(n) \qquad (7-29)$$

$$Y_{ij}(n) = \begin{cases} 0, & U_{ij}(n) > T_{ij}(n) \\ 1, & \text{其他} \end{cases} \qquad (7-30)$$

式中:下标(i,j)是神经元的标号,$F_{ij}(n)$是(i,j)神经元在第n次迭代时的反馈输入,I_{ij}为第(i,j)个像素的灰度值,$L_{ij}(n)$是神经元的链接输入,β是链接强度,T为阈值,U_{ij}是神经元的内部行为,$Y_{ij}(n)$是第n次迭代时(i,j)神经元的输出;W为神经元之间的链接权系数矩阵,V_L是链接输入的放大系数;T_{ij}和V_T是变阈值函数输出和阈值放大系数,α_L和α_T分别为链接输入和变阈值函数的时间常数。n表示迭代次数。如果$U_{ij}(n) > T_{ij}(n)$,神经元就产生一个脉冲,称为一次点火。事实上,n次迭代以后,人们常利用(i,j)神经元总的点火次数来表示图像对应点处的信息。经过 PCNN 点火,一般由神经元总的点火次数构成的点火映射图作为 PCNN 的输出。

可以看出,改进 PCNN 模型在减少了 PCNN 模型参数的同时,保持了原模型的几个重要的特征:①保持了 PCNN 的连续域特征;②内部活动项仍由输入域和链接域按照非线性方式共同组成,链接域作用的大小由链接强度 β 决定;③阈值按照指数规律动态衰减。

7.2.3 基于自适应 PCNN 的图像融合算法

在传统基于 PCNN 的图像处理中,每个神经元链接强度取同一常数,且根据实验或经验选择一个合适的数值来使用。这对图像处理的自动化和普遍适用性是一个较大的限制。在人眼视觉系统中,视觉对具有明显特征的区域反应较特征不明显的区域更为强烈,因此,有理由认为所有神经元的链接强度值不相同,PCNN 中神经元链接强度的取值与对应像素的特征有关。

作为显著性特征,人们提出将源图像中像素的梯度能量作为 PCNN 中对应神经元链接强度的值。拉普拉斯能量(Energy of Laplacian,EOL)反映区域的局部特征,并且比梯度能量更能有效地衡量区域的清晰度。因此,可以利用像素的 EOL 作为 PCNN 中对应神经元链接强度的值。一个特征仅能衡量图像的一个方面,于是人们提出了基于多特征的自适应 PCNN 的图像融合新算法,即使用显著性特征拉普拉斯能量和标准差(Standard Deviation,SD)分别作为 PCNN 对应神经元的链接强度值。

像素点(x,y)处的 EOL 和 SD 定义分别如下:

$$\mathrm{EOL} = \sum_{(u,v)\in\omega} (f_{uu} + f_{vv})^2 \qquad (7-31)$$

$$\mathrm{SD} = \sqrt{\frac{1}{l^2} \sum_{(u,v)\in\omega} [f(u,v) - \bar{f}]^2} \qquad (7-32)$$

式中

$$\begin{aligned}
f_{uu} + f_{vv} = &-f(u-1,v-1) - 4f(u-1,v) - f(u-1,v+1) - 4f(u,v-1) + 20f(u,v) - \\
&4f(u,v+1) - f(u+1,v-1) - 4f(u+1,v) - f(u+1,v+1)
\end{aligned}$$

$f(u,v)$为(u,v)处的像素值,ω为以(x,y)为中心、大小为$l\times l$的窗口,l为奇数(一般为 3 或 5),$\bar{f}$为窗口ω中所有像素的灰度平均值。拉普拉斯能量反映了图像局部的清晰度,拉普拉斯能量越大,图像越清晰。标准差反映了图像灰度局部的对比度变化程度,在标准差大的地方,图像灰度变化较大。

基于自适应 PCNN 的图像融合新算法具体描述如下:使用像素的两个特征(EOL 和 SD)分别作为 PCNN 对应神经元的链接强度值,经过 PCNN 点火获得每幅源图像的两个特征对应的点火映射图,再通过加权函数,构造每幅源图像的新点火映射图,最后比较源图像的新点火映射图,选取点火次数最大者作为融合后该像素点的像素值。加权函数定义如下:

$$\tilde{f} = \omega_1 f_1 + \omega_2 f_2 \tag{7-33}$$

式中:$\tilde{f}$ 表示图像的新点火映射图;f_1 和 f_2 分别表示 EOL 和 SD 对应的点火映射图;$\omega_1 + \omega_2 = 1$,$\omega_i > 0 (i=1,2)$,这里取 $\omega_1 = \omega_2 = 0.5$。

基于自适应 PCNN 的图像融合算法步骤如下:

(1) 对待融合的两幅图像 A 和 B(可推广到多幅)归一化,分别记为 A' 和 B'。令 A' 作为第一个神经网络 PCNN1 和第二个神经网络 PCNN2 中各神经元的反馈输入,B' 作为第三个神经网络 PCNN3 和第四个神经网络 PCNN4 中各神经元的反馈输入。

(2) 计算 A' 和 B' 中每个像素的 EOL,并将其分别作为 PCNN1 和 PCNN3 中相应神经元的链接强度值;计算 A' 和 B' 中每个像素的 SD,并将其分别作为 PCNN2 和 PCNN4 中相应神经元的链接强度值。

(3) 对每一个 PCNNi($i=1,2,3,4$),令 $L_{ij}(0) = U_{ij}(0) = T_{ij}(0) = Y_{ij}(0) = 0$;根据式 (7-27)~式(7-30)计算 $L_{ij}(n)$,$U_{ij}(n)$,$Y_{ij}(n)$ 和 $T_{ij}(n)$。

(4) 设 PCNN i 的输出为 T_i($i=1,2,3,4$),则由式(7-33)可得 A 和 B 对应的新点火映射图 T_A 和 T_B:$T_A = \omega_1 T_1 + \omega_2 T_2$,$T_B = \omega_1 T_3 + \omega_2 T_4$。

(5)采用如下规则选取融合系数:

$$\left. \begin{array}{l} F(i,j) = A(i,j), \quad T_A(i,j) > T_B(i,j) \\ F(i,j) = B(i,j), \quad T_A(i,j) \leqslant T_B(i,j) \end{array} \right\} \tag{7-34}$$

对选出的融合系数进行一致性检测和调整得到融合图像。一致性调整按照"多数"原则进行,即在选择的结果中,若某个像素的邻域中至少有一半以上的像素来自图像 A,则该像素在融合结果中的灰度值就由图像 A 决定,否则由图像 B 决定。

基于自适应 PCNN 的图像融合过程如图 7-6 所示。

为了验证上述基于自适应 PCNN 的图像融合算法的有效性,下面将对可见光图像与毫米波图像进行融合实验。这里将基于自适应 PCNN 的图像融合算法与拉普拉斯金字塔方法(简称为方法一)、小波方法(简称为方法二)、β 固定的 PCNN 的融合方法(简称为方法三)进行对比。在方法一和方法二中,采用高频层像素值选大、低频层取平均的融合规则。在方法三和基于自适应 PCNN 的图像融合算法中,除 β 之外(方法三中,所有神经元的链接强度值 $\beta = 0.2$),PCNN 中其余的参数取相同的值,分别为 $p \times q = 3 \times 3$,$\alpha_L = 0.069\,31$,$\alpha_\theta = 0.2$,$V_L = 1.0$。

图 7-7(a)(b)分别为用于隐匿武器检测的可见光图像和毫米波图像,从图 7-7(a)可

以看到每个人的位置及身体等信息,而从图 7-7(b)中可以发现枪支的成像。图 7-7(c)
(d)(e)(f)分别为可见光图像与毫米波图像采用基于自适应 PCNN 的图像融合算法及方法
一、方法二和方法三的融合结果。

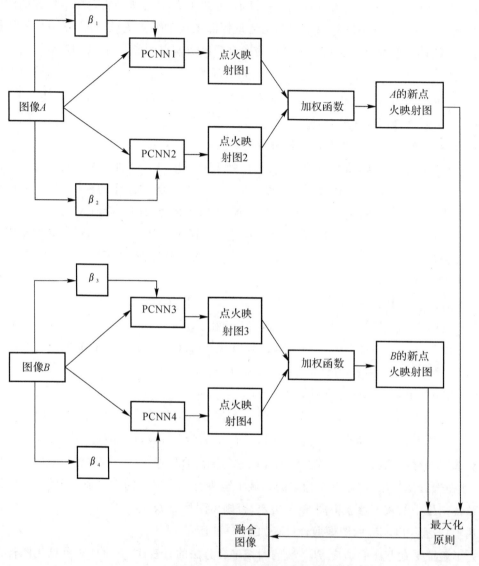

图 7-6 基于自适应 PCNN 的图像融合算法原理图

7.2.4 双通道 PCNN 和人工鱼群相结合的图像融合算法

1. 双通道 PCNN 模型

PCNN 原始模型较为复杂,存在大量不确定的参数需要设定,造成 PCNN 用于图像融
合时计算量大、效率低的缺点。为了将 PCNN 模型快速并行运算的特点更好地应用于实际

应用当中，PCNN 的简化模型已经引起了很多学者的关注和研究。针对图像融合的特点，为降低参数设置难度，缩短运行时间，在原始脉冲耦合神经网络基础上进行了扩充和改进，形成了一种新的 PCNN 改进模型，称为双通道 PCNN 模型，如图 7-8 所示。

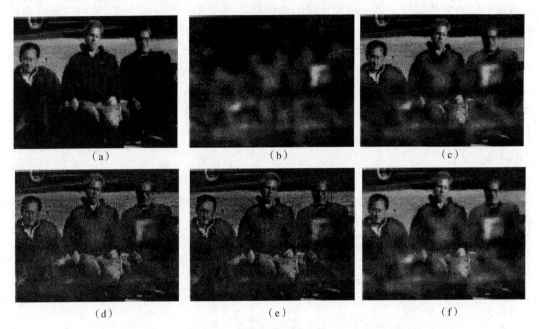

图 7-7　可见光图像与毫米波图像以及各种方法的融合结果
(a)可见光图像；(b)毫米波图像；(c)基于自适应 PCNN 的图像融合算法的融合结果；
(d)方法一的融合结果；(e)方法二的融合结果；(f)方法三的融合结果

和原始 PCNN 模型类似，每个双通道 PCNN 神经元也分为三个部分：神经元树突、信息融合区以及脉冲发生器。神经元树突的作用是接收两种输入信号，这种信号是来自外部刺激和周围的神经元的信号耦合；信息融合区是所有数据融合的关键位置；脉冲发生器的作用是产生输出脉冲。和原始 PCNN 模型相比，两种外部刺激可以同时输入模型中。双通道 PCNN 模型的离散数学表达式为

$$H_{ij}^1(n) = M[Y(n-1)] + S_{ij}^1 \tag{7-35}$$

$$H_{ij}^2(n) = W[Y(n-1)] + S_{ij}^2 \tag{7-36}$$

$$U_{ij}(n) = [1 + \beta^1 H_{ij}^1(n)][1 + \beta^2 H_{ij}^2(n)] + \sigma \tag{7-37}$$

$$T_{ij}(n) = e^{-\alpha_T} T_{ij}(n-1) + V_T Y_{ij}(n) \tag{7-38}$$

$$Y_{ij}(n) = \begin{cases} 1, & U_{ij}(n) > T_{ij}(n-1) \\ 0, & 其他 \end{cases} \tag{7-39}$$

双通道 PCNN 有两个输入通道[见式(7-35)和式(7-36)]，H^1 和 H^2 代表两个通道的脉冲信号，S_{ij}^1 和 S_{ij}^2 是图像的灰度值作为神经元的外部刺激，M 和 W 是链接权值，代表了周围神经元对当前神经元的影响程度。式(7-37)解释了神经元内部活动状态，β^1 和 β^2 是通道 H^1 和 H^2 的链接权值，一般情况下 $0 < \beta < 1$，β 值表示所在通道信号的重要程度，如

果一个源图像在融合系统中起着重要的作用,就增加其相应的值,以强调其在图像融合过程中的重要性,σ 是调整内部活动的水平调节参数。其他参数和原始 PCNN 参数相同。

　　双通道 PCNN 组成了单层二维阵列的网状连接,在网络中的神经元的数目等于每个输入图像中的像素的数目。每个神经元和图像像素之间存在一一对应关系,像素的灰度值被视为神经元的外部刺激。对于一个神经元,其刺激来自两幅不同的图像中的相应像素,具有相同的位置。因此,外部输入的两幅图像必须配准,且具有相同的分辨率,否则图像融合就没有意义,数据融合发生在神经元的内部状态中。当使用双通道 PCNN 进行多源图像融合时,可将多个外部刺激同时输入一个神经元中。这实现了并行处理两幅图像的功能,节省了图像融合过程中的时间,并减少了计算复杂度。另外,双通道 PCNN 模型既减少了参数,又保留了原始 PCNN 的特性。

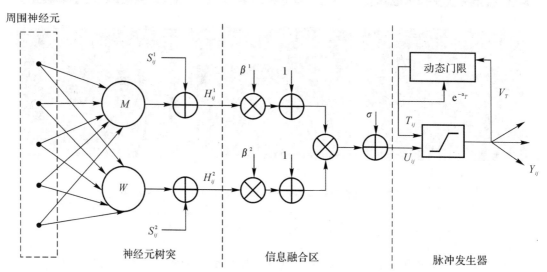

图 7 - 8　双通道 PCNN 神经元模型

　　相比于传统多层神经网络,PCNN 为单层模型神经网络,虽然其参数设定不需要训练,但众多参数的设定限制了其进一步应用。目前的理论很难解释 PCNN 数学模型参数与图像处理效果之间的关系,其理论探讨及应用研究正在进行之中。对于不同应用环境下的输入图像,其参数仍然需要重新设定,而手工设定非常麻烦,使用经验值又很难达到理想的应用效果,这明显制约着 PCNN 应用的深度和广度。PCNN 取不同的参数值,获得的融合结果有较大差别,而且根据经验人为调整参数不仅费时费力,而且无法满足自动、自适应实现图像融合的工程需求。

　　为了满足 PCNN 参数在不同应用环境下自动调整设定的要求,国内外学者做了多方面的尝试研究,如引入最大熵迭代终止条件、误差反向传播概念、梯度下降法、遗传算法等来自动调整 PCNN 模型参数,实现了参数随图像融合不同图像源自动调整获得最优结果的功能。此外,还应用图像空间域内多种典型的清晰度评价方法,如图像梯度能量、拉普拉斯能量、改进的拉普拉斯能量和空间频率,它们都是通过测量像素的变化程度来表征图像区域特征明显程度,从而作为 PCNN 对应神经元的链接强度系数,取得了较好的融合效果。

在上述基础上,人们提出应用人工鱼群算法对 PCNN 中水平调节因子、放大系数、信号衰减时间常数等参数在图像融合过程中进行自动调整,并利用互信息和结构相似度构建综合加权图像融合评价标准作为参数优化目标函数。同时根据视觉神经对图像清晰、特征明显的区域会更关注、反应更强烈这一仿生学原理,结合 SAR 和可见光图像的特征,采用辐射分辨率和平均梯度分别作为双通道 PCNN 链接强度的指标。经过以上方法对双通道 PCNN 参数的自动调整实现了自适应 PCNN 图像融合。

2. 自适应 PCNN 的链接强度

在传统研究 PCNN 图像融合中,全部 PCNN 的链接强度取值都相同。可是根据常识可知人眼视觉中,视觉神经对特征明显区域的反应一定比特征不明显的区域反应强烈,不可能每个神经元的链接强度都相同。因此可以认为,PCNN 中神经元链接强度的取值与对应像素的特征有一定的关系,而不是固定的常数。

根据仿生学原理,人眼对图像清晰、特征明显的区域会更关注、反应更强烈,同时也说明视觉神经更兴奋;反之,则人眼对图像模糊、特征不明显的区域会进行忽略,部分信息会进行无意识的弱化,因此,有理由相信神经元对图像清晰、特征明显的区域链接强度会相对较大,而对图像模糊、特征不明显的区域链接强度会相对较小。PCNN 链接强度 β 恰恰是反映神经网络反应强烈程度的指标,因此,其值与图像特征存在关联,并根据输入刺激的强弱进行相应调整。上节给出了将拉普拉斯能量和标准差作为 PCNN 链接强度参数的自适应融合算法,本节以可见光图像和 SAR 图像为研究对象,分别对衡量其清晰度的指标进行分析,并作为链接强度强弱的依据。

图像的平均梯度(AG)反映图像微小细节反差变化的速率与纹理变化特征,是衡量图像模糊程度的重要指标,用来表征图像的清晰度。一般来说,图像的 AG 越大,图像越清晰,因此,AG 可以作为衡量可见光图像特征明显程度的重要指标之一。SAR 图像和可见光图像存在巨大差异,SAR 图像和可见光图像质量评价标准也存在一定区别,因此,不能刻板地继续使用平均梯度作为 SAR 图像特征明显程度的指标。SAR 图像面目标质量指标利用图像区域信息,体现图像中目标辨识能力。其中辐射分辨率 γ 是衡量 SAR 系统灰度级分辨能力的一种量度,更精确地说,它定量地表示了 SAR 系统区分目标后向散射系数的能力,是 SAR 系统对相邻目标散射系数的分辨能力。

平均梯度和辐射分辨率是可见光图像和 SAR 图像的显著性特征,可分别作为 PCNN 中对应神经元链接强度的指标。也就是说,在 PCNN 中 β 随着图像特征变化自适应地调整,源图像中特征明显的像素区域链接强度相应较大,这样就符合了视觉神经元对特征明显区域神经反应更强烈的原理,同时也实现了链接强度根据融合图像的特征自适应调整的目的。

$$\beta_{ij}^1 = \frac{1}{4} \sum_{i=1}^{3} \sum_{j=1}^{3} \left\{ [I(i,j) - I(i+1,j)]^2 + [I(i,j) - I(i,j+1)]^2 \right\}^{\frac{1}{2}} \quad (7-40)$$

$$\beta_{ij}^2 = 10 \sum_{i=1}^{3} \sum_{j=1}^{3} \lg \left(\frac{\sigma_{I_{ij}}}{\mu_{I_{ij}}} + 1 \right) \quad (7-41)$$

虽然双通道 PCNN 及其改进模型对图像融合结果展现出一定的有效性,然而这一方法仍然存在一个重要的问题,就是如何科学、有效地进行参数选取。双通道 PCNN 算法包含链接强度、水平调节因子、放大系数、信号衰减时间常数等参数,对这些参数进行分析可以发现:链接强度反映引发点火的相邻范围大小,其值越大,表示同步脉冲方法区域越大,可以更多地捕获图像的细节信息;水平调节因子取值越大,则内部输出项 U 也越大,会改变脉冲的产生;放大系数和信号衰减时间常数的选取直接影响到点火次数和速度,进而影响到融合图像的结果。

3. 引入人工鱼群的自适应 PCNN 融合

双通道 PCNN 中水平调节因子 σ、阈值放大系数 V_T、阈值信号衰减时间常数 α_T 等参数采用人工鱼群算法进行多参数寻优。人工鱼群寻优算法的相关理论详见第 2 章。

借鉴遗传算法初始化编码思想,对人工鱼个体进行初始化。具体做法如下:在给定水平调节因子 σ、阈值放大系数 v_T、阈值信号衰减时间常数 α_T 三个优化参数的寻优范围基础上,将各个优化参数以十进制浮点数形式进行编码,然后将它们的编码按顺序排列在一起组成一个个体,形成一条人工鱼。每条人工鱼 $x=(\sigma,V_T,\alpha_T)$ 都包含水平调节因子 σ、阈值放大系数 v_T、阈值信号衰减时间常数 α_T 三个优化参数,水平调节因子 σ 的变化范围为 $[-1,1]$,阈值放大系数 v_T 的变化范围为 $[1\,000,5\,000]$,阈值信号衰减时间常数 α_T 的变化范围为 $[0,1]$。随机生成 N 个人工鱼个体作为初始鱼群,则第 k 条人工鱼可以表示为 $x_k=(\sigma_k,V_{Tk},\alpha_{Tk})$,$k=1,2,\cdots,N$。

食物浓度函数反映了人工鱼当前状态处的性能指标优劣,食物浓度函数的构造是通过性能指标的映射完成的。人工鱼群寻优的基本思想就是在一片水域中,鱼群在觅食过程中会根据各区域的食物多少、其他鱼的位置等信息来进行游动。这样食物多的水域会聚集较多的鱼,而食物少的水域鱼会越来越少。人工鱼群算法构造每条人工鱼都具有觅食、聚群、追尾和随机的基本行为,每条鱼都有局部寻优能力,鱼群共同形成全局寻优能力。该算法具有良好的克服局部极值、取得全局极值的能力。

在图像融合过程中,食物浓度高低代表融合得到的图像的质量好坏。通过图像融合质量客观评价指标构造一个目标函数(见下式),这个目标函数值的大小就是食物浓度的高低,j 代表了性能指标的评价水平:

$$J[x(k)]=j_1+j_2+\cdots+j_N \tag{7-42}$$

上文提到的每条人工鱼 $x=(\sigma,V_T,\alpha_T)$ 都包含水平调节因子 σ、阈值放大系数 v_T、阈值信号衰减时间常数 α_T 三个优化参数,由这三个参数组成的双通道 PCNN 图像融合算法就可以得到一幅融合图像,将融合图像经过客观评价方法计算后,就可以得出性能指标值的大小,从而确定这条人工鱼代表的参数,也就是所处位置的食物浓度高低,如果该位置食物浓度较高,模仿鱼群的觅食、聚群、追尾行为,就会有越来越多的鱼聚焦在该位置附近,那么人工鱼包含的参数就会向这个范围靠近,从而实现全局寻优。

这里对食物浓度函数的构造采用互信息(MI)和结构相似度(SSIM)这两个图像客观评价指标作为性能指标,通过其加权和的形式构造目标函数值:

$$J[x(k)]=w_1\mathrm{MI}+w_2\mathrm{SSIM} \tag{7-43}$$

式中:J 为食物浓度函数的性能指标;$x(k)$ 代表第 k 条人工鱼;MI 和 SSIM 分别代表互信息和结构相似度这两个图像客观评价指标;w 是权值,代表互信息和结构相似度在食物浓度函数中所占的比例。

食物浓度函数的构建将双通道 PCNN 图像融合的质量指标反馈到人工鱼群寻优算法中,为参数寻优提供指导,使双通道 PCNN 图像融合算法与人工鱼群寻优算法形成了一个闭环的网络,从而实现参数全局寻优,获得实现最优图像融合结果的一组 PCNN 参数。

综上,"人工鱼群算法+双通道 PCNN 图像融合算法"的组合优化算法流程如下:

(1)初始化设定人工鱼群的视野、步长、人工鱼总数、人工鱼移动的重试次数和拥挤度因子、最大迭代次数等基本参数。

(2)将取值范围给定的待优化参数水平调节因子、阈值放大系数、阈值信号衰减时间常数排列在一起构成一个个体,随机产生 N 个个体作为初始鱼群。

(3)将参数初始化的值代入双通道 PCNN 图像融合算法中,对融合得到的图像计算个体在该状态处的性能指标,即食物浓度。

(4)行为选择:各人工鱼分别模拟追尾行为和聚群行为,选择行动后食物浓度值较大的行为执行,缺省行为方式为觅食行为。

(5)判断是否达到终止条件,若不满足,则转到过程(3)重新进行鱼群优化过程,经过若干次迭代后输出人工鱼群算法寻优值。

(6)输出最优解,算法结束。

为验证基于人工鱼群寻优的自适应双通道 PCNN 图像融合算法的有效性,选取一组从高空对某机场拍摄的经配准后的 SAR 图像和可见光图像作为源图像进行仿真实验,如图 7-9(a)(b)所示。图 7-9(c)为自适应双通道 PCNN 算法的融合图像,仿真过程中 PCNN 的链接强度 β 由平均梯度和辐射分辨率确定,水平调节因子 σ、阈值放大系数 V_T、阈值信号衰减时间常数 α_T 三个优化参数由人工鱼群自适应寻优确定。

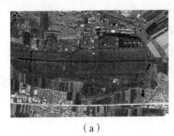 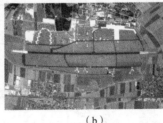 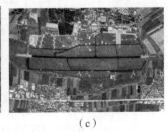

(a) 　　　　　　　　　　(b) 　　　　　　　　　　(c)

图 7-9　基于人工鱼群寻优的自适应双通道 PCNN 的 SAR 和可见光图像融合

(a)机场 SAR 图像;(b)机场可见光图像;(c)机场融合图像

这里选取平均梯度、信息熵和结构相似度三种客观评价方法来衡量融合图像的效果,数值越大,图像质量越好。表 7-1 反映了基于人工鱼群寻优的自适应双通道 PCNN 图像融合算法得到的图 7-9(c)的质量评价结果。根据实验结果可知,自适应算法的融合图像质量指标均比固定参数双通道 PCNN、拉普拉斯变换和小波变换融合算法有很好的提升,特别是针对经验设定固定参数的双通道 PCNN 融合算法不仅解决了费时费力却无法得到最优结果的缺点,而且融合结果也有了很大改善。

表 7 - 1　机场融合图像评价结果

图像类型	自适应 PCNN 算法	固定参数 PCNN	拉普拉斯变换	离散小波变换
平均梯度（AG）	15.323 4	13.179 5	13.282 3	13.546 7
信息熵（IE）	7.459 8	7.400 1	7.299 3	7.252 7
结构相似度（SSIM）	0.625 1	0.491 7	0.629 1	0.607 8

7.2.5　PCNN 与多尺度几何分析方法相结合的图像融合算法

第 6 章介绍了多尺度几何分析方法，如 Curvelet 变换和非采样 Contourlet 变换（NSCT）等。多尺度几何分析方法能更有效地表示图像的边缘及轮廓，因此，被广泛应用于图像融合。本章介绍的 PCNN 模型具有全局耦合特性，因此，将多尺度几何分析方法与 PCNN 结合起来，充分发挥它们各自的优点，可以得到比以往基于区域的融合规则更好的性能。目前，NSCT 与 PCNN 相结合的图像融合方法得到了更多的关注。

传统 NSCT 图像融合框架如图 7 - 10 所示，若对低频子带或带通子带采用 PCNN 进行融合，则实现了 NSCT 和 PCNN 的结合。

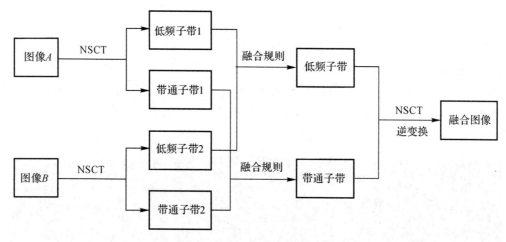

图 7 - 10　基于 NSCT 的图像融合框架

基于 NSCT 的 PCNN 融合算法主要包括如下形式：

（1）对 NSCT 分解后的低频采用 PCNN 进行融合，对带通子带采用其他融合规则。

（2）对 NSCT 分解后的带通采用 PCNN 进行融合，对低频子带采用其他融合规则。

（3）对 NSCT 分解后的低频和带通子带都采用 PCNN 进行融合。

下面介绍一种对低频子带采用基于边缘的方法、对带通子带采用 PCNN 进行融合的方案。

1. 低频子带的融合规则

目前，人们对低频分量常采用简单的平均法。由于没有考虑图像的边缘等特征，这样就会在一定程度上降低图像的对比度，所以这里给出对低频子带系数采用基于边缘的选择方案，具体描述如下。

— 150 —

对源图像 A 的低频子带系数定义一个变量 E_A :

$$E_A(m,n)=\left[\boldsymbol{F}_1*C_{i_0}^A(m,n)\right]^2+\left[\boldsymbol{F}_2*C_{i_0}^A(m,n)\right]^2+\left[\boldsymbol{F}_3*C_{i_0}^A(m,n)\right]^2 \quad (7-44)$$

式中: $*$ 表示卷积; $p=(m,n)$ 表示 NSCT 低频子带系数的空间位置;

$$\boldsymbol{F}_1=\begin{bmatrix}-1 & -1 & -1 \\ 2 & 2 & 2 \\ -1 & -1 & -1\end{bmatrix}, \quad \boldsymbol{F}_2=\begin{bmatrix}-1 & 2 & -1 \\ -1 & 2 & -1 \\ -1 & 2 & -1\end{bmatrix}, \quad \boldsymbol{F}_3=\begin{bmatrix}-1 & 0 & -1 \\ 0 & 4 & 0 \\ -1 & 0 & -1\end{bmatrix} \quad (7-45)$$

同样,对图像 A 可定义变量 E_A ,变量 E 在一定程度上反映了图像在水平、垂直和对角线方向的边缘信息。因此,为了较好地保留原图像中的细节,可对两幅图像的低频子带系数计算出变量 E ,并选择 E 较大的尺度系数作为融合图像的低频子带系数,这样就能在融合图像中最大程度地保留原图像的边缘信息。融合函数表达如下:

$$C_{i_0}^F(m,n)=W_A C_{i_0}^A(m,n)+W_B C_{i_0}^B(m,n) \quad (7-46)$$

式中

$$W_A=\begin{cases}1, & E_A(m,n)\geqslant E_B(m,n) \\ 0, & 其他\end{cases}, \quad W_B=\begin{cases}1, & E_B(m,n)\geqslant E_A(m,n) \\ 0, & 其他\end{cases}$$

2. 带通子带的融合规则

对各带通子带系数采取一种自适应的基于 PCNN 的图像融合方法,得到融合图像的各带通子带系数。下面详细讨论基于自适应 PCNN 的图像融合方法。

如前所述,PCNN 中神经元链接强度的取值与对应像素的特征有一定的关系,而不是固定的常数。因此,这里利用像素的 EOL 和可见度(Visibility, VI)分别作为 PCNN 中对应神经元的链接强度值。

像素点 (x,y) 处的 EOL 如式(7-31)所示, (x,y) 处的 VI 定义如下:

$$VI=\frac{1}{N}\sum_{(u,v)\in\omega}\left(\frac{1}{m_k}\right)^{\alpha}\frac{|f(u,v)-m_k|}{m_k} \quad (7-47)$$

式中: $f(u,v)$ 为 (u,v) 处的像素值; ω 为以 (x,y) 为中心、大小为 $l\times l$ 的窗口, l 为奇数(一般为 3 或 5); m_k 为窗口 ω 中所有像素灰度平均值; N 为窗口 ω 中总像素数; α 为常数 $(0.6\leqslant\alpha\leqslant0.7)$ 。可见度反映了图像灰度局部的对比度变化程度,可见度越大,图像灰度变化越大。

使用像素的两个特征(EOL 和 VI)分别作为 PCNN 对应神经元的链接强度值,经过 PCNN 点火获得每幅源图像的两个特征对应的点火映射图,再通过加权函数构造每个参与融合图像的新点火映射图。加权函数定义如下:

$$\tilde{f}=\omega_1 f_1+\omega_2 f_2 \quad (7-48)$$

式中: $\tilde{f}$ 表示图像的新点火映射图; f_1 和 f_2 分别表示 EOL 和 VI 对应的点火映射图; $\omega_1+\omega_2=1$, $\omega_i>0(i=1,2)$,这里选取 $\omega_1=\omega_2=0.5$ 。

定义两幅图像 PCNN 脉冲次数的相似程度,即匹配度,相似程度越高,匹配度越大。匹配度的定义如下:

$$M(x,y)=\frac{2T_A(x,y,N)T_B(x,y,N)}{\left[T_A(x,y,N)\right]^2+\left[T_B(x,y,N)\right]^2} \quad (7-49)$$

式中：$T_A(x,y,N)$和$T_B(x,y,N)$分别表示图像A和B分别经过N次迭代后(x,y)处元素的点火次数。

改进的基于PCNN的融合步骤如下：

（1）对待融合的两幅图像A和B归一化，分别记为A'和B'。令A'作为第一个神经网络PCNN1和第二个神经网络PCNN2中各神经元的反馈输入，B'作为第三个神经网络PCNN3和第四个神经网络PCNN4中各神经元的反馈输入。

（2）计算A'和B'中每个像素的EOL，并将其分别作为PCNN1和PCNN3中相应神经元的链接强度值；计算A'和B'中每个像素的VI，并将其分别作为PCNN2和PCNN4中相应神经元的链接强度值。

（3）设PCNN i的输出为$T_i(i=1,2,3,4)$，则由式（7-30），可得A和B对应的新点火映射图T_A和T_B：$T_A=\omega_1 T_1+\omega_2 T_2$，$T_B=\omega_1 T_3+\omega_2 T_4$。

（4）采用如下规则选取融合系数：

$$F(x,y)=\begin{cases}A(x,y)，M(x,y)\leqslant T_{th}\ 且\ T_A(x,y)\geqslant T_B(x,y)\\ B(x,y)，M(x,y)\leqslant T_{th}\ 且\ T_A(x,y)<T_B(x,y)\\ C_A A(x,y)+C_B B(x,y)，M(x,y)>T_{th}\end{cases} \quad (7-50)$$

式中：$C_A=\dfrac{T_A(x,y)}{T_A(x,y)+T_B(x,y)}$；$C_B=\dfrac{T_B(x,y)}{T_A(x,y)+T_B(x,y)}$；实验中取$T_{th}=0.9$。

至此，得到了融合图像的低频子带系数和各带通子带系数，对它们进行NSCT逆变换便得到融合图像F。

为验证NSCT+PCNN算法的有效性，这里将目前图像融合处理中经常用到的拉普拉斯金字塔方法（简称为方法一）、小波方法（简称为方法二）和传统的基于NSCT的融合方法（简称为方法三）作比较。在方法一、二和三中，高频层采用像素值选大、低频层取平均的融合规则。在方法三和NSCT+PCNN方法中，从"细"尺度到"粗"尺度的方向分解级数依次为1、2、2，尺度分解滤波器采用"9-7"滤波器，方向分解滤波器采用"dmaxflat"滤波器。在NSCT+PCNN方法中，PCNN中参数的取值分别为$p\times q=3\times3$，$\alpha_L=0.06931$，$\alpha_\theta=0.2$，

$$V_L=1.0，V_\theta=20，n=200，\boldsymbol{W}=\begin{bmatrix}0.707 & 1 & 0.707\\ 1 & 0 & 1\\ 0.707 & 1 & 0.707\end{bmatrix}。$$

从视觉效果来看，NSCT+PCNN算法的融合结果既较好地保留了可见光图像中的景物特征信息，又继承了红外图像中的热目标（人物）信息，且边缘细节突出。相比之下，方法一和方法二的融合图像虽然保留了主要景物，但边缘较模糊；方法三的融合图像的边缘信息有所改善，但背景信息没有NSCT+PCNN算法丰富；并且由图7-11可以看出，方法一、二和三的房屋和灯光等信息特征明显不如NSCT+PCNN算法突出。

除主观评价之外，下面将采用熵、互信息、$Q^{AB/F}$和标准差等客观评价指标对上述4种方法进行客观比较，4种客观评价指标值越大，说明融合结果越好，比较结果见表7-2。对表中的计算结果进行比较可以看出，NSCT+PCNN方法的熵、互信息、$Q^{AB/F}$和标准差高于其余的3种方法。从上面3组图像处理结果及数据表可以看出，NSCT+PCNN的方法要优于其余3种方法。

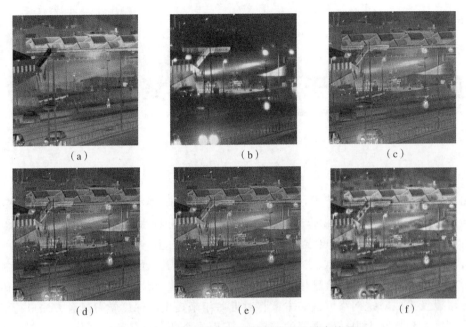

图 7 - 11　红外图像与可见光图像以及融合结果

(a)红外图像；(b)可见光图像；(c)方法一的融合结果；
(d)方法二的融合结果；(e) 方法三的融合结果；(f)NSCT＋PCNN 方法的融合结果

表 7 - 2　红外图像与可见光图像不同融合算法性能比较

融合方法	评价指标			
	熵	互信息	$Q^{AB/F}$	标准差
方法一	6.951 6	2.153 4	0.595 9	33.762
方法二	6.953 1	2.006 2	0.552 5	33.569
方法三	6.928 8	2.087	0.583 7	33.063
NSCT＋PCNN 方法	**7.169 6**	**2.352 6**	**0.599 7**	**40.282**

第 8 章 基于深度神经网络的图像融合

图像融合算法可以分为 7 类,分别是多尺度变换、稀疏表示、神经网络、子空间、显著性、混合模型法和深度学习。与深度学习的方法相比,其他方法太过依赖人工活动水平的测量和融合规则的设计,而基于深度学习的方法通过网络的自主学习训练,避免了活动水平测量和融合规则设计所带来的困难,实现了端对端的融合方式。近些年,越来越多的深度神经网络融合方法被应用于图像融合领域,其方法大致分为 3 类:卷积神经网络方法、自编码解码网络方法以及生成对抗网络方法。本章将对近些年来提出的深度学习融合方法进行详细描述。深度学习建立在大规模数据集的基础上,下面先介绍不同领域的图像集,接着介绍 3 类深度学习图像融合模型,最后给出仿真实验结果。

8.1 多传感器图像融合数据集

目前,基于深度学习的多传感器图像融合主要集中于红外图像和可见光图像、医学图像以及遥感图像,其中以红外图像和可见光图像的融合研究居多。下面给出常见用于图像融合的数据集。

8.1.1 红外图像和可见光图像融合数据集

1. TNO 数据集

TNO 数据集来自不同波段的相机系统,其包含不同场景下的多光谱图像,如视觉增强图像、近红外图像、可见光图像、长波红外图像等。该数据集的相机系统分别是 Athena、DHV、FEL 和 TRICLOBS;Athena 系统提供了一些军事方面的目标和背景图像,如飞机、士兵等;DHV 系统、FEL 系统提供了一些场景图像,如行人、道路、日出、湖畔等;TRI-CLOBS 系统提供了一些日常生活图像,如住房、汽车等。下面展示来自 TNO 数据集不同系统的几幅图像,如图 8-1 所示。

2. RoadScene 数据集

RoadScene 数据集包含 221 对红外图像和可见光图像,它们选自于 FLIR 视频序列,包含了丰富的生活场景,如马路、交通工具、行人等。该数据集对原始的红外图像的背景热噪声进行了预处理,并准确对齐红外图像和可见光图像对,最终裁剪出精确的配准区域以形成该数据集。图 8-2 展示了 RoadScene 数据集不同场景下的图像。

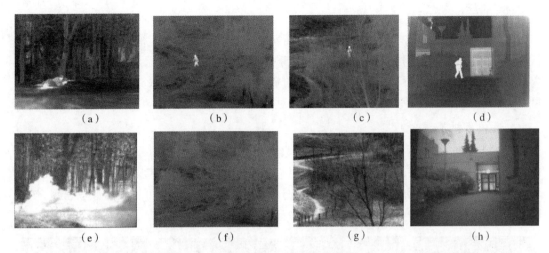

图 8-1　Athena、DHV、FEL 以及 TRICLOBS 系统采集到的红外图像和可见光图像

(a)Athena 系统采集到的红外图像;(b)DHV 系统采集到的红外图像;(c)FEL 系统采集到的红外图像;
(d)TRICLOBS 系统采集到的红外图像;(e)Athena 系统采集到的可见光图像;(f)DHV 系统采集到的可见光图像;
(g)FEL 系统采集到的可见光图像;(h)TRICLOBS 系统采集到的可见光图像

图 8-2　RoadScene 数据集不同场景下的图像

(a)马路的红外图像;(b)交通工具的红外图像;(c)行人的红外图像;(d)马路的可见光图像;
(e)交通工具的可见光图像;(f)行人的可见光图像

3. INO 数据集

　　INO 数据集是由加拿大光学研究所发布的,包含了几对在不同天气和环境下的可见光视频和红外视频,如 BackyardRunner、CoatDeposit、GroupFight、MulitpleDeposit 等。在对预训练模型测试过程中,一般从几个视频序列中随机挑选一些帧来验证模型的有效性。图 8-3 展示了该数据集不同视频序列中的一些帧率图像。

4. OTCBVS 数据集

OTCBVS 数据集用于测试和评估一些新颖和先进的计算机视觉算法,包括了多个子数据集,如热目标行人数据集、红外与可见光人脸数据集、自动驾驶数据集、红外与可见光行人数据集等。其中红外与可见光行人数据集拍摄于俄亥俄州立大学校园内繁忙的道路交叉口,包含了 17 089 对红外图像与可见光图像对,图像大小为 320×240。

5. 其他数据集

除以上数据集之外,还存在一些公开的数据集,比如 MS - COCO 数据集。由于红外图像和可见光图像数据缺乏,所以研究者用 MS - COCO 数据集的灰度图像训练模型。为了获得红外图像目标,有研究者提出基于语义分割标签的红外图像和可见光图像数据集,使得网络模型对红外目标和可见光图像背景更敏感。

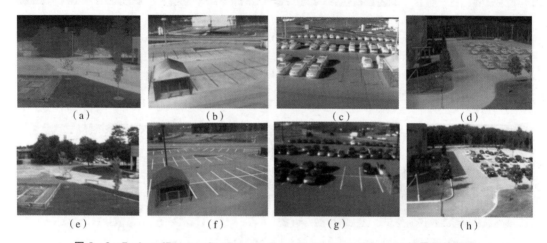

图 8 - 3 BackyardRunner、CoatDeposit、GroupFight、MulitpleDeposit 场景下的图像

(a)BackyardRunner 场景下的红外图像;(b)CoatDeposit 场景下的红外图像;(c)GroupFight 场景下的红外图像;(d)MulitpleDeposit 场景下的红外图像;(e)BackyardRunner 场景下的可见光图像;(f)CoatDeposit 场景下的可见光图像;(g)GroupFight 场景下的可见光图像;(h)MulitpleDeposit 场景下的可见光图像

8.1.2 医学图像融合数据集

医学图像融合的研究是随着多模式医学影像设备在医学领域中的应用发展起来的,医学图像融合是指把多模态技术生成的图像的优势结合在一张图片上,使图片上的信息更加完整。融合后的图像:一方面,便于医生根据图片诊断病情;另一方面,为人体各部位器官的重构打下了很好的基础,使其在虚拟手术模拟中有更多完善、真实的信息。

在医学影像领域,依据成像方式的不同,分为结构成像和功能成像两大类。结构成像技术细分为电子计算机断层扫描(Computed Tomography,CT)和磁共振成像(Magnetic Resonance Imaging,MRI);功能成像技术细分为正电子发射断层扫描(Positron Emission Tomography,PET)和单光子发射计算机断层扫描(Single Photon Emission Computed Tomography,SPECT)。

骨骼和钙化病变的分辨率不如 CT 图像高;CT 图像的密度分辨率高,具有清晰的骨骼结构信息,但是对软组织分辨率不高。因此,将 CT 图像和 MRI 图像进行融合,融合后的图像同时显示钙化囊肿和该疾病的颗粒状结节的软组织病变,有利于疾病的诊断和治疗。PET 图像可用于定量和动态检测人体中的代谢物质或药物,将 PET 图像和 CT 图像融合在一起可进行肺癌诊断。由此可见,多模态医学图像融合技术可以更好地帮助医生对疾病进行精确的诊断和治疗。图 8-4 给出了两组 MRI 图像和 PET 图像。

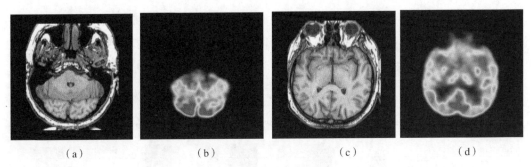

图 8-4　不同模态的医学图像
(a)MRI1;(b)PET1;(c)MRI2;(d)PET2

8.1.3　遥感图像融合数据集

卫星遥感技术在硬件方面的局限导致获取的遥感图像在时间与空间分辨率之间存在矛盾,而时空融合提供了一种高效、低成本的方式来融合具有时空互补性的两类遥感图像数据(典型代表是 Landsat 和 MODIS 图像),生成同时具有高时空分辨率的融合数据,如图 8-5所示。

图 8-5　多光谱图像和高空间分辨率图像
(a)MS1;(b)PAN1;(c)MS2;(d)PAN2

8.2　基于卷积神经网络的图像融合

1998 年,LeCun 等人提出了卷积神经网络,并在论文中提出了 Le-Net5 模型。此模型可以很好地识别 Mnist 手写字,之后被应用于银行钞票识别。2012 年,Krizhevsky 等人利用卷积神经网络模块搭建了一种更深层次的 AlexNet 网络。它被应用于图像分类,并成功赢得了当年 ILSVRC 比赛冠军,成为了深度学习方法的开山之作。

卷积神经网络拥有强大的特征提取能力,被应用于图像融合过程中的特征提取环节,实现了更加智能化的活动水平测量过程。为了提升信息提取能力,卷积神经网络朝着更深层发展,衍生出一系列深层网络,包括 AlexNet、VGGNet、ResNet、DenseNet 等。

2017 年,Liu 等人将深度卷积网络引入图像融合,利用模糊的背景和前景图像来训练网络,并得到一张二值化的权重图谱。在测试阶段,原图像结合权重图谱得到一张融合的多焦点图像,该网络的结构图如图 8-6 所示,其中 CNN 模块如图 8-7 所示。

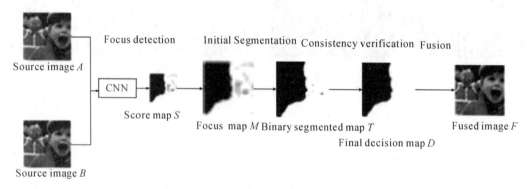

图 8-6 基于 CNN 的多聚焦图像融合流程图

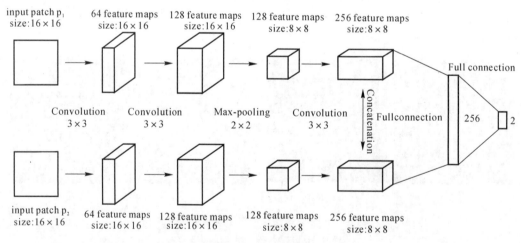

图 8-7 CNN 模块

上述网络是一个分类网络,适用于多聚焦图像的融合,无法适用于异源图像的融合。随后,研究者们尝试在传统方法中引入深度学习模块,给融合图像注入了丰富的语意信息。2018 年,Li 等人推出了一个深度学习框架,成功地融合了异源(红外和可见光)图像,网络结构图如图 8-8 所示。

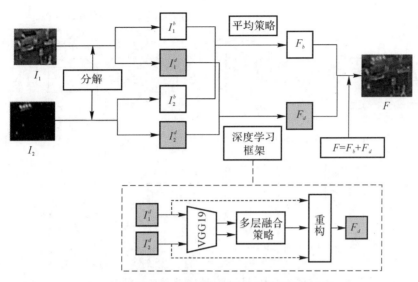

图 8 - 8　深度学习网络在传统融合模型中的应用

在该网络中,CNN 被用来提取原图像特征,获得的权重图作为原图像融合系数,具体步骤如下:

(1)使用导引滤波将原图像分解为基础部分(I^b)和细节部分(I^d)。

(2)基础部分包含了共有特征和冗余信息,使用加权平均法进行融合。

(3)对于细节部分,先使用深度学习方法(VGGNet)完成特征提取,然后设计多层融合策略,最后通过选取最大值的原则获得融合后的细节部分。

(4)将融合后的基础部分和细节部分相加后得到融合图像。

Li 等人发现卷积神经网络提取到的特征在一定程度上可以反映原图像在融合过程中的占比。因此,他们把卷积后权重图的下采样序列作为两个支路下采样序列的融合比例图,避免了人为设计融合策略。该融合框架采用了将图像分解和深度学习相结合的策略,先对原图像进行拉普拉斯下采样,得到多个尺度上的特征图,再利用孪生卷积神经网络分别提取原图像特征得到一张权重图,对此权重图进行拉普拉斯下采样,同样得到多个尺度上的权重图。结合权重图对每个尺度上的原图像进行融合,从而得到多个尺度上的融合图像,利用拉普拉斯金字塔对其进行重组得到最终的融合图像。融合模型结构图如图 8 - 9 所示,其用于获取权重图的 CNN 模块如图 8 - 10 所示。

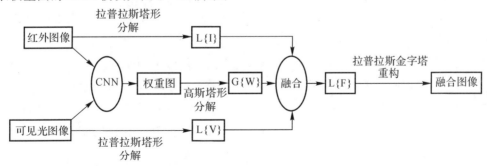

图 8 - 9　用于获取权重图的孪生网络

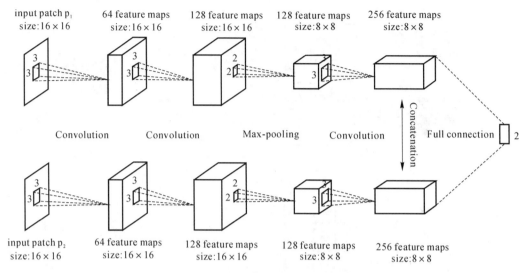

图 8 - 10   用于获取权重图的孪生网络

2016 年,针对深度学习网络训练困难以及网络深度不够问题,He 等人提出残差网络。2019 年,Li 等人利用残差网络提取原图像特征,并利用 ZCA 方法将网络每个模块得到的特征图映射到同一个空间,通过 L_1 范数、softmax 函数计算得到最终的权重图,权重图结合原图像得到最终的融合图像。即使上述方法在一定程度上提高了图像融合的质量,但依然存在一些缺陷:①依然需要活动水平测量或融合规则设计;②卷积神经网络在整个图像融合过程参与度不够,仅用于提取融合需要的权重图,融合规则采用简单的加权融合;③深度学习网络不是端到端的模式。造成上述问题的原因在于深度学习融合方法没有摆脱传统方法的限制,从而不能最大程度发挥网络自身优势。

8.3   基于自编码器的图像融合

自编码器是一类无监督学习中使用的人工神经网络,与普通的神经网络有所区别。它是一种期望输入与输出相同的神经网络,先将输入转化为一种隐藏空间表示(latent-space representation),然后对这种表示进行重构。因此,自编码器是一种数据的重构算法,其中对于输入的压缩和解压缩算法是从样本中自动学习的。目前,大部分自编码器模型都是通过神经网络来解决压缩和解压缩的问题的。

自编码器通过自训练将输入复制到输出,这一操作听起来难度不是很大,但使用不同的方式对神经网络加以约束会使这个过程变得十分困难。比如,可以限制隐藏空间表示的尺寸,或者将噪声加到训练数据中,并训练自编码器使其能将输入恢复原有。这些限制条件的意义是防止自编码器机械地将输入复制到输出,并强制其高效地表示训练数据。

自编码器具有如下特点:

(1)数据相关。无论是哪种模型都会具有数据相关的特性,与训练集相近的数据在测试时的准确度会格外高。比如,使用服饰图像训练出来的自编码器在识别数字图片时效果很差,因为它学习到的特征是与服饰相关的。

(2)数据有损。自编码器处理数据时会用特有的方式对图像压缩,获得的输出看似与输入相近,但是其数据等级被降低。

(3)自动学习。这意味着对某一类别的数据训练出一种对应的编码器是很容易的,根据输入信息无须人工干预过多即可得到训练好的模型。

卷积自编码器属于自编码器的一个子类别,网络完全由卷积层构成,在很大程度上提升了处理图像信息的能力。编码与解码仍然是卷积自编码器的核心操作,通过这种方式将各式各样的输入转化为具有相似特征的数据后进行重构。其训练过程如图 8-11 所示。

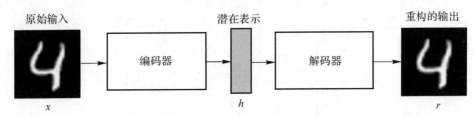

图 8-11　自编码器的训练过程

8.3.1　基于自编码器的图像融合框架

对于基于自编码器的多传感器图像融合方式,训练集只有一组图像,因此,只能得到一个自编码器。自编码器模型的训练过程如图 8-12 所示。

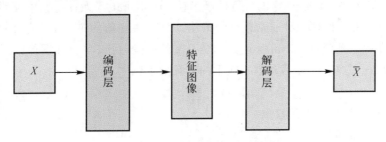

图 8-12　自编码器模型的训练

但是融合的过程中有红外和可见光两张输入图像,经过自编码器会得到两组特征图像,因此要对特征图融合,图像尺寸和维数都相同后再输入解码器中获取最终的融合图像。基于自编码器模型的图像融合过程如图 8-13 所示。

编码层和解码层通常只是改变了特征图的大小和通道数量,而特征融合是采用一定的策略对编码层得到的两种特征进行融合,这对最终的融合结果有很大影响。以下主要介绍两种常见的融合策略。

(1)加法策略。加法策略在文献中被应用于红外图像与可见光图像的特征融合,特征图按对应像素相加,希望尽可能多地将两张图像的信息完全融合在一起,加法策略为

$$f^m(x,y) = \sum_{i=1}^{k} \phi_i^{\ m}(x,y) \tag{8-1}$$

式中：　　　　　　k——输入图像的数量；

$\phi_i^{\ m}(i=1,2,\cdots,k)$——特征图像；

$m \in (1,2,\cdots,M)$——特征图对应的序号；

　　　　　　M——每一张输入图像得到的特征图像数量；

　　　　f^m——融合后的特征图，将作为解码器的输入。

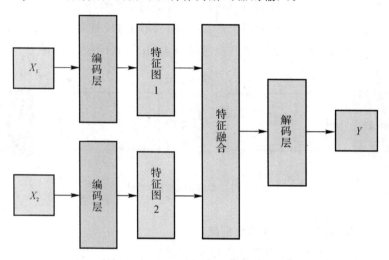

图 8-13　自编码器模型的图像融合

（2）L_1 范数策略。加法策略的可行性已经被 Prabhakar 等人在论文中证明。但这种操作用于显著特征的选择是一种非常粗糙的策略，因此，一种新的基于 L_1 范数的融合策略被提出，算法应用 L_1 范数和 softmax 函数。受论文的启发，可以将特征图像的活动水平测量作为其 L_1 范数。这样，初始活动水平权重的计算如下：

$$C_i(x,y) = \| \phi_i^{\ m}(x,y) \|_1 \tag{8-2}$$

式中：C_i——初始活动水平的权重；

$\phi_i^{\ m}$——特征图像。

接下来利用基于块平均算子的方法来计算最终的活动水平权重，公式如下：

$$\hat{C}_i(x,y) = \frac{\sum_{a=-r}^{r}\sum_{b=-r}^{r} C_i(x+a,y+b)}{(2r+1)^2} \tag{8-3}$$

式中：r——图像块的边长；

$\hat{C}_i$——最终的活动水平权重。

得到最终的活动水平权重之后，最终的融合特征图 f^m 可以表示为

$$f^m(x,y) = \sum_{i=1}^{k} w_i(x,y)\phi_i^{\ m}(x,y) \tag{8-4}$$

其中

$$w_i(x,y) = \frac{\hat{C}_i(x,y)}{\sum_{n=1}^{k} \hat{C}_n(x,y)} \qquad (8-5)$$

总体而言,自编码器的结构简单,先将输入图像转化为潜在空间表示,接下来重构这种表示输出结果。这一过程中,更重要的是潜在表示的转化,即输入特征的提取。在众多特征提取方式中,基于密集连接的算法效果优势明显,基于密集连接网络的图像融合更是受到了人们的关注,下面对其进行具体介绍。

8.3.2　密集连接网络及其在图像融合中的应用

1. 密集连接网络的发展

近年来,卷积神经网络成为一大热门研究方向,为了提升传统神经网络模型的准确性,网络的深度不断被加大。然而,参数数量的增长提升了发生过拟合的可能性,梯度消失这一问题也暴露得更加明显。

国内外的学者们因此而不断提出新型神经网络,如残差网络、分形网络(FractalNet)、环形网络(CliqueNet)、高速路神经网络(Highway Network)等,这些网络的本质都是意图利用更少的网络层数提取到更多的特征。残差神经网络于 2016 年被 He 等人提出,结构相对简单且效果优良,因此被大量的学者应用于深度学习领域。在数据的前向传播过程中,特征图中所包括的源图像特征信息会随着层数的加深而逐层递增,网络的每一层都会比前一层包含的信息量更多。ResNet 就是将直接映射引入后的成果,核心组成部分就是残差模块,结构如图 8-14 所示。

残差块由直接映射部分和残差部分两部分组成。其中直接映射部分为前一层的输入,残差部分为经过卷积、标准化、激活函数、池化后的结果。以一个 L 层的神经网络为例,每一层 l 的非线性映射为 $F_l(\cdot)$。当一个图像输入网络时,对应第 $l+1$ 层和第 l 层的输出 X_{l+1} 和 X_l 的关系为

$$X_{l+1} = X_l + F_{l+1}(X_l) \qquad (8-6)$$

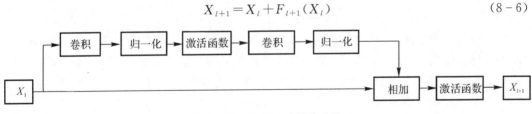

图 8-14　ResNet 映射关系图

残差模块在一定程度上解决了随着网络层数增加而出现的梯度消失现象,使网络保持良好的性能。然而在网络深度急剧增加的情况下,残差模块这种将当前层的映射与前一层的输出直接相加的操作并不利于信息的流动,甚至还会阻碍神经网络整体的反向传播效果。

ResNet"跳层连接"的效果被学者陆续印证后,Huang 等人延续应用这一思路于 2016年提出了密集连接卷积神经网络(Dense Convolutional Network,DenseNet)。虽然这一网络的构造形态与之前的 ResNet 有很多相同点,但它并不是采用传统方法单纯增加网络层数来提高模型的能力,而是将之前所有层的输出信息与当前层采用独特的密集连接(dense connection)的方式相加,期望多次重复利用层间特征。

2. 基于密集连接网络的特征提取

密集块(Dense Block)是 DenseNet 的核心组成部分,在密集块中每一卷积层的特征都和之前全部层的输出在通道维度上级联(concat)在一起(其中每层特征图的尺寸相同),并作为下一层的输入。假设一个 DenseNet 的层数为 L,那么其中共有 $L(L+1)/2$ 个连接,密集连接使特征被反复利用,提高了网络效率。密集块的结构如图 8-15 所示。

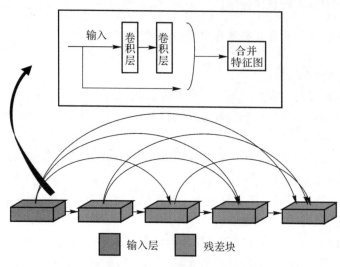

图 8-15 Dense Block 结构

那么密集连接中第 l 层与之前的其他层输出之间的关系为

$$X_l = F_l([X_1, X_2, \cdots, X_{l-1}]) \tag{8-7}$$

式中: X_l——第 l 层的输出;

$X_1, X_2, \cdots, X_{l-1}$——来自第 $1, 2, \cdots, l-1$ 层的输出;

$F_l(\cdot)$——第 l 层的非线性映射。

DenseNet 的这种将特征级联在一起的方式,充分利用了浅层网络提取到的特征,而 ResNet 的相加操作,仅仅多利用了前一层的信息。相比来说,DenseNet 具有以下优势:

(1)弱化梯度消失现象。图像的大量卷积信息和对应的梯度变化会在这些层中不断传递,会导致梯度消失现象的产生,也是网络加深的弊端之一。梯度消失的程度与网络的深度成正相关。每一层的输出都直接与前一层的输入相连是密集连接的突出特点,在反向传播时每一个卷积层都会很容易收到后面所有层的梯度相关信息。网络深度在这种情况下增加,不会出现或很大程度上弱化了靠近输入端的梯度变得越来越小的问题。

(2)减少网络参数数量。传统的卷积神经网络每一层只接收前一层的卷积结果,与其他层没有直接的联系,网络整体可以看作一个简单的单向传递过程。DenseNet 优化了这种传递方式,更充分地利用了图像特征,网络中每一层的输出是当前层的卷积结果和之前层结果的直接相连,网络不需要重新学习多余的特征。因此,相比于传统的卷积神经网络,其参数要少很多。

（3）加强网络信息传递。网络的这种特殊连接方式使特征的提取以及损失的传递更加有效,每一层中都直接加入了其他卷积层的信息。将前面所有层的输出叠加得到当前的输出结果,这样的做法大大提升了网络中信息传递的效率。

3. 基于密集连接网络的图像融合

由此可见,DenseNet 在特征提取方面的效果十分优异。下面给出一种基于 DenseNet 的自编码器图像融合模型(见图 8 - 16 和图 8 - 17)。

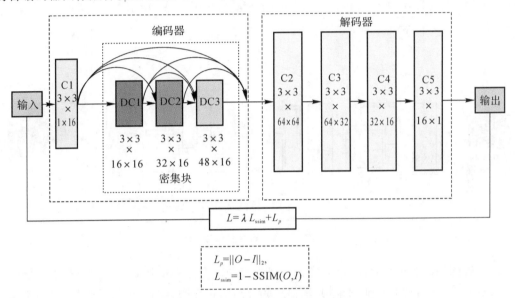

图 8 - 16　基于自编码器的训练框架

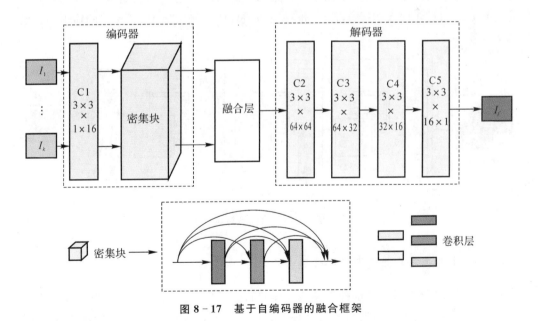

图 8 - 17　基于自编码器的融合框架

（1）编码层。对于融合的编码层，其作用主要是提取图像特征，将输入压缩成潜在的空间表征。传统的卷积神经网络采用连续多次的"卷积-池化"方式提取特征，前一个池化层的输出是后一个卷积层的输入，这使得网络中间层的信息仅仅被应用了一次。本模型的编码层主要借鉴了上一节提到的 DenseNet 建立了一个密集连接模块，用于图像的编码，即特征提取。

结合 Dense 模块的思想，编码层中每一层的输入都是前面所有层输出的累加，因此，每一层的输出依次为 8、16、32、64。编码层的网络结构如图 8－18 所示。

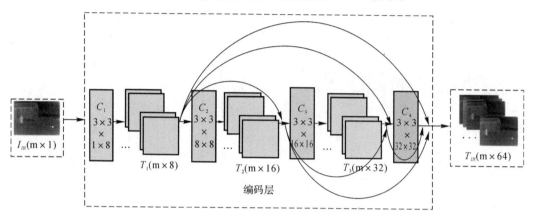

图 8－18　编码层结构

（2）解码层。经过融合层，红外图像与可见光图像会分别得到 64 张特征图，解码层的作用就是综合这些信息对特征图重构，输出一幅理想的特征融合图。因为其作用简单，不像编码层一样需要复杂的连接方式，所以本章模型的解码层由 4 个卷积层组成，结构如图 8－19 所示。解码层通过 4 次卷积操作把 64 张特征图整合成一张结果图，每一层的输出通道数分别为 32、16、8、1。

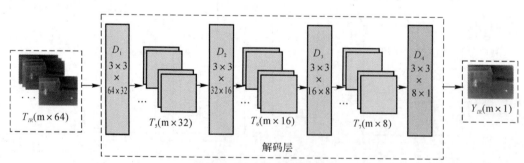

图 8－19　解码层结构

8.3.3　其他基于自编码器的图像融合

在之后的深度学习领域，这种密集残差模块得到了广泛应用。但是，采用相同的卷积操作进行采样容易导致融合结果细节信息丢失，有文献提出了一种基于对称的编码解码网络。在对编码区特征图的可视化过程中，研究者发现浅层卷积得到的特征图主要包含原图像细节信息,更深层卷积得到的特征图主要包含原图像的结构信息。为了避免细节信息的丢失,解码区域将浅层卷积得到的特征图跳跃连接到解码区后两层,最终得到的融合图像同时保留了原图像的细节信息和结构信息。

2020 年,基于自编码器优越的信息提取和重组能力,Ma 等人将编码解码结构应用于生成对抗网络,把自编码器作为生成器部分,并采用合适的损失函数来训练生成器,最终依靠生成器来产生融合图像。Li 等人采用嵌套连接搭建编码解码网络,该网络可以更充分地利用编码器提取到的深度特征,并保留多尺度信息。考虑到现存融合策略在融合深度特征时的局限性,他们在融合阶段引入注意力机制,对每个编码器模块提取到的特征进行空间和通道上的深度融合,并将融合结果送入解码区重组得到融合图像。Zhao 等人提出一种深度图像分解的学习网络,将两幅原图像同时输入编码模块,分别得到两组特征图谱序列,其中包含了原图像的背景信息和细节信息,通过编码模块重构图像。为了防止细节信息丢失,他们把第一、二层提取到的信息级联到解码区域的相应位置。此外,他们分别设计了编码器和解码器损失函数,使编码部分得到的可见光序列和红外序列的背景信息差距尽可能小,细节信息差距尽可能大,结合解码模块损失函数,训练出用于测试的网络。

2021 年,Zhao 等人提出了一种基于自编码器的监督学习框架。它的训练模型分为两部分:第一部分由编码器、注意力网络以及解码器组成,利用原图像的真值图像来训练网络;第二部分由第一个训练网络的编码器、注意力网络以及一个融合增强模块组成,训练过程仅训练融合增强模块,编码器、注意力网络提取原图像的重要信息,融合增强模块可以增强原图像质量。为了提取红外图像的目标信息和可见光图像的背景信息,有文献利用图像分割后的掩膜来提取原图像和融合图像的目标以及背景信息,并分别计算融合图像目标和红外图像目标、融合图像背景和可见光图像背景的像素损失和斜率损失,最终得到的图像拥有红外图像目标信息和可见光图像背景信息。

上述基于自编码器的融合方法,网络结构主要包括三部分:编码器、解码器以及融合模块。其中:编码器可以对图像的有用特征进行提取;融合模块既可以利用网络融合特征图,也可以人为设计融合策略;解码器完成图像的重构。因此,该网络模块更容易修改以及监测。笔者对上述自编码器网络的红外图像和可见光图像融合方法进行了总结,详见表 8 - 1。

表 8 - 1 基于自编码器的图像融合方法对比

	种 类	典型方法	特 点
输入方式	单通道输入	DDcGAN 等方法采用级联的方式将红外图像和可见光图像输入网络中,网络输出可以直接得到融合图像	这种输入方式可以利用网络的融合能力直接生成融合图像。但是,网络结构、参数的设计将直接影响最终的融合结果
	多通道输入	DeepFuse、DenseFuse、SEDRFuse、DIDFuse 等方法采用多个通道分别输入原图像,在融合层采用合适的融合策略来生成融合图像	多通道输入的最大优势是可以分别设计相同或不同的网络提取红外图像和可见光图像的有用信息。区别于单通道输入,网络由于自身结构特点,需要额外设计融合策略

种 类		典型方法	特 点
网络结构	基于对抗生成网络	DDcGAN、MgAN-Fuse、SSGAN 等方法将编码解码结构应用到对抗生成网络中。该类方法利用自编码器构建网络的生成器	传统的对抗生成网络的生成器部分都是基于卷积神经网络结构,采用自编码器结构有利于信息提取和重组
	基于注意力机制	NestFuse、赵等人将注意力机制嵌入网络模块。注意力机制可以对当前层卷积得到的特征序列进行更深层次的提取,之后将得到的特征序列和原序列逐元素相乘得到新的特征序列	注意力机制是一个便捷式的通用模块,可以无缝集成到任何卷积神经网络结构中,并与网络一块完成端到端的训练
	跳跃连接	SEDRFuse、DIDFuse 等方法将每层卷积操作后的特征序列跳跃连接到网络对应的编码区	基于残差网络以及密集连接网络,跳跃级联可以有效防止浅层特征图谱或原图像的有用信息在深层卷积过程中丢失
	嵌套网络	NestFuse、RFN-Nest 等方法利用解码器对编码器每一层特征图谱进行更深层次提取并采用密集连接,另外将编码器下一层的输出通过上采样跳跃连接到上层编码区的对应位置	网络结构复杂,重视网络浅层以及中间层信息。网络有一个大的编码区域来重组还原图像。对编码器的每一层设计融合策略

8.4　基于生成对抗网络的图像融合

2014 年,Goodfellow 等人提出了生成对抗网络,网络模型分为两个部分:生成器和鉴别器。生成器可以利用随机噪声产生一个新的数据样本;鉴别器是一个二分器,它的输入是真实数据以及生成器产生的样本数据。训练过程中,生成器和鉴别器会形成一个对抗关系,训练过程中鉴别器给生成器生成的样本打一个低的分数,但是随着训练过程参数的更新,生成器生成的新数据样本和真实样本越来越相近,鉴别器最终无法判别虚假样本。基于该网络结构的特点,它被广泛应用于风格转换、目标检测、图像增强、图像融合等领域。尤其在图像融合领域,由于融合图像的真值图像不能被得到,更多的融合过程只能依靠无监督或半监督来实现,生成对抗网络的出现给无监督条件下的图像融合工作带来便利。2019 年,基于生成对抗网络在无监督条件下可以自主学习的特点,Ma 等人将生成对抗网络引入图像融合领域,实现了红外图像和可见光图像的融合。其网络框架如图 8-20 所示,主要分为两个部分:生成器和鉴别器,生成器的输入为级联后的红外图像和可见光图像,鉴别器的输入为生成器生成的图像和可见光图像。损失函数分为两部分:生成器损失和鉴别器损失,生成器损失分为对抗损失和背景损失,对抗损失是为了让鉴别器给生成器生成的样本打高分;鉴别器损失设置是从混有可见光图像的融合图像中区分融合图像,即尽可能给融合图像打低分,给可见光图像打高分。训练完成后的生成器具有融合红外图像和可见光图像的能力。

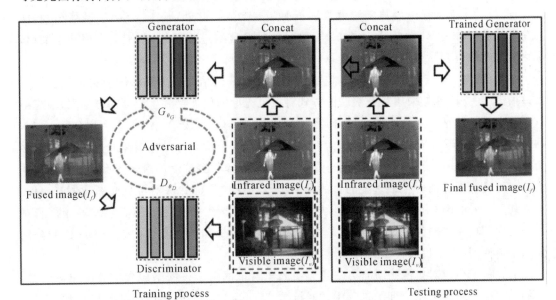

图 8 – 20 基于生成对抗网络的图像融合框架

同年,Li 等人提出了两个通道的生成对抗网络,将 GFF 融合图像作为标签,使得融合图像的细节信息和可见光图像相似,结构信息和红外图像相似。但是无论是单通道的生成对抗网络,还是双鉴别器的生成对抗网络,都存在融合图像对比度低、目标不突出的问题。2020 年,Ma 等人提出了一种新颖的双鉴别器生成对抗网络(DDcGAN)。训练过程中,将红外图像和融合图像输入一个鉴别器,将可见光图像输入另一个鉴别器,结合内容损失函数,最终的融合图像可以保留红外图像的目标信息以及可见光图像的背景信息。DDcGAN 融合结果可以突出目标像素,但是在目标的边缘存在明显伪影。因此,他们再次提出了细节保留对抗生成网络(DPAL),引入细节损失和边缘损失分别增强融合图像背景和目标信息。在进一步的研究工作中,Ma 等人认为红外图像在一定程度上存在细节纹理信息,可见光图像也存在一些对比度信息,因此,他们抛弃了以往把单个图像作为输入的方法,在红外通道输入两幅红外图像和一幅可见光图像,在可见光通道输入两幅可见光图像和一幅红外图像,同时摒弃鉴别器的打分机制,将其设置成一个分类器,并建立和生成器的对抗关系。为了得到好的融合结果,许多新颖的方法被引入融合网络。Xu 等人提出局部二值化生成对抗网络(LBP – BEGAN),LBP 损失通过设定阈值对图像各像素点邻域的 8 个像素重新赋值,得到的融合图像具有丰富的边缘信息。鉴别器的输入分别是融合图像和原图像,输出是三幅编码解码后的图像,通过测量鉴别器输入和输出的差异来设计对抗损失。Li 等人提出注意力生成对抗网络,利用注意力模块提取特征,在保存原图像的目标和背景信息的同时,限制鉴别器更多地关注注意力区域而不是整个原图像。同年,他们再次提出了一个新颖的编码解码结构的对抗生成网络,在编码器的每个卷积区域引入注意力模块,并将得到的注意力图谱级联到编码区对应位置,产生的融合图可以获得更多的注意力信息。他们还发现当鉴别器难以区分可见光图像和融合图像时,两幅图像在鉴别器浅层区域具有相似的细节特征,因此,他们设计了新的损失函数来约束鉴别器前几层参数。此外,基于 WGAN 网络结构,他们在生成器部分去掉归一化层,并对每个输入的梯度范数进行惩罚,鉴别器去掉交叉熵层,优化后的网络更容易被训练。

2021 年,Fu 等人提出感知一致性生成对抗网络,采用结构损失和梯度损失来代替均方误差损失。另外,他们采用跳跃级联的方式将可见光原图像连接到生成器的每一层,最终得到信息丰富且清晰的融合图像。结合传统方法和深度学习方法,Yang 等人利用 TC-GAN 网络得到组合纹理特征图,并将其作为引导图像对红外图像和可见光图像进行滤波,得到多个决策图,最后使用合适的融合规则对决策图进行融合,得到最终的融合图像。考虑到红外图像和可见光图像的融合最重要的目的是突出红外图像目标并保留可见光图像背景,Hou 等人利用 deeplabv3+网络对红外图像进行语义分割,得到一个二值图像掩膜,利用掩膜对红外图像和可见光图像进行预处理,并将可见光图像背景和红外图像前景按不同比例分别输入各自通道,得到目标突出且背景丰富的融合图像。

上述基于生成对抗网络融合方法主要引入了对抗网络。该网络包含生成器和鉴别器,它们之间存在对抗关系。训练过程中,"对抗游戏"可以迫使融合图像的某些特征和原图像保持一致,如融合图像的纹理、亮度信息等。网络需要为生成器和鉴别器单独设计损失函数,依靠生成对抗网络自身性能,网络可以实现无监督的融合任务。下面对上述生成对抗网络络的融合图像方法进行了总结,见表 8-2。

表 8-2　基于生成对抗网络的图像融合模型对比分析

	种　类	典型方法	特　点
输入方式	单通道输入	FusionGAN、DDcGAN、DPAL、LBP-BEGAN 等方法采用级联的方式将红外图像和可见光图像输入网络中	该输入方式利用网络的融合能力直接生成融合图像。但是,网络结构、参数的设计将直接影响融合结果
	多通道输入	AttentionFGAN、MgAN-Fuse 等方法采用多个通道分别输入原图像,在融合层采用合适的融合策略来生成融合图像	多通道输入的最大优势是可以分别设计相同或不同的网络提取红外图像和可见光图像的有用信息
	多图像多通道输入	GANMcC、SSGAN 等方法采用多通道多个输入的方式输入原图像,在融合层采用合适的融合策略来生成融合图像	该类方法在不同通道按比例输入红外图像和可见光图像,输入比例直接影响融合图像目标亮度以及细节信息
	预处理图像输入	SSGAN 等方法通过对原图像进行预处理,得到的输入图像拥有明亮的目标信息和背景信息	预处理后的输入图像可以突出红外图像目标信息以及可见光图像纹理信息,但预处理方法选取以及操作便利程度需要进一步研究

种　类		典型方法	特　点
损失函数	对抗损失	鉴别器给生成器生成的融合图像打分(FusionGAN、DDcGAN 等)或生成概率分布(GANMcC),从而生成器和鉴别器建立最小最大化游戏	依靠网络之间的对抗关系,该损失函数可以平衡优化生成器和鉴别器参数的,迫使网络自动生成目标图像
	边缘损失	DPAL、LBP－BEGAN 等方法针对目标边缘存在伪影,提出边缘损失	该损失函数可以锐化融合图像的目标的边界
	细节损失	DPAL、MgAN－Fuse 等方法在鉴别器模块设计细节损失	该损失函数可以引导生成器产生和可见光图像相似的细节纹理信息
网络结构	基于卷积神经网络	FusionGAN、DPAL、GANMcC、LBP－BEGAN 等方法结合卷积神经网络,采用一个通道生成图像	结构简单,仅通过一个通道来完成原图像的提取和融合工作
	基于自编码器	DDcGAN、MgAN－Fuse、SSGAN 等方法将编码解码结构嵌入网络中。它的输入多为两个通道,并需要设计融合策略,设计方法大致分为两种:一种通过级联方式将特征序列送入解码器,另一种是人为设计融合策略	自编码网络拥有强大的特征提取和重构图像的能力,网络结构由两部分组成:编码器和解码器。虽然需要去设计融合策略,但是它更容易被人为约束和观测
	跳跃连接	MgAN－Fuse 等方法将每层卷积操作后的特征序列跳跃连接到网络对应的编码区	跳跃级联可以有效防止浅层特征图谱或原图像的有用信息在深层卷积过程中丢失
	其他结构	单鉴别器(FusionGAN、DPAL 等)和双鉴别器(DDcGAN、MgAN－Fuse 等);鉴别器输入不同	单鉴别器的输入是融合图像和可见光图像或处理过的图像;双鉴别器的输入分别是融合图像和可见光图像、融合图像和红外图像

8.5　不同融合模型的对比分析

　　下面对比分析近几年一些典型的深度学习融合方法,其中包括 DenseFuse、FusionDN、U2Fusion、FusionGAN、DDcGAN、GANMcC、RFN－Nest 以及 STDFusionNe。另外,分别从 TNO 数据集、OTCBVS 数据集、INO 数据集各选择两张含有背景以及目标的图像作为测试集,对比各类算法的优、缺点。实验部分使用的设备为 4.0 GHz AMD Ryzen Thread-ripper PRO 3945WX, GPU RTX3080 10G。

8.5.1 定性比较

本文展示的测试和融合图像如图 8 - 21 所示,根据融合结果,可以发现每一种方法都可以保留红外图像和可见光图像的各自特点,融合图像既有纹理特征又有红外目标。然而,各类方法之间存在着各自的优势和不足。

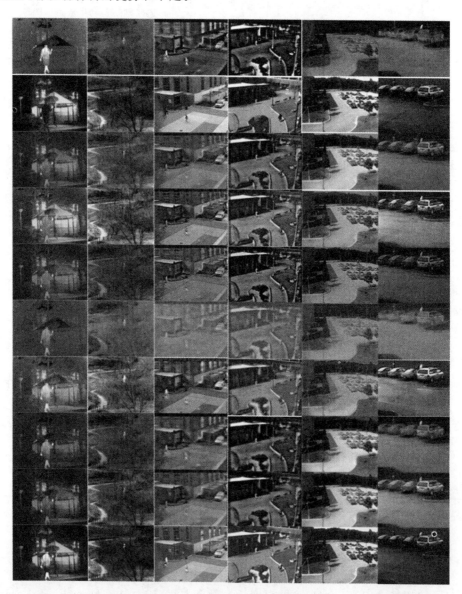

图 8 - 21　定性融合结果,包含 6 个场景(从左至右):Kaptein_1654、Sandpath、
campus_1、campus_2、MulitpleDeposit、VisitorParking;前 2 行为红外、可见光图像,
第 3～10 行为 DenseFuse、FusionDN、U2Fusion、FusionGAN、DDcGAN、GANMcC、
RFN - Nest 以及 STDFusionNet 方法融合结果

（1）对比 TNO 数据集 Kaptein_1654、Sandpath 两个场景，DenseFuse、FusionDN、U2Fusion、FusionGAN 以及 RFN‑Nest 方法没有突出目标像素信息。FusionGAN、GAN-McC 方法融合图像纹理信息不够清晰，虽然 DDcGAN 方法目标和背景对比度明显，但和原红外图像相比，融合图像目标边缘存在伪影。

（2）对比 OTCBVS 数据集的 campus_1、campus_2 场景，DenseFuese、FusionDN、U2Fusion、RFN‑Nest 方法不能凸显目标，原因在于这些方法为了适应多源图像融合任务，训练集并没有单独使用红外图像和可见光图像，导致网络对像素信息不敏感。Fusion-GAN、GANMcC 方法生成的融合图像模糊，目标存在伪影，这些问题来源于不确定的对抗关系。STDFusionNet 方法既保留了红外图像的显著目标，也保留了可见光图像清晰的背景信息。

（3）对比 INO 数据集的 MulitpleDeposit 场景，由于目标较小，算法普遍不能突出红外图像目标的整体信息，相对而言，DenseFuse、FusionDN 更能突出目标结构信息，U2Fusion、STDFusionNet 更能突出目标像素信息。在 INO 数据集的 VisitorParking 场景下，FusionDN、DDcGAN、STDFusionNet 目标亮度较其他算法有明显提升。

综上，FusionGAN、DDcGAN、GANMcC 三种生成对抗网络融合方法普遍存在目标模糊、细节纹理不清晰等问题。DenseFuse、FusionDN、U2Fusion、RFN‑Nest、STDFusion-Net 方法可以保留清晰的纹理信息，STDFusionNet 方法的对比度更高，目标明亮。

8.5.2　定量比较

为了进一步对比不同融合方法的优缺点，选择 8 个评价指标对融合图像进行评价，评价指标包括 MI、SSIM、SD、AG、SF、PSNR、VIFF 以及 $Q^{AB/F}$。

这里分别展示了 Kaptein_1654、Sandpath、campus_1、campus_2、MulitpleDeposit、Visi-torParking 六个场景下融合图像的客观评价数据，见表 8‑3～表 8‑8。在六个场景中，FusionDN 方法对原图像信息的保存能力最强，DenseFuse 方法在 SSIM 指标中数值较高，说明该方法得到的融合结果在结构上和两幅原图像最为相似。FusionDN、STDFusionNet 方法在 SD 指标上值相对其他算法较高，可见这两种方法得到的融合图像对比度更高。Fu-sionDN 方法在 AG、SF、VIFF 指标上的值相对于其他算法较高，U2Fusion、STDFusionNet 方法次之，说明上述方法纹理清晰，符合人类视觉。STDFusionNet 方法在 PSNR 指标上相对于其他算法较好，在 $Q^{AB/F}$ 指标上表现最好，因此，融合图像清晰、纹理边缘丰富。分析这 8 个评价指标，可以从客观上分析图像融合的质量。比如，STDFusionNet 方法更能突出红外目标像素信息，FusionDN 方法更能突出整体信息。因此，这两种方法在客观评价指标上优于本文其他算法。从对比结果以及主观评价可以判别，基于深度学习的生成对抗网络融合方法结果还不够理想，原因在于理论上的对抗关系在实际训练过程中并没有使模型绝对收敛，因此，该种方法还需要进一步完善。

另外，为了对比算法实时性，笔者测试了不同方法融合 Sandpath 场景下的红外图像和可见光图像运行时间，见表 8‑9，其中 RFN‑Nest 方法运行时间最短。

表 8－3　不同方法在 Kaptein_1654 场景下客观评价指标

方　法	MI	SSIM	SD	AG	SF	PSNR	VIFF	$Q^{AB/F}$
DenseFuse	12.83	**0.72**	29.74	3.62	6.93	16.39	0.34	0.36
FusionDN	**14.37**	0.64	46.48	**6.67**	**12.97**	14.56	**0.55**	0.42
U2Fusion	13.16	0.70	28.68	4.61	8.62	16.17	0.35	0.40
FusionGAN	11.47	0.67	17.10	3.29	6.28	**17.05**	0.08	0.17
DDcGAN	13.93	0.59	37.17	6.29	11.63	15.15	0.32	0.38
GANMcC	12.11	0.69	25.36	2.13	4.44	15.38	0.21	0.14
RFN－Nest	13.09	0.68	31.47	2.39	4.99	15.69	0.32	0.28
STDFusionNet	13.41	0.65	**52.90**	5.29	11.22	15.17	0.40	**0.54**

表 8－4　不同方法在 Sandpath 场景下客观评价指标

方　法	MI	SSIM	SD	AG	SF	PSNR	VIFF	$Q^{AB/F}$
DenseFuse	13.35	**0.69**	29.06	6.61	10.89	**19.86**	0.54	0.36
FusionDN	．**14.84**	0.55	**45.13**	**10.95**	**18.35**	15.75	**0.82**	0.29
U2Fusion	12.67	**0.69**	20.46	6.42	10.49	19.19	0.36	0.33
FusionGAN	12.85	0.60	21.12	6.22	10.30	17.05	0.13	0.29
DDcGAN	14.50	0.49	37.85	10.23	16.91	15.03	0.44	0.37
GANMcC	12.65	**0.69**	21.12	3.40	5.66	19.44	0.22	0.19
RFN－Nest	13.79	0.64	32.01	4.88	8.13	19.24	0.50	0.42
STDFusionNet	13.64	0.59	35.09	6.83	11.64	18.59	0.22	**0.56**

表 8－5　不同方法在 campus_1 场景下客观评价指标

方　法	MI	SSIM	SD	AG	SF	PSNR	VIFF	$Q^{AB/F}$
DenseFuse	14.26	0.64	37.50	7.32	17.07	14.99	0.29	0.44
FusionDN	**15.12**	0.60	**50.79**	11.32	25.36	14.55	**0.33**	0.42
U2Fusion	14.32	0.62	37.79	9.04	19.94	14.95	0.30	0.40
FusionGAN	12.29	0.55	18.65	5.56	13.03	12.98	0.08	0.14
DDcGAN	14.76	0.53	44.16	**11.48**	24.23	14.19	0.23	0.38
GANMcC	14.33	0.59	36.89	6.21	11.02	15.49	0.21	0.21
RFN－Nest	14.39	0.58	39.47	5.04	11.19	14.83	0.27	0.22
STDFusionNet	14.79	**0.68**	49.13	11.30	**28.52**	**15.67**	0.17	**0.50**

表 8 - 6　不同方法在 campus_2 场景下客观评价指标

方　法	MI	SSIM	SD	AG	SF	PSNR	VIFF	$Q^{AB/F}$
DenseFuse	14.81	**0.62**	50.76	8.76	20.71	15.13	0.50	0.44
FusionDN	**14.88**	0.60	51.99	10.33	23.62	14.85	0.47	0.46
U2Fusion	14.64	0.60	52.49	10.57	23.99	15.05	**0.52**	**0.50**
FusionGAN	13.40	0.49	27.51	6.02	14.02	12.23	0.23	0.16
DDcGAN	14.72	0.52	46.74	10.12	23.09	14.16	0.28	0.37
GANMcC	14.84	0.55	48.77	6.21	13.88	**15.53**	0.45	0.26
RFN—Nest	14.84	0.55	49.85	6.07	13.71	14.80	0.45	0.26
STDFusionNet	14.68	0.58	**54.27**	**11.33**	**28.35**	13.99	0.32	0.49

表 8 - 7　不同方法在 MulitpleDeposit 场景下客观评价指标

方　法	MI	SSIM	SD	AG	SF	PSNR	VIFF	$Q^{AB/F}$
DenseFuse	15.31	**0.78**	71.02	6.65	15.86	16.64	**0.72**	0.55
FusionDN	14.91	0.75	53.44	7.22	16.87	16.61	0.59	0.52
U2Fusion	14.64	0.77	52.49	**10.57**	**23.99**	15.05	0.52	0.50
FusionGAN	14.27	0.70	43.06	5.98	14.21	15.88	0.28	0.38
DDcGAN	14.58	0.67	47.60	6.85	15.47	15.74	0.36	0.43
GANMcC	**15.42**	0.75	**73.35**	4.44	10.38	15.27	0.57	0.36
RFN－Nest	15.39	0.75	72.45	4.96	11.86	16.14	0.67	0.47
STDFusionNet	15.01	0.72	72.25	8.86	23.66	**19.84**	0.69	**0.62**

表 8 - 8　不同方法在 VisitorParking 场景下客观评价指标

方　法	MI	SSIM	SD	AG	SF	PSNR	VIFF	$Q^{AB/F}$
DenseFuse	13.54	**0.74**	34.64	4.41	10.97	18.18	0.51	0.42
FusionDN	**15.00**	0.63	**52.26**	**7.92**	**19.62**	14.32	**0.70**	0.40
U2Fusion	13.05	**0.74**	31.37	4.55	11.30	19.06	0.41	0.40
FusionGAN	12.39	0.65	32.06	3.90	10.00	14.59	0.21	0.27
DDcGAN	14.52	0.61	42.80	7.02	16.99	14.84	0.55	0.39
GANMcC	13.53	0.72	39.09	2.76	6.60	18.88	0.37	0.22
RFN－Nest	14.36	0.68	44.54	3.57	9.41	15.22	0.61	0.40
STDFusionNet	12.55	0.68	26.09	4.83	14.43	**20.30**	0.19	**0.49**

表 8 - 9　不同方法融合 Sandpath 场景下的红外图像和可见光图像运行时间

方　法	运行时间/s
DenseFuse	3.723 434
FusionDN	2.515 852
U2Fusion	1.021 231
FusionGAN	0.522 119
DDcGAN	2.454 557
GANMcC	1.014 229
RFN - Nest	**0.122 027**
STDFusionNet	0.433 098

参 考 文 献

[1] 刘定光. 传感器与检测技术[M]. 重庆:重庆大学出版社,2016.

[2] 洪慧慧. 传感器技术及应用[M]. 重庆:重庆大学出版社,2021.

[3] 吴娱. 数字图像处理[M]. 北京:北京邮电大学出版社,2017.

[4] 何友,王国宏,彭应宁,等. 多传感器信息融合及应用[M]. 北京:电子工业出版社,2000.

[5] 朱智勤. 基于稀疏表示的像素级图像融合方法研究[D]. 重庆:重庆大学,2016.

[6] 张健. 基于稀疏表示模型的图像复原技术研究[D]. 哈尔滨:哈尔滨工业大学,2014.

[7] 洪日昌. 多源图像融合算法及应用研究[D]. 合肥:中国科学技术大学,2007.

[8] BROWN L G. A survey of image registration technique[J]. ACM Computing Surveys,1992,24(4):325-376.

[9] NGUYEN T, CHEN S W, SHIVAKUMAR S S, et al. Unsupervised deep homography: a fast and robust homography estimation model [J]. IEEE Robotics and Automation Letters, 2018, 3(3):2346-2353.

[10] LI H, FAN Y. Non-rigid image registration using self-supervised fully convolutional networks without training data [C]//Proceedings IEEE International Symposium on Biomedical Imaging. [S. l. :s. n.], 2018:1075-1078.

[11] JIANG Z, YIN F F, GE Y, et al. A multi-scale framework with unsupervised joint training of convolutional neural networks for pulmonary deformable image registration [J]. Physics in Medicine and Biology, 2020, 65(1):13-25.

[12] 董晶. 模板图像快速可靠匹配技术研究 [D]. 长沙:国防科技大学,2014.

[13] 李卓,邱慧娟. 基于相关系数的快速图像匹配研究[J]. 北京理工大学学报, 2007, 27(11):998-1000.

[14] KLEIN L A. 多传感器数据融合理论及应用[M]. 戴亚平,刘征,郁光辉,译. 2版. 北京:北京理工大学出版社,2004.

[15] 夏良正. 数字图像处理[M]. 南京:东南大学出版社,1999.

[16] CASTLEMAN K R. 数字图像处理[M]. 朱志刚,林学间,石定机,等译. 北京:电子工业出版社,1998.

[17] 余欢,毛征. 基于去均值相关算法的目标跟踪研究[J]. 现代电子技术,2006(9):137-139.

[18] 宋婷婷. 基于深度学习的异源图像匹配算法研究[D]. 成都:电子科技大学,2022.

[19] 赵亚丽. 基于深度学习的无人机航拍图像端到端配准方法研究[D]. 太原:中北大学,2022.

[20] 刘贵喜. 多传感器图像融合方法研究[D]. 西安:西安电子科技大学,2001.

[21] 张宝华. 基于多尺度变换和稀疏表示的多源图像融合算法研究[D]. 上海:上海大

学,2016.

[22] 赵玉茹. 基于 SURF 和灰度投影的快速图像匹配算法研究[D]. 天津:天津大学,2014.

[23] 李竹林,张根耀,赵红漫. 图像立体匹配技术及其发展和应用[M]. 西安:陕西科学技术出版社,2007.

[24] 王红梅. 多传感器图像融合及其预处理技术研究[D]. 西安:西北工业大学,2005.

[25] 李言俊,张科. 景象匹配与目标识别技术[M]. 西安:西北工业大学出版社,2009.

[26] 饶俊飞. 基于灰度的图像匹配方法研究[D]. 武汉:武汉理工大学,2005.

[27] 周美茹. 细菌觅食优化算法研究及其在图像匹配中的应用[D]. 西安:西安电子科技大学,2014.

[28] 贺晓佳. 灰度图像快速匹配算法研究[D]. 合肥:合肥工业大学,2012.

[29] 邱倩文. 基于 Hausdorff 距离和遗传算法的水下图像匹配技术研究[D]. 武汉:武汉工程大学,2016.

[30] 李龙勋. 基于互信息的异源图像匹配与融合[D]. 成都:电子科技大学,2013.

[31] 刘彬旭. 基于相似性测量的图像配准研究[D]. 长沙:中南大学,2011.

[32] 张文琪,刘本永. 基于加窗的相位相关的多谱段图像匹配[J]. 智能计算机与应用,2022,12(7):129 - 133.

[33] 朱槐雨. 基于深度学习和双目视觉的番茄自动采摘方法研究[D]. 成都:电子科技大学,2022.

[34] 李莹莹. 遥感影像的分级配准方法研究[D]. 阜新:辽宁工程技术大学,2017.

[35] 姚宇. 基于特征点提取的图像配准技术及应用[D]. 长沙:国防科技大学,2010.

[36] 梁爽. 基于 SIFT 算子的影像匹配方法研究[D]. 阜新:辽宁工程技术大学,2015.

[37] 宋枭. 基于生成对抗网络的非刚性医学图像配准[D]. 扬州:扬州大学,2022.

[38] 蒋哲兴. 基于异构孪生网络的图像匹配算法研究[D]. 武汉:华中科技大学,2019.

[39] 张翰林. 基于生成对抗网络的异源传感器图像配准技术研究[D]. 西安:西北工业大学,2022.

[40] 李靖. 基于深度学习的多源遥感影像特征匹配技术研究[D]. 郑州:中国人民解放军战略支援部队信息工程大学,2022.

[41] 谢姝婷. 基于深度学习的医学图像配准与分割研究[D]. 上海:华东师范大学,2021.

[42] 佘垚英. 多模态眼底图像配准方法的研究与应用[D]. 上海:华东师范大学,2022.

[43] 李冰,鲜勇,张大巧. 基于条件生成对抗网络的红外图像生成算法[J]. 光子学报,2021,50(11):1 - 11.

[44] BERTINETTO L, VALMADRE J, HENRIQUES J F, et al. Fully-convolutional siamese networks for object tracking[C]// European Conference on Computer Vision. Berlin: Springer, 2016: 850 - 865.

[45] 周涛,刘珊,董雅丽,等. 多尺度变换像素级医学图像融合:研究进展、应用和挑战

[J]. 中国图象图形学报,2021,26(9):2094 - 2110.

[46] 李庆庆. 基于多层信息提取和传递的红外与可见光图像融合研究[D]. 北京:中国科学院大学,2022.

[47] 李莹莹. 图像局部特征描述子的构建研究[D]. 合肥:合肥工业大学,2015.

[48] 王道威. 基于 OpenCV 的图像匹配算法及其靶标定位应用[D]. 武汉:华中科技大学,2016.

[49] 兰红,王秋丽. 基于聚类和马氏距离的多角度 SURF 图像匹配算法研究[J]. 计算机工程与应用,2016,52(21):211 - 217.

[50] DUBUSSON M P, JAIN A K. A modified Hausdorff distance for object matching [C]// Proceedings of the 12th IAPR International Conference on Pattern Recognition. [S. l. ;s. n.],1994:566 - 568.

[51] 李美丽. 像素级图像融合与图像去噪技术研究[D]. 西安:西北工业大学,2010.

[52] 亓子龙. 基于优化算法的自适应 PCNN 图像融合[D]. 西安:西北工业大学,2016.

[53] 余先川,裴文静. 针对不同融合算法的质量评价指标性能评估[J]. 红外与激光工程,2012,41(12):3416 - 3422.

[54] 李奕,吴小俊. 粒子群进化学习自适应双通道脉冲耦合神经网络图像融合方法研究[J]. 电子学报,2014(2):217 - 222.

[55] 侯剑,刘方爱,冷严,等. 一种新的人工鱼群协同优化算法[J]. 计算机仿真,2015,32(9):267 - 270.

[56] HARRIS C, STEPHENS M A. Combined corner and edge detector [C]// Proceedings of the 4th Alvey Vision Conference. [S. l. ;s. n.], 1988:147 - 151.

[57] HU M K. Visual pattern recognition by moment invariants[J]. IRE Transactions on Information Theory IT - 8, 1962(1):179 - 187.

[58] FRENNMAN W T, ADELSON E H. The design and used of steerable filters [J]. IEEE Transactions on Pattern Analysis and Machine Intelligence,1991,13(9):891 - 906.

[59] HUTTEMLOCHER D P, KLANDERMAN G A, RUCKLIDGE W J. Comparing images using the Hausdorff distances [J]. IEEE Transactions on Pattern Analysis and Machine Intelligence,1993,15(9):850 - 863.

[60] RUCKLIDGE W J. Locating objects using the Hausdorff distance[C]// Fifth International Conference on Computer Vision. [S. l. ;s. n.], 1995:457 - 464.

[61] DUBUSSONM P, JAIN A K. A modified Hausdorff distance for object matching [C]// Proceedings of the 12th IAPR International Conference on Pattern Recognition. [S. l. ;s. n.], 1994:566 - 568.

[62] SIM D G,KWON O K, PARK R H. Object matching algorithm using robust Hausdorff distance measures [J]. IEEE Transactions on Image Processing, 1999, 8(3):425 - 429.

[63] 汪亚明.图像匹配的鲁棒型 Hausdorff 方法[J].计算机辅助设计与图形学学报, 2002,14(3):238－241.

[64] 冷雪飞,刘建业,熊智,等.鲁棒 Hausdorff 距离在 SAR/惯性组合导航图像匹配中的 应用研究[J].东南大学学报,2004(34):141－144.

[65] MA J, MA Y, LI C. Infrared and visible image fusion methods and applications: a survey [J]. Information Fusion, 2019(45):153－178.

[66] MA J, CHEN C, LI C, et al. Infrared and visible image fusion via gradient transfer and total variation minimization [J]. Information Fusion, 2016(31): 100－109.

[67] 沈英,黄春红,黄峰,等.红外与可见光图像融合技术的研究进展[J].红外与激光 工程,2021,50(9): 1－18.

[68] 阳方林,郭红阳,杨风暴.像素级图像融合效果的评价方法研究[J].测试技术学报, 2002,16(4): 276－279.

[69] JI X, ZHANG G. Image fusion method of SAR and infrared image based on curvelet transform with adaptive weighting [J]. Multimedia Tools and Applications, 2017, 76(17): 17633－17649.

[70] LI H, ZHOU Y T, CHELLAPPA R. SAR/IR sensor image fusion and real-time implementation[C]// Conference Record of The Twenty-Ninth Asilomar Conference on Signals, Systems and Computers. [S. l.]:IEEE, 1995: 1121－1125.

[71] YE Y, ZHAO B, TANG L. SAR and visible image fusion based on local non-negative matrix factorization[C]//2009 9th International Conference on Electronic Measurement & Instruments. [S. l.]:IEEE, 2009: 263－266.

[72] PARMAR K, KHER R K, THAKKAR F N. Analysis of CT and MRI image fusion using wavelet transform[C]//2012 International Conference on Communication Systems and Network Technologies. [S. l.]:IEEE, 2012: 124－127.

[73] 黄成.基于时空感知卷积神经网络的三维目标识别[D].西安:西北工业大 学,2019.

[74] MA J, YU W, LIANG P, et al. FusionGAN: a generative adversarial network for infrared and visible image fusion [J]. Information Fusion, 2019(48): 11－26.

[75] BAI L, ZHANG W, PAN X, et al. Underwater image enhancement based on global and local equalization of histogram and dual-image multi-scale fusion [J]. IEEE Access, 2020, 8: 128973－128990.

[76] RASHID M, KHAN M A, ALHAISONI M, et al. A sustainable deep learning framework for object recognition using multi-layers deep features fusion and selection [J]. Sustainability, 2020, 12(12): 5037.

[77] 申亚丽.基于特征融合的 RGBT 双模态孪生跟踪网络[J].红外与激光工程,2021, 50(3): 1－7.

[78] ADAMCHUK V I, ROSSEL R V, SUDDUTH K A, et al. Sensor fusion for pre-

cision agriculture [J]. Sensor Fusion-Foundation and Applications InTech, Rijeka, Croatia, 2011(1): 27 – 40.

[79] 王志豪, 李刚, 蒋骁. 基于光学和 SAR 遥感图像融合的洪灾区域检测方法[J]. 雷达学报, 2020, 9(3): 539 – 553.

[80] 朱红, 赵亦工. 基于遗传算法的快速图像相关匹配[J]. 红外与毫米波学报, 1999, 18(2): 145 – 150.

[81] 丁明跃, 吴晏, 彭嘉雄. 用于飞行器导航的边缘匹配方法研究[J]. 宇航学报, 1998, 19(3): 72 – 78.

[82] 胡守仁, 余少波, 戴葵. 神经网络导论[M]. 长沙: 国防科技大学出版社, 1993.

[83] HE G, ZHANG Q, JI J, et al. An infrared and visible image fusion method based upon multi-scale and top-hat transforms [J]. Chinese Physics B, 2018, 27(11): 118706.

[84] CHEN J, LI X, LUO L, et al. Infrared and visible image fusion based on target-enhanced multiscale transform decomposition [J]. Information Sciences, 2020, 508: 64 – 78.

[85] 戴进墩, 刘亚东, 毛先胤, 等. 基于 FDST 和双通道 PCNN 的红外与可见光图像融合 [J]. 红外与激光工程, 2019, 48(2): 1 – 8.

[86] RANGANATHH S, KUNTIMAD G. Image segmentation using pulse coupled neural networks [J]. IEEE International Conference on Neural Networks, 1994, 2: 1285 – 1290.

[87] JOHNSON J L, PADGETT M L. PCNN models and applications [J]. IEEE Transactions on Neural Networks, 1999, 10(3): 480 – 498.

[88] RANGANATHH S, KUNTIMAD G. Object detection using pulse coupled neural networks [J]. IEEE Transactions on Neural Networks, 1999, 10(3): 615 – 620.

[89] 马义德, 戴若兰, 李廉. 一种基于脉冲耦合神经网络和图像熵的自动图像分割方法 [J]. 通信学报, 2002, 23(1): 46 – 51.

[90] GU X D, GUO S D, YU D H. A new approach for automatic image segmentation based on unit-linking PCNN[C]//Proceedings of the First International Conference on Machine Learning and Cybernetics. [S. l. : s. n.], 2002: 175 – 178.

[91] 石美红, 张军英, 朱欣娟, 等. 基于 PCNN 的图像高斯噪声滤波的方法[J]. 计算机应用, 2002, 22(6): 1 – 4.

[92] YANG B, LI S. Multifocus image fusion and restoration with sparse representation [J]. IEEE Transactions on Instrumentation and Measurement, 2009, 59(4): 884 – 892.

[93] LIU Y, LIU S, WANG Z. A general framework for image fusion based on multi-scale transform and sparse representation [J]. Information Fusion, 2015(24): 147 – 164.

[94] MA X, HU S, LIU S, et al. Multi-focus image fusion based on joint sparse representation and optimum theory [J]. Signal Processing：Image Communication, 2019, 78：125 - 134.

[95] DU X, El - KHAMY M, LEE J, et al. Fused DNN：a deep neural network fusion approach to fast and robust pedestrian detection[C]//2017 IEEE winter conference on applications of computer vision (WACV). [S. l.]：IEEE, 2017：953 - 961.

[96] FU Y, CAO L, GUO G, et al. Multiple feature fusion by subspace learning[C]// Proceedings of the 2008 international conference on Content-based image and video retrieval. [S. l. ；s. n.], 2008：127 - 134.

[97] HANG R, LIU Q, SONG H, et al. Matrix-based discriminant subspace ensemble for hyperspectral image spatialspectral feature fusion [J]. IEEE Transactions on Geoscience and Remote Sensing, 2015, 54(2)：783 - 794.

[98] WANG A, WANG M. RGB - D salient object detection via minimum barrier distance transform and saliency fusion [J]. IEEE Signal Processing Letters, 2017, 24(5)：663 - 667.

[99] LEWIS J J, O'CALLGHAN R J, NIKOLOV S G, et al. Pixel-and region-based image fusion with complex wavelets [J]. Information Fusion, 2007, 8 (2)：119 - 130.

[100] LI H, WU X J. DenseFuse：a fusion approach to infrared and visible images [J]. IEEE Transactions on Image Processing, 2018, 28(5)：2614 - 2623.

[101] ZHANG Y, LIU Y, SUN P, et al. IFCNN：a general image fusion framework based on convolutional neural network [J]. Information Fusion, 2020 (54)：99 - 118.

[102] SUN C, ZHANG C, XIONG N. Infrared and visible image fusion techniques based on deep learning：a review [J]. Electronics, 2020, 9(12)：2162.

[103] LECUN Y, BOTTOU L, BENGIO Y, et al. Gradient-based learning applied to document recognition [J]. Proceedings of the IEEE, 1998, 86(11)：2278 - 2324.

[104] LIU Y, CHEN X, PENG H, et al. Multi-focus image fusion with a deep convolutional neural network [J]. Information Fusion, 2017, 36：191 - 207.

[105] LI H, WU X J, KITTLER J. Infrared and visible image fusion using a deep learning framework[C]//2018 24th international conference on pattern recognition (ICPR). [S. l.]：IEEE, 2018：2705 - 2710.

[106] LIU Y, CHEN X, CHENG J, et al. Infrared and visible image fusion with convolutional neural networks [J]. International Journal of Wavelets, Multiresolution and Information Processing, 2018, 16(3)：1850018.

[107] HE K, ZHANG X, REN S, et al. Deep residual learning for image recognition [C]// Proceedings of the IEEE conference on computer vision and pattern recog-

nition. [S. l. ;s. n.],2016: 770 – 778.

[108] LI H, WU X J, DURRANI T S. Infrared and visible image fusion with ResNet and zero-phase component analysis [J]. Infrared Physics & Technology, 2019, 102: 103039.

[109] CUI Y, DU H, MEI W. Infrared and visible image fusion using detail enhanced channel attention network [J]. IEEE Access, 2019, 7: 182185 – 182197.

[110] LI Y, WANG J, MIAO Z, et al. Unsupervised densely attention network for infrared and visible image fusion [J]. Multimedia Tools and Applications, 2020, 79 (45): 34685 – 34696.

[111] HOU R, ZHOU D, NIE R, et al. VIF-Net: an unsupervised framework for infrared and visible image fusion [J]. IEEE Transactions on Computational Imaging, 2020, 6: 640 – 651.

[112] XU H, MA J, LE Z, et al. Fusiondn: a unified densely connected network for image fusion[C]//Proceedings of the AAAI Conference on Artificial Intelligence. [S. l. ;s. n.],2020: 12484 – 12491.

[113] XU H, MA J, JIANG J, et al. U2Fusion: a unified unsupervised image fusion network [J]. IEEE Transactions on Pattern Analysis and Machine Intelligence, 2020(1):1 – 3.

[114] LONG Y, JIA H, ZHONG Y, et al. RXDNFuse: aggregated residual dense network for infrared and visible image fusion [J]. Information Fusion, 2021(69): 128 – 141.

[115] PAM P K, SAI S V, VENKAIEST B R. Deepfuse: a deep unsupervised approach for exposure fusion with extreme exposure image pairs[C]//Proceedings of the IEEE international conference on computer vision. [S. l. ;s. n.], 2017: 4714 – 4722.

[116] MA J, XU H, JIANG J, et al. DDcGAN: a dual-discriminator conditional generative adversarial network for multi-resolution image fusion [J]. IEEE Transactions on Image Processing, 2020, 29: 4980 – 4995.

[117] LI H, WU X J, DURRANI T. NestFuse: an infrared and visible image fusion architecture based on nest connection and spatial/channel attention models [J]. IEEE Transactions on Instrumentation and Measurement, 2020, 69 (12): 9645 – 9656.

[118] ZHAO F, ZHAO W, YAO L, et al. Self-supervised feature adaption for infrared and visible image fusion [J]. Information Fusion, 2021(1):1 – 3.

[119] MA J, TANG L, XU M, et al. STDFusionNet: an infrared and visible image fusion network based on salient target detection [J]. IEEE Transactions on Instrumentation and Measurement, 2021, 70: 1 – 13.

[120] LI J, HUO H, LI C, et al. Multigrained attention network for infrared and visi-

ble image fusion [J]. IEEE Transactions on Instrumentation and Measurement, 2020, 70: 1 – 12.

[121] CHEN L C, ZHU Y, PAPANDREOU G, et al. Encoder-decoder with atrous separable convolution for semantic image segmentation[C]//Proceedings of the European conference on computer vision (ECCV). [S. l. : s. n.], 2018: 801 – 818.

[122] LI H, WU X J, KITTLER J. RFN-Nest: an end-to-end residual fusion network for infrared and visible images [J]. Information Fusion, 2021, 73: 72 – 86.

[123] GOODFELLOW I, POUGET – ABADIE J, MIRZA M, et al. Generative adversarial nets [J]. Advances in Neural Information Processing Systems, 2014, 27: 1 – 3.

[124] WEI L, ZHANG S, GAO W, et al. Person transfer gan to bridge domain gap for person re-identification[C]//Proceedings of the IEEE conference on computer vision and pattern recognition. [S. l. : s. n.], 2018: 79 – 88.

[125] LI J, LIANG X, WEI Y, et al. Perceptual generative adversarial networks for small object detection[C]//Proceedings of the IEEE conference on computer vision and pattern recognition. [S. l. : s. n.], 2017: 1222 – 1230.

[126] RABBI J, RAY N, SCHUBERT M, et al. Small-object detection in remote sensing images with end-to-end edge-enhanced GAN and object detector network [J]. Remote Sensing, 2020, 12(9): 1432.

[127] LI Q, LU L, LI Z, et al. Coupled GAN with relativistic discriminators for infrared and visible images fusion [J]. IEEE Sensors Journal, 2021, 21 (6): 7458 – 7467.

[128] LI S, KANG X, HU J. Image fusion with guided filtering [J]. IEEE Transactions on Image Processing, 2013, 22(7): 2864 – 2875.

[129] MA J, LIANG P, YU W, et al. Infrared and visible image fusion via detail preserving adversarial learning [J]. Information Fusion, 2020, 54: 85 – 98.

[130] MA J, ZHANG H, SHAO Z, et al. GANMcC: a generative adversarial network with multiclassification constraints for infrared and visible image fusion [J]. IEEE Transactions on Instrumentation and Measurement, 2020, 70: 1 – 14.

[131] XU J, SHI X, QIN S, et al. LBP – BEGAN: a generative adversarial network architecture for infrared and visible image fusion [J]. Infrared Physics & Technology, 2020, 104: 103144.

[132] LI J, HUO H, LI C, et al. AttentionFGAN: infrared and visible image fusion using attention-based generative adversarial networks [J]. IEEE Transactions on Multimedia, 2020, 23: 1383 – 1396.

[133] LI J, HUO H, LIU K, et al. Infrared and visible image fusion using dual discriminators generative adversarial networks with Wasserstein distance [J]. Informa-

tion Sciences, 2020, 529: 28 - 41.

[134] FU Y, WU X J, DURRANI T. Image fusion based on generative adversarial network consistent with perception [J]. Information Fusion, 2021(72): 110 - 125.

[135] HOU J, ZHANG D, WU W, et al. A generative adversarial network for infrared and visible image fusion based on semantic segmentation [J]. Entropy, 2021, 23 (3): 376.

[136] TOET A. TNO image fusion dataset [J]. Figshare Data, 2014(1):1 - 3.

[137] 丁园. 基于特征的异源图像高精度匹配研究[D]. 西安:西北工业大学, 2015.

[138] 张羽. 基于点特征的图像匹配算法研究[D]. 沈阳:中国科学院沈阳自动化研究所, 2008.

[139] 李芳芳,肖本林,贾永红. SIFT 算法优化及其用于遥感图像的自动配准[J]. 武汉大学学报(信息科学报),2009,34(10):1245 - 1249.

[140] 汪道寅. 基于 SIFT 图像配准算法的研究[D]. 合肥:中国科技大学,2011.

[141] 陈智. 图像匹配技术研究[D]. 武汉:华中师范大学,2006.

[142] 缪源. 图像匹配算法的研究[D]. 合肥:合肥工业大学,2013.

[143] 李壮. 异源图像匹配关键技术研究[D]. 长沙:国防科技大学,2011.

[144] 常威威,郭雷,付朝阳,等. 利用脉冲耦合神经网络的高光谱多波段图像融合方法 [J]. 红外与毫米波学报,2010,29(3):205 - 209.

[145] 李玲玲,黄秋艳,闫成新,等. 基于局部特征的智能图像融合[J]. 计算机应用,2012, 32(6):1536 - 1538.

[146] 高颖,王阿敏,王凤华,等. 改进的小波变换算法在图像融合中的应用[J]. 激光技术, 2013(5):690 - 695.

[147] 马先喜,彭力,徐红,等. 基于 PCA 的拉普拉斯金字塔变换融合算法研究[J]. 计算机工程与应用,2012,48(8):211 - 213.

[148] 林卉,梁亮,张连蓬,等. 基于像素和区域特征组合的小波变换图像融合[J]. 测绘通报,2013(11):14 - 16.

[149] 李奕,吴小俊. 粒子群进化学习自适应双通道脉冲耦合神经网络图像融合方法研究 [J]. 电子学报,2014(2):217 - 222.

[150] 费春,张萍,李建平,等. 基于人工鱼群优化分块的多聚焦图像融合[J]. 强激光与粒子束,2015,27(1):79 - 86.